全国餐饮职业教育教学指导委员会重点课题“基于烹饪专业人才培养目标的中高职课程体系与教材开发研究”成果系列教材
餐饮职业教育创新技能型人才培养新形态一体化系列教材

总主编 ◎杨铭铎

西式面点工艺

主　编　陈　霞　朱长征
副主编　潘冬梅　王　标　华　蕾　郭利芳
编　者（按姓氏笔画排序）
王　标　王　娜　王　鹏　王荣兰
朱长征　华　蕾　汤海莲　纪雨婷
李　银　肖　潇　陆丹丹　陈　霞
周文娟　聂相珍　郭利芳　潘冬梅

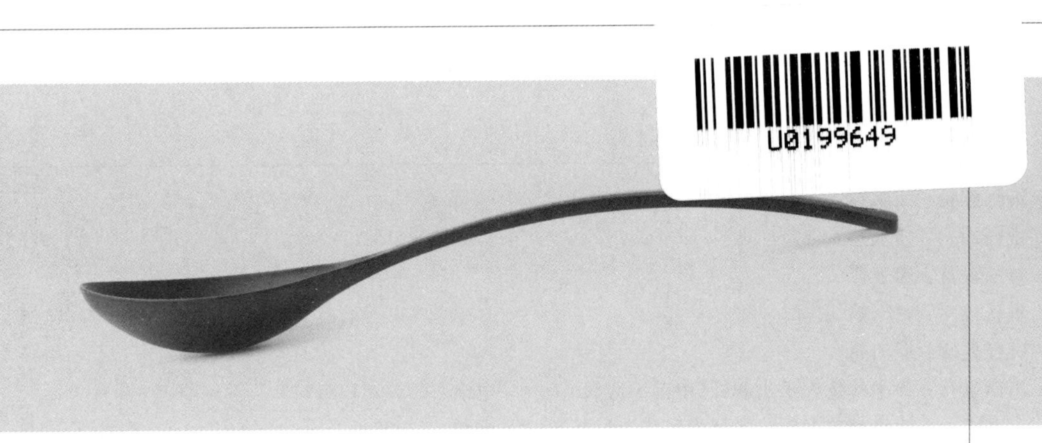

華中科技大學出版社
http://www.hustp.com
中国·武汉

内容简介

本书是全国餐饮职业教育教学指导委员会重点课题“基于烹饪专业人才培养目标的中高职课程体系与教材开发研究”成果系列教材、餐饮职业教育创新技能型人才培养新形态一体化系列教材。

本书根据西式面点的分类及特点将内容分为六个项目，即西点概述、西点常用设备与工器具、西点常用原辅料、面包制作工艺、蛋糕制作工艺、西式点心制作工艺。

本书可作为职业院校烹饪（餐饮）类相关专业的教学用书，也可作为西点在岗人员培训和西点爱好者的参考用书。

图书在版编目(CIP)数据

西式面点工艺/陈霞，朱长征主编. —武汉：华中科技大学出版社，2020.6（2023.3重印）
ISBN 978-7-5680-6193-3

Ⅰ. ①西… Ⅱ. ①陈… ②朱… Ⅲ. ①西点-制作-职业教育-教材 Ⅳ. ①TS213.23

中国版本图书馆 CIP 数据核字(2020)第 104548 号

西式面点工艺
Xishi Miandian Gongyi　　陈　霞　朱长征　主编

策划编辑：汪飒婷
责任编辑：汪飒婷
封面设计：廖亚萍
责任校对：曾　婷
责任监印：周治超
出版发行：华中科技大学出版社（中国・武汉）　电话：(027)81321913
　　　　　武汉市东湖新技术开发区华工科技园　邮编：430223
录　　排：华中科技大学惠友文印中心
印　　刷：武汉科源印刷设计有限公司
开　　本：889mm×1194mm　1/16
印　　张：17.25
字　　数：507 千字
版　　次：2023 年 3 月第 1 版第 4 次印刷
定　　价：52.00 元

全国餐饮职业教育教学指导委员会重点课题

"基于烹饪专业人才培养目标的中高职课程体系与教材开发研究"成果系列教材

餐饮职业教育创新技能型人才培养新形态一体化系列教材

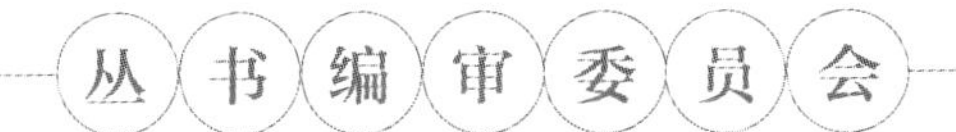

委员（按姓氏笔画排序）

网络增值服务

使用说明

欢迎使用华中科技大学出版社医学资源网

教师使用流程

（1）登录网址：**http://yixue.hustp.com**（注册时请选择教师用户）

注册 → 登录 → 完善个人信息 → 等待审核

（2）审核通过后，您可以在网站使用以下功能：

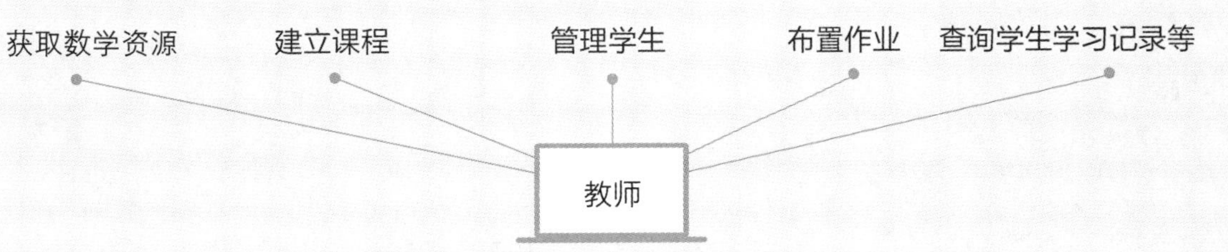

学员使用流程

（建议学员在PC端完成注册、登录、完善个人信息的操作。）

（1）PC端学员操作步骤

① 登录网址：http://yixue.hustp.com（注册时请选择普通用户）

注册 → 登录 → 完善个人信息

② 查看课程资源：（如有学习码，请在“个人中心—学习码验证”中先通过验证，再进行操作。）

（2）手机端扫码操作步骤

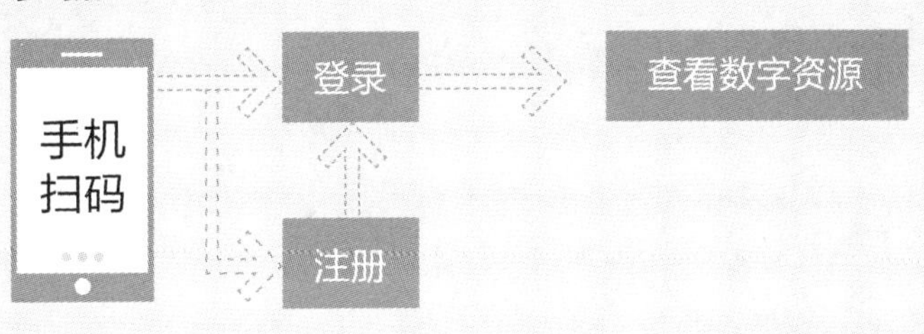

开展餐饮教学研究　加快餐饮人才培养

餐饮业是第三产业重要组成部分，改革开放40多年来，随着人们生活水平的提高，作为传统服务性行业，餐饮业对刺激消费需求、推动经济增长发挥了重要作用，在扩大内需、繁荣市场、吸纳就业和提高人民生活质量等方面都做出了积极贡献。就经济贡献而言，2018年，全国餐饮收入42716亿元，首次超过4万亿元，同比增长9.5%，餐饮市场增幅高于社会消费品零售总额增幅0.5个百分点；全国餐饮收入占社会消费品零售总额的比重持续上升，由上年的10.8%增至11.2%；对社会消费品零售总额增长贡献率为20.9%，比上年大幅上涨9.6个百分点；强劲拉动社会消费品零售总额增长了1.9个百分点。中国共产党第十九次全国代表大会（简称党的十九大）吹响了全面建成小康社会的号角，作为人民基本需求的饮食生活，餐饮业的发展好坏，不仅关系到能否在扩内需、促消费、稳增长、惠民生方面发挥市场主体的重要作用，而且关系到能否满足人民对美好生活的向往、实现全面建成小康社会的目标。

一个产业的发展，离不开人才支撑。科教兴国、人才强国是我国发展的关键战略。餐饮业的发展同样需要科教兴业、人才强业。经过60多年特别是改革开放40多年来的大发展，目前烹饪教育在办学层次上形成了中职、高职、本科、硕士、博士五个办学层次；在办学类型上形成了烹饪职业技术教育、烹饪职业技术师范教育、烹饪学科教育三个办学类型；在学校设置上形成了中等职业学校、高等职业学校、高等师范院校、普通高等学校的办学格局。

我从全聚德董事长的岗位到担任中国烹饪协会会长、全国餐饮职业教育教学指导委员会主任委员后，更加关注烹饪教育。在到烹饪院校考察时发现，中职、高职、本科师范专业都开设了烹饪技术课，然而在烹饪教育内容上没有明显区别，层次界限模糊，中职、高职、本科烹饪课程设置重复，拉不开档次。各层次烹饪院校人才培养目标到底有哪些区别？在一次全国餐饮职业教育教学指导委员会和中国烹饪协会餐饮教育委员会的会议上，我向在我国从事餐饮烹饪教育时间很久的资深烹饪教育专家杨铭铎教授提出了这一问题。为此，杨铭铎教授研究之后写出了《不同层次烹饪专业培养目标分析》《我国现代烹饪教育体系的构建》，这两篇论文回答了我的问题。这两篇论文分别刊登在《美食研究》和《中国职业技术教育》上，并收录在中国烹饪协会主编的《中国餐饮产业发展报告》之中。我欣喜地看到，杨铭铎教授从烹饪专业属性、学科建设、课程结构、中高职衔接、课程体系、课程开发、校企合作、教师队伍建设等方面进行研究并提出了建设性意见，对烹饪教育发展具有重要指导意义。

杨铭铎教授不仅在理论上探讨烹饪教育问题，而且在实践上积极探索。2018年在全国餐饮职业教育教学指导委员会立项重点课题“基于烹饪专业人才培养目标的中高职课程体系与教材开发研究”(CYHZWZD201810)。该课题以培养目标为切入点，明晰烹饪专业人才培养规格；以职业技能为结合点，确保烹饪人才与社会职业有效对接；以课程体系为关键点，通过课程结构与课程标准精准实现培养目标；以教材开发为落脚点，开发教学过程与生产过程对接的、中高职衔接的两套烹饪专业课程系列教材。这一课题的创新点在于：研究与编写相结合，中职与高职相同步，学生用教材与教师用参考书相联系，资深餐饮专家领衔任总主编，与全国排名前列的大学出版社相协作，编写出的中职、高职系列烹饪专业教材，解决了烹饪专业文化基础课程与职业技能课程脱节，专业理论课程设置重复，烹饪技能课交叉，职业技能倒挂，教材内容拉不开层次等问题，是国务院《国家职业教育改革实施方案》提出的完善教育教学相关标准中的持续更新并推进专业教学标准、课程标准建设和在职业院校落地实施这一要求在烹饪职业教育专业的具体举措。基于此，我代表中国烹饪协会、全国餐饮职业教育教学指导委员会向全国烹饪院校和餐饮行业推荐这两套烹饪专业教材。

习近平总书记在党的十九大报告中将“两个一百年”奋斗目标调整表述为：到建党一百年时，全面建成小康社会；到新中国成立一百年时，全面建成社会主义现代化强国。经济社会的发展，必然带来餐饮业的繁荣，迫切需要培养更多更优的餐饮烹饪人才，要求餐饮烹饪教育工作者提出更接地气的教研和科研成果。杨铭铎教授的研究成果，为中国烹饪技术教育研究开了个好头。让我们餐饮烹饪教育工作者与餐饮企业家携起手来，为培养千千万万优秀的烹饪人才、推动餐饮业又好又快地发展，为把我国建成富强、民主、文明、和谐、美丽的社会主义现代化强国增添力量。

全国餐饮职业教育教学指导委员会主任委员

中国烹饪协会会长

《国家中长期教育改革和发展规划纲要(2010—2020年)》及《国务院办公厅关于深化产教融合的若干意见(国办发〔2017〕95号)》等文件指出:职业教育到2020年要形成适应经济发展方式的转变和产业结构调整的要求,体现终身教育理念,中等和高等职业教育协调发展的现代教育体系,满足经济社会对高素质劳动者和技能型人才的需要。2019年1月,国务院印发的《国家职业教育改革实施方案》中更是明确提出了提高中等职业教育发展水平、推进高等职业教育高质量发展的要求及完善高层次应用型人才培养体系的要求;为了适应"互联网+职业教育"发展需求,运用现代信息技术改进教学方式方法,对教学教材的信息化建设,应配套开发信息化资源。

随着社会经济的迅速发展和国际化交流的逐渐深入,烹饪行业面临新的挑战和机遇,这就对新时代烹饪职业教育提出了新的要求。为了促进教育链、人才链与产业链、创新链有机衔接,加强技术技能积累,以增强学生核心素养、技术技能水平和可持续发展能力为重点,对接最新行业、职业标准和岗位规范,优化专业课程结构,适应信息技术发展和产业升级情况,更新教学内容,在基于全国餐饮职业教育教学指导委员会2018年度重点课题"基于烹饪专业人才培养目标的中高职课程体系与教材开发研究"(CYHZWZD201810)的基础上,华中科技大学出版社在全国餐饮职业教育教学指导委员会副主任委员杨铭铎教授的指导下,在认真、广泛调研和专家推荐的基础上,组织了全国90余所烹饪专业院校及单位,遴选了近300位经验丰富的教师和优秀行业、企业人才,共同编写了本套餐饮职业教育创新技能型人才培养新形态一体化系列教材、全国餐饮职业教育教学指导委员会重点课题"基于烹饪专业人才培养目标的中高职课程体系与教材开发研究"成果系列教材。

本套教材力争契合烹饪专业人才培养的灵活性、适应性和针对性,符合岗位对烹饪专业人才知识、技能、能力和素质的需求。本套教材有以下编写特点:

1. 权威指导,基于科研　本套教材以全国餐饮职业教育教学指导委员会的重点课题为基础,由国内餐饮职业教育教学和实践经验丰富的专家指导,将研究成果适度、合理落脚于教材中。

2. 理实一体,强化技能　遵循以工作过程为导向的原则,明确工作任务,并在此基础上将与技能和工作任务集成的理论知识加以融合,使得学生在实际工作环境中,将知识和技能协调配合。

3. 贴近岗位,注重实践　按照现代烹饪岗位的能力要求,对接现代烹饪行业和企业的职业技能标准，将学历证书和若干职业技能等级证书（“1＋X”证书）内容相结合，融入新技术、新工艺、新规范、新要求，培养职业素养、专业知识和职业技能，提高学生应对实际工作的能力。

4.编排新颖，版式灵活　注重教材表现形式的新颖性，文字叙述符合行业习惯，表达力求通俗、易懂，版面编排力求图文并茂、版式灵活，以激发学生的学习兴趣。

5.纸质数字，融合发展　在媒体融合发展的新形势下，将传统纸质教材和我社数字资源平台融合，开发信息化资源，打造成一套纸数融合的新形态一体化教材。

本系列教材得到了全国餐饮职业教育教学指导委员会和各院校、企业的大力支持和高度关注，它将为新时期餐饮职业教育做出应有的贡献，具有推动烹饪职业教育教学改革的实践价值。我们衷心希望本套教材能在相关课程的教学中发挥积极作用，并得到广大读者的青睐。我们也相信本套教材在使用过程中，通过教学实践的检验和实际问题的解决，能不断得到改进、完善和提高。

教材编写立足于西餐行业中的西点烘焙理论和制作工艺，力求理论与实践紧密结合，在立足于一般意义上西点烘焙知识的同时，更强调了西点烘焙的艺术性。

本书将西式面点师职业技能标准需掌握的理论点和技能点作为该课程培养目标，根据国家西式面点师职业技能标准和要求选择课程内容，使烹饪专业中高职人才培养目标与西式面点师岗位需求相一致，实现课程标准与职业标准对接。

本书根据西式面点的分类及特点将内容分为六个项目，每个项目划分为若干个学习任务。项目一为西式面点（简称西点）概述，主要介绍了西点的定义、发展历史、分类方法及特点，以及西点岗位的工作要求和卫生规范。项目二为西点常用设备与器具，重点介绍了西点制作中常用设备和器具的使用和维护方法，以及安全生产知识。项目三为西点常用原辅料，重点介绍了西点中常用的原料、辅料和食品添加剂的特性及使用方法。项目四为面包制作工艺，分为九个任务，详细介绍了面包的制作原理、生产工艺和生产方法，并重点介绍软质面包、硬质面包、脆皮面包、松质面包、调理面包和其他类型面包的配方、制作方法、工艺操作要点和成品要求。项目五为蛋糕制作工艺，包含八个任务，详细介绍了蛋糕的制作原理、制作工艺和制作方法，并重点介绍了乳沫类蛋糕、戚风蛋糕、天使蛋糕、虎皮蛋糕、油脂蛋糕、乳酪蛋糕、慕斯蛋糕和装饰蛋糕的配方、制作方法、工艺操作要点和成品要求。项目六为西式点心制作工艺，包含九个任务，分别介绍了油酥点心、起酥点心、饼干、泡芙、布丁、糖果、巧克力、冷冻甜点及其他类西式点心的制作原理、制作工艺、操作要点和成品要求等。

本书的使用对象以高等职业院校烹饪专业学生为主，同时考虑作为中职学校烹饪专业学生的学习教材。本书由扬州大学旅游烹饪学院陈霞和郑州商业技师学院朱长征担任主编，安徽科技学院潘冬梅、郑州商业技师学院王标、浙江旅游职业学院华蕾和海南职业技术学院郭利芳担任副主编。编委、参编人员及具体分工如下：陈霞负责项目一和项目四任务一到任务二的编写及全书的统稿工作；朱长征负责项目二的编写工作；潘冬梅负责项目三任务一到任务四的编写工作；扬州大学王荣兰负责项目三任务五到任务六的编写工作；浙江农业商贸职业学院纪雨婷负责项目三任务七到任务九的编写工作；华蕾负责项目五任务一到任务三的编写工作；桂林旅游学院聂相珍负责项目五任务四到任务七的编写工作；王标负责项目六的编写工作；黄山学院王娜负责项目四任务三到任务五的编写工作；苏州旅游与财经高等职业技术学校汤海莲负责项目五任务八的编写工作；余姚技师学院李银负责项目四任务六到任务九的编写工作；海南职业技术学院郭利芳负责本书部分数字资源的开发。扬州大学食品卫生与营养专业研究生周文娟、陆丹丹、王鹏、肖潇参与了本书后期的统稿和编校工作。本书编写参考了诸多资料文献，谨向文献作者表示敬意和谢意！

由于编者的水平有限，书中难免出现疏漏之处，真诚地希望广大读者提出宝贵意见，以便下次修订时不断完善。

编者

目录

项目一

西式面点概述

项目描述

西式面点(西点)是来源于欧美等西方国家糕点的总称,现在已成为深受世界各国人民喜爱的美食。了解西点的定义、发展历史及西点在西方饮食中的作用和地位,熟悉西点的分类方法及特点,认识西点工作岗位的要求和卫生规范,对于培养学习兴趣、拓宽视野具有重要的意义。

项目目标

通过本项目的学习,了解西点的定义、发展历史和现状,以及西点在西方饮食中的作用,熟悉西点制作的基本工艺流程和主要操作步骤,掌握西点的分类、特点及西点岗位的工作要求和生产卫生规范。

任务一　西式面点基础知识

任务描述

西点是西方人的主食和点心,经历了一万多年的发展演变,其原料、制作方法和风味特色与中式面点都有许多不同之处。通过学习西点的定义、发展历史和在西方饮食中的作用,为本课程的学习奠定理论基础。

任务目标

掌握西点的定义,了解西点的发展历史和现状,熟悉西点在西方饮食中的作用。

一、西点的定义

西点是西式面点的简称,指来源于欧美等西方国家的糕点。西点是以面粉、油脂、糖、蛋和乳品为主要原料,辅以干鲜果品、巧克力、调味品和添加剂等,经过面团调制、成型、成熟、装饰等工艺而制成的具有一定色、香、味的营养食品。在英语里没有西点这个单词,只是我国烹饪行业将我国的点心统称为中点(中式面点),相应的来源于西方国家的称为西点。西点的英文名为 baking foods,意思是焙烤食品,又称为烘焙食品、烘烤食品等,它表明了西点的成熟方法主要是焙烤。

二、西点的发展历史

目前,面包、蛋糕和饼干等西点已经成为受全世界各国人民喜爱的食品,并以各种方式生产。现

Note

代西点制作技术同远古时代相比已发生了巨大的变化，但至今人们并不确切地知道人类最早开始制备面粉和面包的时间。

❶ 西点的起源 早在一万多年前，西亚一带的古代民族就已经开始种植小麦和大麦，并利用石板将谷物碾压成粉，与水调和成团后放在烧热的石板上烘烤成饼，这就是面包的起源。但这种饼没有经过发酵，是"死面"，所以只能称之为烤饼。

世界上最早利用发酵面团来做面包的是埃及人。早在六千年前的金字塔时代，埃及已有用谷物制作的类似面包的食品。传说在修建金字塔时期，一个负责烤饼的埃及奴隶在烤饼时睡着了，等他一觉醒来时，发现生面饼变大了很多。他连忙把面饼放进炉子里烘烤，等饼烤好后，发现饼不仅又大又软，而且非常好吃。这是因为空气里的酵母菌或细菌进入生面饼中，经过一段时间的繁殖和生长后，面坯变得膨松。从那以后，埃及人开始将面粉、水、马铃薯和盐拌在一起，放在温暖的地方，利用空气中的酵母菌发酵，等面团发好后再放在泥土做成的土窑中烘烤。当时埃及人学会了使面团发酵的方法，但并不懂得其真正的原理。埃及人发明了最早的烤炉，这是一种用泥土筑成的圆形烤窑，底部生火，上部开口，可以使空气保持流通，当烤炉内的温度较高时将火熄灭，拨出炉灰，盖住顶部开口，再将做好的面饼放入炉内，利用炉内余热将面饼烤熟。

❷ 西点的发展 发酵面包于公元前 600 年传到希腊，并在希腊得到了快速的发展。希腊面包师将烤炉改为圆拱式，上部空气孔变得更小而内部容积增大，使炉内保温性更好，其加热和烘烤方法仍与埃及人一样。希腊人不仅改良了烤炉，并且在面包制作技术方面也有了很多的改进。他们在面包中加入牛乳、奶油、奶酪、蜂蜜和鸡蛋等，大大改善了面包的品质和风味。同时希腊人在面包面团中掺入大量的鸡蛋，发明了最早的蛋糕。现在，欧洲人用于庆祝复活节的西姆尔蛋糕，据说就起源于希腊，其表面装饰了 12 个杏仁球，代表罗马神话中的众神。

后来，罗马人征服了希腊和埃及，面包制作技术又传到了罗马。罗马人进一步改进了制作面包的方法，发明了圆顶厚壁长柄木勺炉，还发展了水推磨和最早的面团搅拌机。公元 2 世纪末，罗马的面包师行会统一了制作面包的技术和酵母菌种。他们经过实践比较，选用酿酒的酵母液作为标准酵母。随后，罗马人又将面包制作技术传到了匈牙利、英国、德国和欧洲各地。中世纪的欧洲人一般都吃粗糙的黑面包，最初白色面包只用于教堂仪式。关于面包最富有灵感的创新，大概出现于 18 世纪的英国。那时有一个放荡不羁、名叫约翰・蒙塔古的贵族三明治伯爵四世，让人在两片面包之间夹点肉，使他能一面吃一面赌博。这种粗制的三明治从此改变了欧洲、美洲人的饮食习惯，这就是后来风靡全世界并得到更大发展的三明治面包。

在英国，随着工业革命的发生，面包的生产得到迅速发展，并成为城市居民的主食。随着加拿大和澳大利亚沦为殖民地后，面包生产技术又传到了这两个产麦国家。后来又传到了美国。据介绍，大约在 1850 年，美国消费面包中的 90%是由家庭制作的，只有 10%是由手工面包厂制作的。直到 18 世纪末工业革命开始，大批的家庭主妇离开家庭走进工厂，使得大规模的面包厂开始兴起。为了增加面包生产的速度，在 1870 年至 1890 年间先后发明了面包搅拌机、面包整形机、面包自动分割机和可移动的钢壳烤炉，使面包的制作完全迈进了机器操作的新时代，而且设立了专门性的学术机构来研究面包的制作方法和各种原料的性能，使烘烤技术成为一种专门的学问。

饼干(biscuit)是由面包发展而来的，"biscuit"是把面包再烤一次的意思。我国焙烤食品记载不多，但从汉代就有的烙饼应该属于我国最早的焙烤食品。

三、西点在西方饮食中的作用

西点在西方人的生活中占有重要地位，充分体现了西方饮食文化的特色和西方人的饮食习惯。

❶ 主食 西点是西方人的主食，是一日三餐中必备的食品。西方的早餐通常是涂有果酱和奶油的烤面包片，午餐多为夹有蔬菜、鸡蛋、奶酪或火腿肠的三明治，正餐中的面包常随汤一起吃。在

正餐中最后的一道菜通常是甜点。无论是在餐馆进餐，还是在家庭、学校和工厂的食堂，餐后甜点都是不可或缺的品种。

❷ **茶点**　喝下午茶是西方人传统的生活习惯。在英国，18世纪即开始形成饮茶的风气，与下午茶相伴的有各种花式糕点，以至形成了一类专供下午茶享用的点心，即下午茶点心。

❸ **节日喜庆糕点**　世界上许多国家都有为节日和喜事制作糕点的习惯，这些节日大多是与宗教有关的，其中较重要的有圣诞节和复活节。如圣诞节的圣诞蛋糕、南瓜派、圣诞大面包，复活节的水果蛋糕等。西方人在婚礼和生日等喜事时也会制作喜庆蛋糕表示祝贺。

任务二　西式面点的分类与特点

任务描述

西点具有典型的地域特色和民族风格，形成了许多有代表性的流派，如法式、德式、意式、英式和俄式等。即便是同一个品种的西点，在不同的国家和区域会形成不同的加工方法和风味特色，因此，需要全面地了解西点的分类方法和特点。

任务目标

掌握西点的分类方法，熟悉各类西点的特点。

一、西点的分类

西点的种类繁多，因而分类方法也较多。西点按食用时的温度可分为常温西点、冷点和热点三类。按口味不同可以分为甜点和咸点，按加工工艺及原料性质可分为蛋糕、面包和西式点心三大类，每一类又可进一步细分为很多种类，而这种分类方法在行业中得到普遍的应用和认可。

（一）面包

面包(bread)是以面粉、酵母、盐和水为基本原料，添加适量的糖、油脂、乳品、鸡蛋、果料、添加剂等，经搅拌、发酵、成型、醒发、烘焙而制成的组织松软、富有弹性的发酵食品。

❶ **按柔软程度分类**　面包按柔软程度不同可分为硬式面包和软式面包。软式面包配方中使用较多的糖、油脂、鸡蛋和水等柔性原料，糖、油用量较多，组织松软，结构细腻，如亚洲和美洲大部分国家生产的面包。著名的有甜面包、汉堡包、热狗和三明治等。硬式面包配方中使用小麦粉、酵母、水和盐作为基本原料，糖、油脂用量较少。面包表面硬脆，有裂纹，内部组织结实，咀嚼性强，麦香味浓郁，如法国面包、荷兰面包、维也纳面包、英国面包等。这类面包以欧式面包为主。

❷ **按质量档次和用途分类**　面包按质量档次和用途不同可分为主食面包和点心面包等。主食面包亦称配餐面包，食用时往往佐以菜肴、果酱或奶油，如吐司面包、法式面包等。点心面包多指休息或早餐时当点心吃的面包，配方中加入了较多的糖、油、鸡蛋、奶粉等高级原辅料，亦称高档面包，如丹麦面包、甜面包和甜甜圈等。

❸ **按成型方法分类**　面包按成型方法不同可分为普通面包和花式面包。普通面包是指以小麦粉为主要原料，成型方法比较简单的一类面包，如吐司面包、汉堡包等，用机器就可以成型。花式面包是指成型方法比较复杂、形状多样化的面包，如各种动物面包、辫子面包、夹馅面包、起酥面包、油炸面包、艺术面包等，这类面包主要靠手工成型。

❹ **按质地分类**　面包按质地可分为软质面包、硬质面包、脆皮面包和松质面包。软质面包具有

组织松软、富有弹性、体积膨大、口感柔软等特点，如白吐司面包、三明治面包、甜面包等。硬质面包具有组织紧密、有弹性、经久耐嚼的特点，其含水量较低，保质期较长，如菲律宾面包、杉木面包等。脆皮面包具有表皮脆而易折断、中心较柔软的特点，原料配方较简单，主要是面粉、食盐、酵母和水。在烘烤过程中，需要向烤箱中喷蒸汽，使烤箱保持一定的湿度，有利于面包体积膨胀爆裂和表面呈现光泽，易达到皮脆瓤软的要求，如法国的长棍面包、维也纳面包、农妇面包等。松质面包又称起酥面包，是以小麦粉、酵母、糖、油脂等为原料搅拌成面团，冷藏松弛后裹入奶油，经过反复压片、折叠，利用油脂的润滑性和隔离性使面团产生清晰的层次，然后制成各种形状，经醒发、烘烤而制成的口感特别酥松、层次分明、入口即化、奶香浓郁的特色面包。如可颂面包、丹麦果酱面包等。

（二）蛋糕

蛋糕(cake)是传统的西式点心之一，是西点中的一大类。蛋糕是以鸡蛋、糖、油脂、面粉为主料，配以奶酪、巧克力、果仁等辅料，经一系列加工制成的具有浓郁蛋香、质地松软或酥散的制品。蛋糕与其他西点的主要区别在于鸡蛋的用量多，糖和油脂的用量也较多。制作中，原辅料混合的最终形式不是面团而是含水较多的浆料(亦称面糊、蛋糊)。浆料装入一定形状的模具或烤盘中，烘焙后制成各种形状的蛋糕。蛋糕可以分为乳沫类蛋糕、面糊类蛋糕和戚风蛋糕三大类，它们是各类蛋糕制作和品种变化的基础。

❶ 乳沫类蛋糕 乳沫类蛋糕(foam cake)又称海绵蛋糕(sponge cake)，因其组织结构类似多孔的海绵而得名，国内称之为清蛋糕。海绵蛋糕是利用鸡蛋的起泡性，通过搅拌和烘烤使蛋糕体积膨大。与油脂蛋糕最大的区别在于海绵蛋糕不使用固体的油脂，但为了降低蛋糕过强的韧性，会添加适量的液体油脂。乳沫类蛋糕根据其使用鸡蛋的成分不同可分为全蛋类、蛋白类和蛋黄类。

❷ 面糊类蛋糕 面糊类蛋糕(butter cake)又称油脂蛋糕、奶油蛋糕，是一类在配方中加入较多固体油脂，主要利用油脂的充气性膨松的蛋糕。其弹性和柔软性不如海绵蛋糕，但质地酥散、滋润，带有油脂特别是奶油的香味，且具有较长的保存期。奶油蛋糕根据油脂的添加量可分为重油脂蛋糕和轻油脂蛋糕。

❸ 戚风蛋糕 戚风蛋糕(chiffon cake)是采用分蛋搅拌法，即蛋白与蛋黄分开搅打后再混合而制成的一种海绵蛋糕。通过蛋黄面糊和蛋白泡沫两种性质的面糊的混合，从而达到改善戚风蛋糕的组织和颗粒状态的作用，其质地非常松软，柔软性好。此外，戚风蛋糕水分含量高，口感滋润嫩爽，存放时不易发干，且蛋糕风味突出，因而特别适合用作高档卷筒蛋糕及鲜奶油装饰的蛋糕坯。

（三）西式点心

西式点心(pastry)品种非常丰富，包括油酥类西式点心、起酥类西式点心、饼干、泡芙、布丁、糖果、巧克力类西式点心、冷冻甜点和其他类西式点心。

❶ 油酥类西式点心 油酥类(short pastry)西式点心是以面粉、奶油、糖等为主要原料(有的需要添加疏松剂)，调制成面团，经擀制、成型、成熟、装饰等工艺而制成的一类酥松而无层次的点心。国内称其为混酥或松酥。其主要包括派(pie)、塔(tar)和其他油酥点心。

派俗称馅饼，有单皮派和双皮派之分。塔是欧洲人对派的称呼。派多为双皮，并且是切成块状的，塔多用于单皮的馅饼，或者比较薄的双皮圆派，或者整只小圆形或其他各种形状(椭圆形、船形、带圆角的长方形等)的派。

❷ 起酥类西式点心 起酥类(puff pastry)西式点心又称帕夫点心，在中国称为清酥点心，是一类主要的传统西式点心。起酥点心具有独特的酥层结构，通过用水调面团包裹油脂，经反复擀制折叠，形成了一层面与一层油交替排列的多层结构，制成品具有体轻、分层、酥松而爽口的特点。

❸ 饼干 饼干(biscuit)是除面包外生产规模最大的焙烤食品。饼干是以小麦粉、糖类、油脂、膨松剂等为主要原料经面团调制、辊压、成型、烘烤等工序而制成的方便食品。饼干具有口感酥松、营养丰富、水分含量少、体轻、块形完整、便于携带和储存等优点。饼干的花色品种很多，要将饼干严

格分类是颇为困难的，通常按制作工艺特点可把饼干分为五大类：酥性饼干、韧性饼干、苏打饼干、千层酥类饼干和其他深加工饼干。

④ 泡芙　泡芙(puff)又称空心饼，是将奶油、水和牛奶煮沸后，加入面粉烫透，稍冷却后分批搅入鸡蛋制成的面糊，通过挤注成型，烘焙或油炸而制成的空心酥脆点心。其内部夹入各种馅心而制成不同风味的泡芙。

⑤ 布丁　布丁(pudding)是以淀粉、油脂、糖、牛奶和鸡蛋为主要原料，搅拌呈糊状，经过水煮、蒸或烤等不同方法制成的甜点。

⑥ 糖果　糖果(sweet)是以糖和糖浆为主要原料制作的一类甜点，可分为硬质糖果、硬质夹心糖果、乳脂糖果、凝胶糖果、抛光糖果、胶基糖果、充气糖果和压片糖果等。其中硬质糖果是以白砂糖、淀粉糖浆为主料的一类口感硬、脆的糖果；硬质夹心糖果是糖果中含有馅心的硬质糖果；乳脂糖果是以白砂糖、淀粉糖浆(或其他食糖)、油脂和乳制品为主料制成的，蛋白质不低于1.5%，脂肪不低于3.0%，具有特殊乳脂香味和焦香味的糖果；凝胶糖果是以食用胶(或淀粉)、白砂糖和淀粉糖浆(或其他食糖)为主料制成的质地柔软的糖果；抛光糖果是表面光亮坚实的糖果；胶基糖果是用白砂糖(或甜味剂)和胶基物质为主料制成的可咀嚼或可吹泡的糖果；充气糖果是糖体内部有细密、均匀气泡的糖果；压片糖果是经过造粒、黏合、压制成型的糖果。

⑦ 巧克力类西式点心　巧克力类(chocolate dessert)西式点心是指以可可浆和可可脂为主要原料，配以奶油、果仁和酒类等制成的一类甜点。巧克力口感细腻甜美，具有浓郁的巧克力香气。巧克力可以直接食用，也可以制作成果仁巧克力、巧克力装饰、巧克力插件、巧克力蛋糕、巧克力冰淇淋等。

⑧ 冷冻甜点　冷冻甜点(frozen dessert)是通过冷冻成型的甜点总称，它的种类繁多，口味独特，造型各异，主要的类型有果冻(fruit jelly)、慕斯(mousse)和冰淇淋(ice cream)等。

⑨ 其他类西式点心　除了上述西式点心外，还有其他的一些西式点心，如班戟、舒芙蕾、华夫和糖渍水果等。

二、西点的特点

① 用料考究、配方标准　在现代西点制作中，不同品种的西点的面坯、馅心、装饰、点缀等用料都有各自的选料标准，各种原料之间都有着恰当的比例，而且大多数原料要求称量准确。

② 营养丰富　西点中大量使用了乳品、蛋品、奶油、干鲜果品、巧克力等原料，营养较丰富。

③ 工艺特点　采用标准化、机械化、自动化和批量化的生产方式，以烘焙为主要的成熟方式，讲究造型、装饰。

④ 风味特点　西点区别于中式点心的最突出特征是它使用的油脂是奶油，乳品和巧克力使用的也很多。西点带有浓郁的奶香味和巧克力的特殊风味。水果与果仁在制品中的大量使用是西点的另一重要特色。水果在装饰上的拼摆和点缀，给人以清新而鲜美的感觉。由于水果与奶油配合，清淡与浓重相得益彰，吃起来油而不腻，甜中带酸，别有风味。果仁烤后香脆可口，在外观与风味上也为西点增色不少。

任务三　西式面点制作的基本工艺流程及岗位要求

任务描述

介绍西点制作的基本工艺流程及主要的操作步骤，以及西点岗位的工作要求和生产卫生规范。

任务目标

熟悉西点制作的基本工艺流程及主要操作步骤，掌握西点岗位的工作要求和西点生产的卫生规范。

一、西点制作的基本工艺流程

西点的种类繁多，制作工艺也各不相同，但其总的工艺流程仍可以归纳如下（图 1-1）。

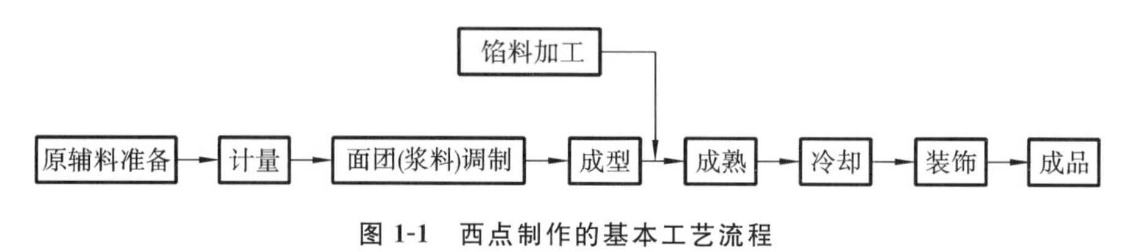

图 1-1　西点制作的基本工艺流程

二、西点制作的主要操作步骤

❶ **原辅料准备**　根据配方要求，查看各种原辅料的数量和种类，并检查原料质量是否符合要求。对原料进行初加工，例如面粉过筛，打蛋，水果、果料和果仁的清洗加工，籽仁类的清洗预烘等。

❷ **计量**　按配方和产量要求进行计算，得出各种原料的实际用量，并进行称量。

❸ **面团(浆料)调制**　将称量好的各种原料，按照各种产品投料的顺序，依次加入搅拌缸中进行搅打或搅拌，使原辅料充分混合均匀，并形成符合一定要求的面团（浆料）。

❹ **馅料加工**　在花样繁多的西点品种中，包馅西点占有相当比例。馅料加工是西点制作中一道极为重要的工序。把用于制作馅心的原料加工成蓉、末、丁，再加以各种配料和调料，调拌均匀，这种操作过程称为制馅。西点的馅料大多为甜馅，如果酱馅、水果馅、奶黄馅、吉士馅等。

❺ **成型**　成型是指将调制好的面团或浆料加工成具有一定形状的制品。西点的成型方法很多，有在成熟前成型的，也有在成熟后成型的，但大多数为成熟前成型。成型的方法有手工成型、模具成型和器具成型等。对于包馅的制品，成型的过程也包括包馅工序，但对于不宜烘烤的馅料，如新鲜水果、奶油膏等，则应在成熟以后再填装。

❻ **成熟**　成熟就是将已经成型的西点生坯，经过成熟而制成成品的工序。西点的成熟大多采用烘烤成熟，即利用烤箱加热成熟，但也有采用其他方式成熟的，如油炸、蒸、煮、煎等；也有采用先煮后烤的成熟方法，如贝果；还有采用隔水蒸烤的成熟方法，如乳酪蛋糕、焦糖布丁等。成熟时应该掌握好温度、湿度和时间的关系，在保证产品质量的前提下，制品的烘焙应在尽可能高的温度下于尽可能短的时间内完成。

❼ **冷却**　将加热成熟后的制品放在室温下冷却，使制品的温度降低，内部的水蒸气散失一部分，以利于后工序的操作，如装饰、切块、卷制、包装等。否则过热的制品进行装饰，会使鲜奶油熔化、水果变色。若对冷却不彻底的产品进行包装，则会在制品表面形成冷凝水，影响制品的外观，同时易滋生霉菌，缩短产品的保质期。

❽ **装饰**　西点的装饰是指选用适当的装饰料对制品进行进一步的美化加工，如蛋糕裱花，在面包、饼干表面撒上果仁、酥粒等。西点的装饰可分为烘烤前装饰和烘烤后装饰两种，可根据制品和装饰材料的特点进行选择。如面包、饼干的装饰多在烘烤前，而蛋糕的装饰多在烘烤后。果仁类、蔬菜类等装饰料多在烘烤前装饰，而奶油类、新鲜水果、巧克力等则必须在烘烤后进行装饰。

三、西点岗位的工作要求

西点岗位的工作要求如下：①遵纪守法，爱岗敬业，认真负责，踏实肯干。②具备西点相关的专业理论知识。③能根据生产需要设计产品配方和生产工艺。④具备一定的食品卫生知识，确保生产过程各环节的清洁卫生。⑤熟悉各类西点的制作工艺，并能利用各种原料对产品进行装饰美化。⑥能对西点的产品质量进行鉴定，并针对产品质量问题提出改进措施。⑦能对产品成本进行核算，根据季节变化和顾客需求设计菜单。

四、西点生产的卫生规范

❶ 个人卫生要求　①必须持健康证上岗。②保持良好的个人卫生，不留长指甲和涂指甲油及化妆。③进入加工车间必须穿戴工作服、工作帽、工作鞋，头发不得外露，工作服和工作帽必须勤更换。④进入加工车间的卫生程序：消毒间→清水洗手→消毒液洗手→清水洗手→手烘干→换工作服→进入生产车间。⑤严禁一切人员在车间内吃食物、吸烟、随地吐痰、乱扔废弃物。

❷ 生产车间卫生要求　①车间的墙壁无尘、无蜘蛛网，每周用干布擦拭。②每天下班前，先用水冲地面，然后用拖布拖干，清洁地面时最后清洁明沟，确保无异物、无异味。工作期间掉在地上的物料要及时清理、清洁。③每天下班前将各类容器、模具和工具清洁干净，摆放在指定位置。④每天下班后将各类设备关机后清理干净，不得有油污、水珠、面粉、尘土、污物等。

推荐阅读文献1

项目小结

本项目主要讲解西点基础知识及西式面点师的岗位工作基本要求和卫生规范。任务一介绍了西点的定义、发展历史及西点在西方饮食中的作用等，任务二介绍了西点的分类及特点，任务三讲解了西点制作的基本工艺流程及主要操作步骤，以及西点岗位的工作要求和生产卫生规范。

同步测试1

项目二

西点常用设备与工器具

项目描述

西点的设备及工器具随着人类饮食文明的发展而不断发展完善，正确、合理地选择和使用设备及工器具，掌握其特点、性能和维护保养，是提高西点加工工艺技术水平的重要手段。西点房的设备及工器具是烹饪工作的重要组成部分，是厨房的生产要素之一，烹饪技术的每一次进步和发展与厨房设备及工器具的更新和发展密不可分。厨具和设备既为提高西点质量提供了可靠的保证，也对减轻操作人员的劳动强度，提高工作效率，改善工作环境，起到了非常重要的作用。

项目目标

通过对西点的设备及工器具知识的学习，学生了解西点常用设备及工器具的种类和用途；能够熟悉各种设备及工器具的使用与保养；能够正确使用西点常用设备及工器具；培养学生良好的职业素养。

任务一 西点常用设备

任务描述

在现代西点加工过程中，食品加工设备占有重要地位。它大大减轻了厨师的劳动强度，同时使工作效率成倍增长。了解常用设备的性能和使用方法，对于掌握西点生产的基本技能、生产技巧，提高产品质量和劳动生产率有重要意义。

任务目标

通过学习西点常用设备的使用和维护方法，学会各类西点设备的使用和保养方法。

一、成熟设备

西点常用的成熟设备有烤箱、西式燃气连焗炉、蒸汽夹层锅、油炸炉、扒炉、焗炉、万能蒸烤箱和比萨烤炉等。

（一）烤箱

烤箱又称烤炉、烘箱等，是指用热空气烘烤来使食品成熟的一种加热烹调装置。烤箱按热源种

类不同可分为煤烤炉、煤气烤炉和电烤炉等；按结构形式可分为层烤炉、热风炉和隧道炉三种，如图2-1所示。电烤箱是目前使用最广泛的烤箱，具有加热快、效率高、节能、卫生等优点。烤箱主要用来烘烤酥点、面包、蛋糕等，有时也用来烩焖菜肴和烤制菜肴等。

(a)普通电热烤箱外形图

(b)全自动控温控湿烤箱外形图

(c)隧道式烤炉外形图

图 2-1　烤箱

❶ **烤箱构造**　烤箱一般采用不锈钢制作，内膛用隔热材料，分多层，层与层之间也装有隔热材料。炉门较多采用双层玻璃门，隔热效果好。另外烤箱还装有加热装置、温控装置、电子报警显示记时器、电路管短路显示装置等，有的还设有喷水装置。

❷ **烤箱的使用及维护方法**

（1）烤箱应放在平整、宽敞的地方，离墙20 cm左右放置，接好电源，注意接地。

（2）工作时打开电源开关，调好预设温度和时间。不同的产品需要不同的温度（面火、底火、侧火）和时长，食物烤制一半时间时一般要打开炉门调一下头再烤，以保证原料受热均匀。

（3）烤箱上不可放置油类、水等液体。

（4）烤箱使用结束后要切断电源，打开炉门晾凉，内外都清洁干净，但禁止用水冲洗，以免损坏电器零件。

❸ **使用注意事项**　不要将可燃物、塑料器皿放到烤箱顶部或烤箱内，以免引起火灾。不要将玻璃器皿放到烤箱内，以免引起玻璃器皿爆破。调整焙烤制品方向时戴好隔热手套，以免烫伤。

知识链接 2-1

（二）西式燃气连焗炉

西式燃气连焗炉是西餐厨房烹调主要加热设备之一，如图2-2所示。西式燃气连焗炉适用于炒、煎、扒、焗、烤等多种烹调方法，具有功能全、使用方便、易清洁、燃烧好等特点。

图 2-2　西式燃气连焗炉

❶ **西式燃气连焗炉的构造**　西式燃气连焗炉由优质不锈钢制成，其外部结构包括氧化铸铁炉头或黄铜炉头、平头明火炉、暗火烤箱、煤气控制开关。炉体内膛用优质不锈钢制成且用高密度玻璃

纤维包住，能恒久保温。炉门是双层玻璃纤维门，隔热好，门表面由不锈钢板制成，拉手是电木制品。燃气连焗炉一般设有自动点火装置和温控装置，黄铜制造的开关密封性较好，能防止漏气。

2 西式燃气连焗炉的使用与维护方法

(1) 点火前，首先检查有无漏气现象，各开关旋钮是否处于关闭状态，若发现有漏气现象，应立即关闭燃气阀门，并通风排气。

(2) 拧开气阀，转动自动点火器及其他控制开关，调到所需要位置时，便可烹制菜肴，同时可利用焗炉烘烤食品。

(3) 使用完毕，立即关闭所有开关和总气阀，关闭程序不要颠倒，应先熄火，后关阀门，防止负压回火。

(4) 每日清洗炉灶表面油污、杂物，疏通灶面上下水道，每周清洁一次炉内燃烧器和挡板上的污物。

(5) 定期检查炉灶的使用情况，如有故障及时维修。

3 使用注意事项

(1) 切勿将易燃物品(如毛巾等)放在炉面任何位置上，否则可能引起燃烧发生火灾事故。

(2) 关闭总气阀时，应先关灶上的煤气开关，然后依次关闭其他开关防止负压回火。

(三) 蒸汽夹层锅

蒸汽夹层锅主要用于熬汤、烫漂、煮制各类食品，如图 2-3 所示。可倾式蒸汽夹层锅常采用蒸汽作为热源，其锅身可倾覆，以方便装卸物料。此设备为间隙式熬煮设备，适用于酒店、宾馆、食堂及快餐行业，对于处理粉末及液态物料尤为方便。

图 2-3 蒸汽夹层锅

1 蒸汽夹层锅的构造 该锅主要由机架、蒸汽管路、锅体、倾锅装置组成。主要材料为优质不锈钢，符合食品卫生要求，外观造型美观大方，使用方便省力。倾锅装置通过手轮带动蜗轮、蜗杆及齿轮传动，使锅体倾斜出料。翻转动作也有电动控制的，使得整个操作过程安全且省力。

2 蒸汽夹层锅的使用及维护 该锅通过蒸汽加热，传热效率高，不会煳锅。使用前先将锅上方的水龙头打开，向锅内加注适量的水，然后打开蒸汽阀门，此时要看压力表，一般蒸汽压力为不大于 0.3 Mpa，有的可达 0.5 Mpa。汤锅进入工作状态。使用结束后，要清洁汤锅，经常检修倾锅装置和蒸汽阀门，不要将毛巾等物品放在气压表上。

3 使用注意事项

(1) 所需蒸汽压力的大小要参考产品说明书，一般蒸汽压力不得大于 0.3 Mpa，使用时要注意安全，如果蒸汽阀门年久失修，在打开或关闭阀门的一瞬间可能被蒸汽烫伤，所以使用时用毛巾等包住阀门拧。

(2) 蒸汽管道是输送高压蒸汽的，一定要选用符合质量标准的管道，不能随意乱接。蒸汽管道外面还要有隔热层，以防烫伤人。

(四) 油炸炉

油炸炉一般为长方形，主要由油槽、油脂自动过滤器、钢丝炸篮及热能控制装置等组成。油炸炉以电加热为主，也有气加热，能自动控制油温。油炸炉是西餐厨房用来制作油炸食品的主要设备。具有投料量大、工作效率高、温度可设定调节、自动滤油、操作方便等特点。如图 2-4 所示。

1 油炸炉的构造 油炸炉由不锈钢结构架、不锈钢油锅、温度控制器、加热装置、油滤装置等组成。

图 2-4　油炸炉

❷ 油炸炉的使用与维护

(1) 将食油(植物油或起酥油)注入锅内,油面最低不得低于"MIN"线,最高不得高于"MAX"线。接通电源或打开燃气开关,预调到所需温度,当发热管停止工作时,便可投入原料炸制食物,不可使用旧油,以免降低沸点及过度沸腾。

(2) 油缸内的隔油网是为油槽而设,在炸制食品时,该隔油网必须放在油缸内。操作时要保证油温控制器正常工作,油温控制器一旦失灵,自控效果即丧失,因此,工作人员不能离开炉灶,工作完毕后,关闭开关,确认熄灭后方可离开。

(3) 滤油是保证食品质量和延长炉具寿命的必要环节,在清理残渣及污物或放掉旧油时应待油温降低到常温才能进行,以防热油伤人。其操作步骤为:先把炸篮及隔油网取出,放置干燥处,然后打开柜门,打开卸油阀,放出旧油或放出残渣及油污,最后打开抽油阀,利用抽油循环对油缸进行清理。

(4) 待油炸炉冷却后,用蘸有洗涤剂的湿抹布擦去油渍与污垢,再用清洁布擦干。

❸ 使用注意事项

(1) 滤油时每次都要用滤油标尺检测,滤油标尺显示为一格、二格、三格的都要滤油,待油温降低时洒滤油粉,更换滤油纸(每滤一次油更换一次滤油纸),滤完的油经滤油标尺检测可达七格。

(2) 检测漏气时千万不要用明火点火测试,要用肥皂水或用检测仪器测试连接处是否有漏气。

(3) 将食油注入锅内时,油面高度应在"MAX"线和"MIN"线之间。

(五) 扒炉

扒炉有煎灶和坑扒炉两种。煎灶表面是一块 1～2 cm 厚的平整的铁板,四周滤油,主要用电和燃气作为能源,靠铁板传热使被加热体均匀受热,且铁板有预热过程。坑扒炉结构同煎灶相仿,只是表面不是铁板,而是铁铸造的倒"T"字形铁条,主要用燃气、电和木炭作为能源,通过炉下面火山石的辐射热和铁条的传导,使原料受热,坑扒炉同样有预热过程。煎灶、坑扒炉外形如图 2-5 所示。

❶ 功能与特点　西餐厨房使用的扒炉有电扒炉和燃气扒炉两种,用于煎扒肉禽类、海鲜类、蛋类等食品,也可用来制作铁板炒饭、炒面、串烧等菜肴。

西餐扒房用餐环境十分讲究,扒炉的安装既要便于客人点餐观赏,又不能破坏餐厅整体格局,扒炉上方装有排油装置,及时排出煎扒菜肴产生的油烟污气。

❷ 扒炉的构造　西式扒炉由厚平铁板、不锈钢构架、不锈钢管发热器(或是一排排燃气喷嘴)、温度控制器等组成。

电扒炉的发热由电阻丝以线卷形式置于不锈钢管中,不锈钢管装在平面铁板的下面,通电后将热传导给铁板,食物平放在铁板上煎扒烹制,电扒炉的正面装有温度控制器以便调节温度。

燃气扒炉一般是铸铁炉头,燃烧器具是无缝钢管,能起到稳定火焰的作用;燃气扒炉可更换的喷嘴能适合不同的气体使用;调节火力的开关阀大多是黄铜制造,能防止漏气;内膛一般是用绝热材料

(a)煎灶

(b)坑扒炉

图 2-5　扒炉

(玻璃纤维)制成,能恒久保温,便于烹调。

❸ **扒炉的使用和维护**

(1) 扒炉应安装在通风、干燥、无灰尘、较平整的位置。离墙至少 10 cm,而且要便于电线或燃气管道的铺设。

(2) 使用前将铁板清洗干净,打开开关,调节温控器旋钮(火力旋钮)。在铁板上刷上适量的食油后便可煎扒食物。

(3) 根据煎扒食物原料的不同适当调节温度,使火力均匀,保证菜品达到色、香、味俱全的效果。

(4) 烹制完毕要关闭电源(或气阀)。待冷却后,再清除油渍和食物残渣,用洁净抹布擦干待用,炉内的燃烧器要定期清洁,定期做好炉具的维护保养和调试工作。

知识链接
2-2

❹ **使用注意事项**　煤气扒炉和电扒炉性能一样,只是在安装结构和火力运用方面略有差别。

(六) 焗炉

焗炉是一种立式的扒炉,中间炉膛内有铁架,一般可升降。热源在顶端,一般适用于原料的上色和表面加热。焗炉有燃气焗炉和电焗炉两种,其工作程序都是将食品直接放入炉内受热、烘烤的一种西餐厨房常用设备。该炉具自动化控制程度较高,操作简便。烤制时食品表面易于上色,可用于烤制多种菜肴,还适用于各种面包、点心的烘烤制作。电焗炉如图 2-6 所示。

(a)

(b)

图 2-6　电焗炉

Note

❶ 焗炉的构造　焗炉由炉体、电加热器（或燃气喷嘴）和自动控制装置等组成，其规格和类型较多。

❷ 焗炉的使用及维护

（1）使用前，必须检查电源是否正常，保证电源电压与炉具使用电压相符合。

（2）升高顶箱，把要烹制的食品送入不锈钢滴盘上，向上或向下垂直地拉动顶部的手柄，调节热源与烹调食物表面的距离。根据处理需要松开手柄，热源随即停在所选定的高度。

（3）当温度达到设定值时，温控器自动切断热源，加热设备暂停工作，准备进入下一个烘烤循环，但有时温控装置会失灵，所以加热食品时操作人员最好不要离开，以免影响食物品质或出现安全隐患。

（4）烤制结束时，把顶箱升到顶部，取出已经烤制好的食品。

（5）关掉电源，待炉具冷却后再清理干净。

❸ 使用注意事项

（1）检查电源安装是否正常，保证电源电压与炉具使用电压相符合。

（2）比例器顺时针方向旋转到最大位置时为常加热位，表示电热管一直通电工作，而非循环加热方式。

（七）万能蒸烤箱

万能蒸烤箱如图 2-7 所示，是集焙烤、蒸、烤、煎、煮、焖、烫、煲等于一身的多功能烹饪设备，实现了烹饪多样化、自动化、智能化，烹制出的食品色、香、味俱佳，且混合烹饪不串味，保留原料营养成分不流失。

万能蒸烤箱的使用及维护：①设备需安装在通风适当的环境中，离墙 50 cm 左右，适当接地；②严格按设备说明进行食物烹制操作；③禁止将盆或工具类物体放在炉顶，以免阻塞烟雾和蒸汽排放；④核心温度探针是精密仪器，在操作过程中要小心处理；⑤严禁蒸煮可燃液体如含酒精饮料等；⑥每天使用完毕后，要用清洁剂按设备说明清洁内部；⑦严禁用水喷洗设备；⑧设备出现运转故障时应将其关闭，进行维修；⑨每年对设备进行一次总体检查。

（八）比萨烤炉

比萨烤炉是用来烤制比萨的专用设备，一般在比萨店使用较多，主要是用电加热，干净卫生。

❶ 比萨烤炉的构造　比萨烤炉的构造包括不锈钢炉体、滚轴型运输带、电加热设备、温控器、定时定速设备等如图 2-8 所示。

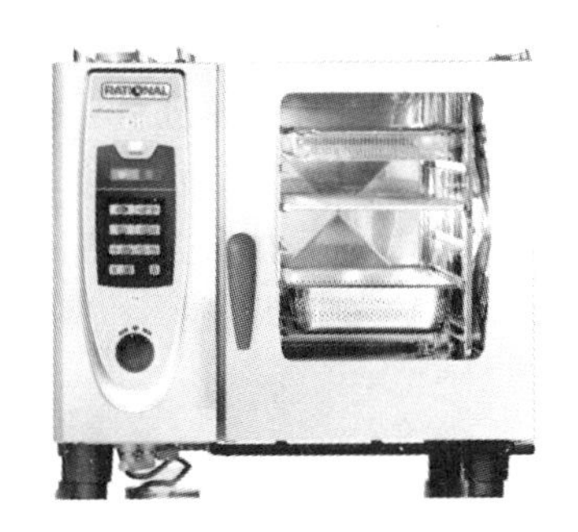

图 2-7　万能蒸烤箱

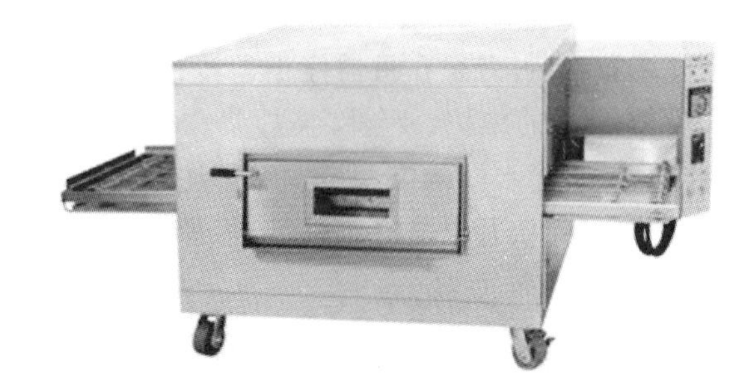

图 2-8　比萨烤炉

❷ 比萨烤炉的使用及维护　接通电源后，打开开关。根据要求调到预设温度和时间（该机器需要预热），把做好的比萨饼坯放到滚轴上可自动传输进去，并且可同时烤数个比萨。按预设的温度、时间、速度烤好后比萨可自动运出。

使用完毕要关闭电源，晾凉烤箱，把里面的烤网用刷子刷干净，滚轴用抹布擦干净。平时也要保持机器清洁，不要将抹布等易燃物放在机器上，以防发生火灾。

二、混合设备

西点常用的混合设备有和面机、多功能搅拌机和台式小型搅拌机等。

（一）和面机

和面机又称拌粉机，主要用于拌和各种粉料，是面点加工中的主要专用设备，多种面类食品如面包、糕点、馒头等所需要的面团均可按其不同要求进行搅拌，如图 2-9 所示。

(a)卧式和面机　　(b)立式和面机

图 2-9　和面机

❶ 和面机的构造　和面机有立式和卧式两种，种类不同，其零件结构也有所差别，但主要部件基本相同，均有电动机、传动机构、防护篮、搅拌桨、料斗、控制系统及机架等。

❷ 和面机的使用及维护

（1）和面机的使用。根据不同产品的工艺要求选择不同形状搅拌桨的和面机。如将原料混合并搅拌均匀，可选用叶片式搅拌桨；如将原料揉和而不考虑损坏原料的面筋时，则选用曲桨式搅拌桨；如既要原料揉和又要考虑不损坏面筋时，应选用棒桨式搅拌桨。

使用和面机时应根据型号确定最大拌粉量，不能超载，以免损坏机件。接通电源后应注意搅拌桨旋转方向与传动带罩上的标牌箭头是否一致，正常使用时应保持一致。

和面机必须放置平稳，外壳必须有良好的接地，以免漏电而发生事故。和面时先清洁料缸，然后将面粉倒入缸内，加入适量的辅料、水或其他液态原料，若使用冰块时需使用碎冰。开动电动机运转，进行拌和，出料必须在机器停止运转、关闭电源后进行，严禁在和面机工作时将手放进料斗内。

（2）和面机的维护。料斗、搅拌桨和机身在使用前后都要保持清洁卫生，若用水清洗设备，应先断开电源，严禁把水滴入电动机。经常注意设备润滑情况，及时给减速箱和其他摩擦件加注润滑油，V 带过松时可先松开电机底脚螺钉，将螺钉位置沿槽做适当调整，然后将螺钉旋紧即可。

（二）多功能搅拌机

多功能搅拌机又称打蛋机，是一种转速较高的搅拌机。搅拌机操作时，通过搅拌桨的高速旋转，强制搅打，使被调和物料间充分接触，并剧烈摩擦，从而实现对物料的混合、乳化、充气等作用。

一般使用的多功能搅拌机为立式，由搅拌器、搅拌缸、传动装置、容器升降机件等部分组成，如图 2-10 所示。

（三）台式小型搅拌机

台式小型搅拌机（图 2-11）适用于搅拌鲜奶油或量较少的浆料、面糊等。

图 2-10　多功能搅拌机

图 2-11　台式小型搅拌机

三、成型设备

西点常用的成型设备有压面机、分割搓圆机、面包切片机和起酥机等。

（一）压面机

压面机又称压皮机、揉面机，是加工面皮和揉面的专用设备，其作用主要是将松散的面团轧成紧密的符合规定厚度要求的面片，并在压面过程中进一步促进面筋网络形成，使面团或面片具有一定的筋力和韧性。其适用于制面片、皮料及揉面，是餐厅、食堂的理想面食制作机械。根据压辊对数的多少，压面机可分为双辊压皮机和多辊压皮机，双辊压面机可用于各种不同厚度的皮料滚压，适用于小批量生产；多辊压面机主要用于生产线上批量生产，如图 2-12 所示。

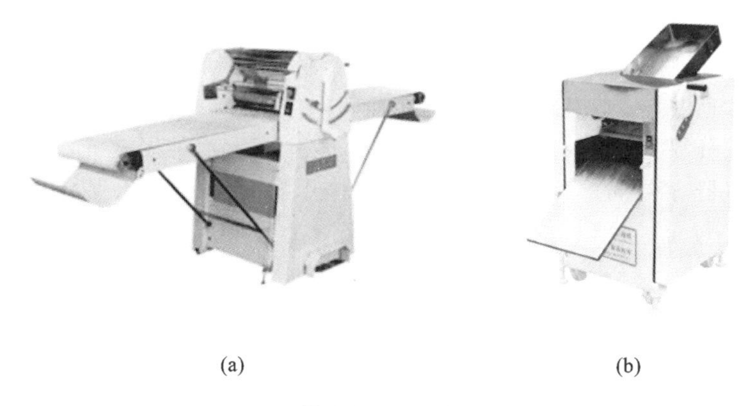

(a)　　(b)

图 2-12　压面机

❶ **双辊压面机的构造**　双辊压面机的两个压辊，直径相同，转速相等，旋转方向相反。两个压辊的转速较慢，扭矩较大，机架一般由铸铁构成。

❷ **压面机的使用及维护**　在压制面皮及压面过程中，因各种产品对皮料厚度的要求不同，对两辊之间的间隙也有不同要求，所以它们之间的中心距也需要进行调节，当旋转调节手轮时，被动压辊虽然位置变动，但两个压辊的轴心线总相互平行。若出现下列情况，应加以调整，如面辊间面皮堆积，应调小压辊间隙；如面辊间面皮拉断，应调大压辊间隙；如面皮平面跑偏，应调整压辊两边的间隙，以保证两压辊始终平行。

❸ **使用注意事项**　压面机应放置平稳，接电源线时应接好地线，并注意机器运转方向。每班使用前，应调整手轮后，将机器空转一两次，并在各润滑部位加注机油，检查正常运转后再使用。转动手轮，将压辊间隙调整适当，开机后，把和好的面团放到进料板上，引入压辊之间，反复压制至需要厚度。

机器运转时，注意不要将手或硬物伸到压辊之间，以免夹伤或损坏机器；不要用手驱动齿轮、皮带、链条等，以免夹伤。若出现面辊粘面时，待清除粘面后，调整间隙可继续工作，使用后，在停止条件下将各部分间的剩余面粉扫除干净。机器要定期加润滑油，一般每使用半年应给滚动轴承和齿轮清洗换油一次，V带长时间使用会拉长，应及时调整。检查电路的安装情况，约一年一次。

（二）分割搓圆机

分割搓圆机外形如图2-13所示，主要用来分割面团、搓圆面团。其特点是分割较标准、速度快（是手工的24倍左右），且省时省力。在酒店中是做面包不可缺少的机器，被普遍采用。

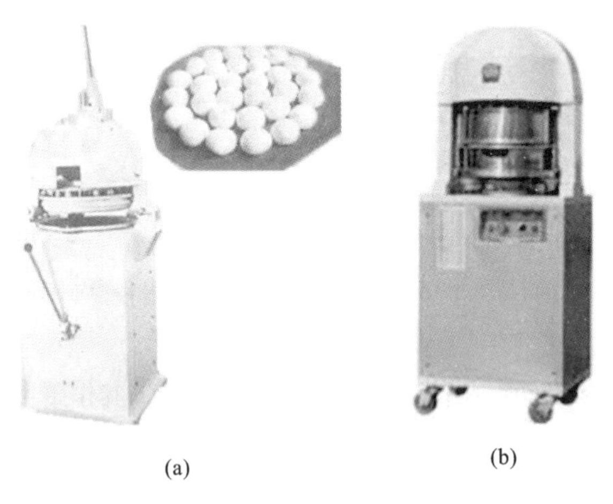

(a) (b)

图2-13　分割搓圆机

❶ **分割搓圆机的构造**　分割搓圆机有较重的铁铸底座，并配有电动机、分割装置、压杆、模盘等部件。

❷ **分割搓圆机的使用及维护**　使用时将面包的个数和重量计算好，然后按一定的重量把大面团称好，揉成大圆饼，稍做醒发。基本的发酵可使面团有伸展性，易于铺盘。然后适当调整调节轮，把铺好盘的面团放入分割搓圆机，打到压平档先压平，再稍做醒发，伸展一下，再打到分割档分切、搓圆即可。不用时将机器清洁干净。经常检查转动部件，用润滑油润滑，以保持分割搓圆机的良好工作状态。

❸ **使用注意事项**

（1）将发酵过的面团按想要做的面包重量进行分割，分割后几乎所有的面团都要滚圆，这样做可以使分割后的小面块变成完整的小球，为下一步的造型工序打好基础，并且使面团表面光洁。经过滚圆可以恢复被分割的面筋网络结构，排出部分二氧化碳气体，便于酵母的繁殖和发酵。

（2）分割是按照体积使面团变成一定重量的小面团，但发酵是不断在进行的。同一槽面团的全部分割控制在20分钟内完成，不可超时。因为同一槽内面团若分割时间拖得太长，无形中使得最后分割时的面团超过了预定的发酵时间，无法保持面团的一致性。

（3）分割后的面团不能立即进行整形，而要进行滚圆，使面团外表有一层薄的表皮，以保留新产生的气体，使面团膨胀。同时，光滑的表皮有利于以后工序操作中不会被黏附，烤出的面包表面也光滑、美观，内部组织颗粒均匀。

（4）滚圆的效果亦和操作机器的熟练程度有关，机器滚圆的效果不能和手工相比。不过面包制作程序在滚圆后还有整形、发酵及焙烤。滚圆只要求成膜可保气。

（5）太硬的面团不容易铺盘且滚圆效果不理想，水分在55%以上，糖油适量、基本发酵充足的面团对滚圆效果有明显的提升作用。

（6）滚圆之后的面团底部收口不是很紧，对以后的操作程序和面包质量都没有影响，反而可使面团更为柔软，易于整形。

（三）面包切片机

该机器主要用于切吐司面包，是酒店、面包店不可缺少的设备。

❶ 面包切片机的构造　面包切片机的构造包括不锈钢架、不锈钢下料口、托盘、锯刀、电机、调节锯条之间宽度的装置和电源开关等，如图 2-14 所示。

图 2-14　面包切片机

❷ 面包切片机的使用及维护　将面包放入下料口，调整好刀距，打开电源，就可利用料板的斜面和面包的自重，使面包自动滑入切片装置，并切成规定尺寸的面包片。如果面包不下来或摆放不正，不可用手去推面包，可用下一个面包去推，以防伤手。用完后清洁干净，一般不用水冲洗，用干抹布或湿抹布清洁干净即可。

（四）起酥机

起酥机是西点制作过程中重要的设备之一，对于提高产品的质量和效率非常重要。

❶ 起酥机的结构　起酥机主要包括机架及设置在机架上的压皮机构、输送机构、铺酥机构、卷皮机构，如图 2-15 所示。

图 2-15　起酥机

在制作酥皮点心时，都需要开酥这一道工序。需要人工把酥料包裹在面皮里面，然后碾压延伸，折叠之后再次碾压延伸，如此重复多次才能得到多层皮酥的酥皮。这样的人工操作费事费力，劳动强度大而且效率低下。机械只代替了碾压延伸的工作，但还是需要人工把酥料包裹在面皮内，每碾压一次之后都需要人工折叠再进行碾压工作，劳动效率不高，且结构复杂，操作麻烦。

❷ 起酥机的保养方法　①严禁戴任何手套上机操作。②工作服的衣扣要齐全并扣牢。③长发女工必须将头发盘起放进头巾里。④作业前，应开机空载运行 3 分钟，确认情况，方可投入使用。⑤严禁用手触摸压轮附近正在加工的物品和转动部位。⑥应缓慢调整压轮间距，不得快速调整。⑦机器运行时，不得离开工作岗位，人离机停。⑧发现异常情况，应立即停机，向老师报告，由技术人员检修。⑨作业完毕，关闭电源开关，清扫干净机体，严禁用水冲刷。⑩操作指引：将起酥机两边输送板放下；调整好压轮宽度；按动操作杆进行操作；作业完毕，认真清洁机器，将两边输送板收起。

四、调温设备

这里主要介绍厨房制冷设备。厨房制冷设备有冷冻设备和冷藏设备两大类，冷冻设备温度大多设定在－23～－18 ℃，主要用于较长时间保存低温冷冻原料或成品；冷藏设备温度大多设定在 0～10 ℃，主要用于短时间保鲜，可保藏蔬菜、瓜果、豆制品、奶制品等原料、半成品及成品。有的还可以制作冷冻食品。

（一）电冰箱

❶ 电冰箱的分类

（1）按用途分类。电冰箱按用途可分为冷藏电冰箱、冷藏冷冻电冰箱和冷冻电冰箱，如表 2-1

所示。

表 2-1　电冰箱按用途的分类

类　　型	温　　度	用　　途
冷藏电冰箱	0～10 ℃	冷藏食品，可在蒸发器围成的冷冻室内制取少量冰块
冷藏冷冻电冰箱	冷藏室内温度为－2～8 ℃，冷冻室温度为－18～－12 ℃	冷藏室与冷冻室之间相互隔热；冷藏室用于冷藏食品，冷冻室用于冷冻食品
冷冻电冰箱	－18 ℃以下	专门用于食品冷冻

（2）按箱内冷却方式分类。按箱内冷却方式可分为直冷式和间冷式电冰箱，如表 2-2 所示。

表 2-2　电冰箱按箱内冷却方式的分类

类　　型	优　　点	缺　　点
直冷式电冰箱（有霜冰箱）	结构简单，价格低廉，耗电少	冷冻室易结霜，化霜麻烦，现在生产量较小
间冷式电冰箱（无霜冰箱）	自动除霜，制冷效果好，降温速度快	结构复杂，价格较贵，耗电量大

（3）按温度等级分类。温度等级是指冷冻室内所能达到的冷冻储存温度级别，国家标准用“＊”表示，如表 2-3 所示。

表 2-3　电冰箱按温度等级的分类

分　　类	符　　号	冷冻负荷实验温度	冷冻食品可保存时间
一星级	＊	不高于－6 ℃	约 1 个星期
二星级	＊＊	不高于－12 ℃	约 1 个月
高二星级	＊＊	不高于－15 ℃	约 1.8 个月
三星级	＊＊＊	不高于－18 ℃	约 3 个月
四星级	＊＊＊＊	－18 ℃以下	3 个月以上

❷ 电冰箱的构造　电冰箱由箱体、制冷系统和电路三个部分组成。外壳和门体一般用 0.5～1 毫米的优质冷轧薄钢板弯折成型或点焊组装，然后进行表面喷漆或喷塑处理，使箱体耐腐蚀和美观。内胆用 2 cm 厚的 ABS 工程塑料经一次真空吹塑成型，在箱壳和内胆之间填充隔热材料。

❸ 电冰箱的使用与维护方法

（1）电源插头要插到位；电源插头或电源线如有损坏，务必请专业人员进行维修，勿自行更换。

（2）必须使用规格为 15A 以上的三脚电源插座，接地线不得引到电话线、水管、煤气管道及避雷针线上。

（3）不要在电冰箱附近使用可燃性喷剂，避免引发火灾或爆炸。

（4）一旦煤气等易燃气体泄漏，不要插、拔电冰箱插头。要先关闭泄漏气体的阀门，并开窗换气，以免引起爆炸。

（5）电冰箱上部不要放置重物，以防因门的开关使重物跌落伤人。

（6）已经解冻的食品，尽量不要再放进冷冻室，以免影响食品的质量。

（7）电冰箱要经常清洁，有霜冰箱还要定期化霜，保持电冰箱的正常卫生使用。

（二）冷柜

冷柜又称冷藏箱或厨房冰箱，它的制冷循环系统和温度控制系统与电冰箱基本相同。厨房常用的小型冷柜体积为 0.6～3 m^3，柜内温度为 0～15 ℃。

❶ **冷柜的分类**　冷柜的结构有立式前开门和卧式上开门两种。立式冷柜大多是多门形式，它的压缩机组大多装置在柜体顶上。卧式冷柜为上开门，冷气不易逸出，外界热空气不易侵入，其压缩机通常装置在柜底部。如图 2-16、图 2-17 所示。

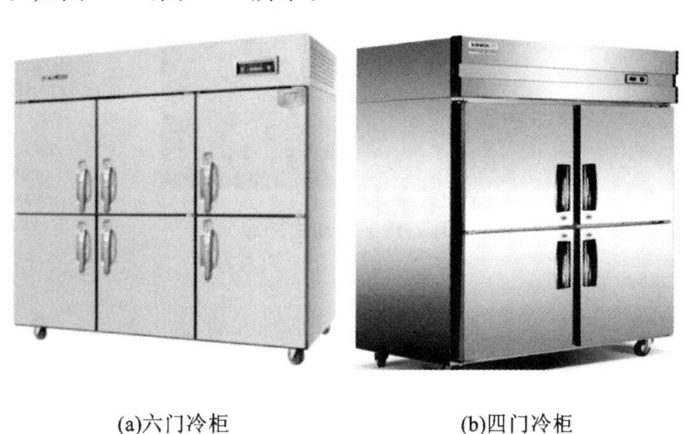

(a)六门冷柜　　(b)四门冷柜

图 2-16　立式冷柜

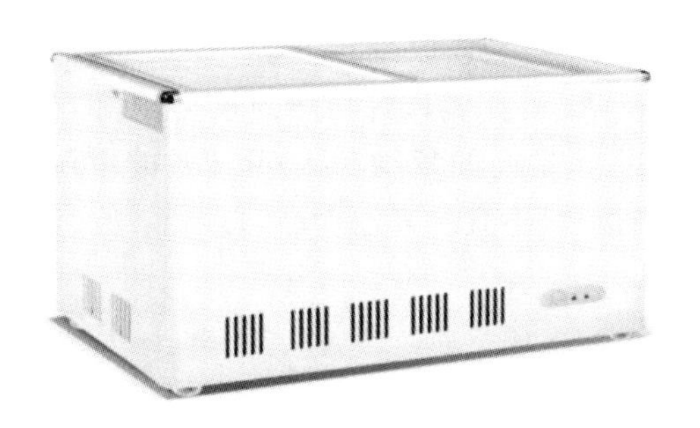

图 2-17　卧式冷柜

❷ **冷柜的维护及保养方法**　冷柜的维护及保养方法如表 2-4 所示。

表 2-4　冷柜的维护及保养方法

症　状	原　因	处理方法
不制冷	电源插头松动脱落 开关断开	重新插好插头 接通开关
制冷慢	食品堆放过多，使冷气没有通道 阳光直射或附近有热源 冷凝器上尘土太多，异物堵塞	调整食品位置 重新放置 清理冷凝器
噪音大	地面不牢固 冷柜可调脚未调好	加固地基 重新调整

（三）冷库

❶ **冷库的结构**　目前，大中型饭店厨房常用的小型冷库有固定式和活动式两种，冷库体积一般在 6～10 m^3。

（1）固定式小型冷库的制冷系统及设备，由生产厂家提供并负责组装、调试，冷库的绝热防潮围护则采用土建式结构，一般由用户按照设备工程要求负责建造。

（2）活动式小型冷库，又称可拆式冷库或拼装式冷库，这种冷库具有重量轻、结构紧凑、保温性能好、安装迅速等特点。活动式冷库如图 2-18 所示。

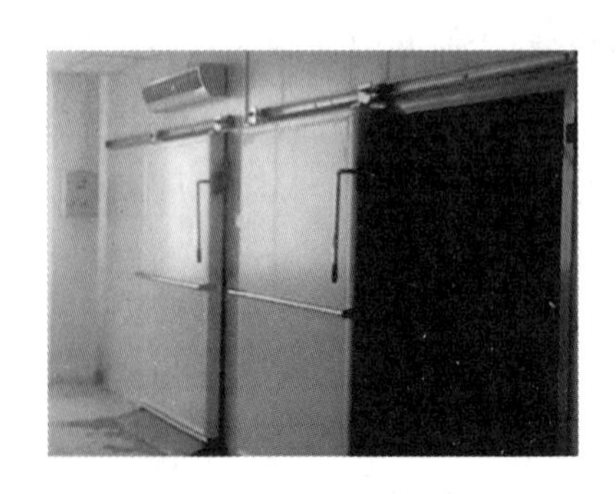

图 2-18 活动式冷库

❷ 冷库的使用及维护方法

（1）冷库的除霉、杀菌与消毒。冷藏的烹饪待用原料和食品中都有一定的脂肪、蛋白质和淀粉等营养成分，在库房卫生条件不好的情况下，霉菌和细菌会大量繁殖生长。如储藏鸡蛋的冷库若常年有霉菌，鲜蛋也会生霉变质，造成经济损失，影响企业的经济效益。为做好冷库卫生管理工作，就要定期除霉、杀菌与消毒。目前可选用酸类消毒剂如乳酸、过氧乙酸、漂白粉等对冷库进行消毒。

（2）冷库中排除异味的方法。冷库中的烹饪原料及食品在外界因素的影响下，产生物理、化学变化，出现不正常的气味，不排除就会对烹饪原料的质量产生影响。

常用的排除异味的方法：①臭氧法：臭氧具有强烈的氧化作用，不但能消除库房中的异味，还能抑制微生物的生长。②甲醛法：将库房内的货物搬出，用 2%的甲醛水溶液进行消毒和排除异味。③食醋法：装过鱼的库房，鱼腥味很重，不宜装其他食品，必须经彻底清洗排除鱼腥味后，方可装入其他食品。

（四）制冰机

❶ 制冰机的功能与特点 制冰机又叫冰块机，如图 2-19 所示，是饭店厨房用来专门制作食用冰块的一种制冷设备。目前，市场上常见的制冰机产冰量为 10～300 kg/d。

图 2-19 制冰机

❷ 制冰机的构造 制冰机由不锈钢机体、制冷系统装置和供水制冰系统等组成。其制冷原理与电冰箱完全相同。制冰系统由微型水泵、喷嘴、水槽、储冰槽等组成。

❸ 制冰机工作过程

（1）微型水泵把水从水槽内吸出，通过喷嘴，把水喷洒在冰模上，直到冰块达到规定标准。

（2）冰块达到标准后，使压缩机和水泵停止工作，同时接通脱模电热器的电源，使蒸发器表面的冰块受热，并在自身重量作用下滑落入储冰槽中。

（3）储冰槽的触动开关能根据冰槽内冰量的多少，自动控制制冰机的开机和关机。

（五）保鲜陈列柜

保鲜陈列柜如图 2-20 所示，多用于餐厅、酒吧、热食明档、自助餐厅等场所。该设备便于各种食品的日常展示和陈列，方便消费者对食品的选择，并能保持食品的低温、新鲜。保鲜陈列柜款式很多，冷藏温度为 2～10 ℃。

（六）保鲜操作台

随着厨房设备现代化程度的提高，为方便操作者使用和节省厨房面积，保鲜操作台逐渐被采用。保鲜操作台如图 2-21 所示，其工作原理是在台下的柜中安装管式制冷设备，以便配菜时随时将原料

图 2-20　保鲜陈列柜

入柜保鲜。保鲜柜的温度一般为 0～8 ℃，原料保鲜一般不超过 2 天。保鲜操作台使用时要注意清洁卫生，电器部分避免潮湿，砧板台不能受太大的震动，以免损坏台面及电器制冷部分。

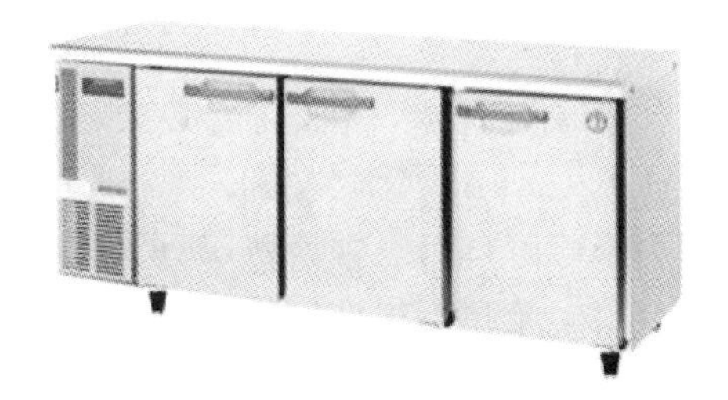

图 2-21　保鲜操作台

（七）冰淇淋机

冰淇淋机由制冷机组、搅拌器、硬化箱等系统组成。该机的蒸发器多为圆筒形，筒内蒸发温度在 −25～−20 ℃，沿筒内壁旋转的刮拌架由筒的后端减速机构带动，筒前部装有一个活络盖，盖上部是装料口，下端为放料口。制冰淇淋时，接通电源，装入配好的原料，刮拌架以一定速度搅拌刮削筒内壁和搅拌原料，并由蒸发器冷却为微小而松散的冰碴，逐渐冻结成半固体状态后，由前盖放料口放出。如图 2-22 所示。

（八）醒发箱

醒发箱又称发酵箱，是面团基本发酵和最后醒发时使用的设备，能调节和控制温度和湿度，操作简便。醒发箱可分为普通电热醒发箱、自动控温控湿醒发箱和冷冻醒发箱三种，如图 2-23 所示。

图 2-22　冰淇淋机

图 2-23　醒发箱

❶ 醒发箱的构造　醒发箱内外均采用不锈钢制作，为拼装式结构。醒发箱带有独立的加热、加湿系统和温控装置，有热风循环风机保证箱内的温、湿度均匀。醒发箱设有内置灯，内顶设有滴水盘，防止水滴滴落在面团上，门上有隔热的宽大玻璃窗口可清晰观察发酵过程。

❷ 醒发箱的使用及维护方法

（1）将醒发箱平稳放置在适当的位置上，醒发箱背离墙距离大于 20 cm。将醒发箱的电源线接上，并按照电器安全规程接好箱体安全保护地线，即可准备使用。

（2）使用醒发箱时必须先确认水槽是否有水，储水高度必须超过加热管。接通电源（电源指示灯亮），当加热指示灯亮时表明加热管通电加热。醒发箱可手动操作也可预设编程控制温度、湿度，在不需要延时的情况下，一旦调好后短时间内就不再改动。当温度达到或超过设定值时，温控器便自动切断电源，当温度下降至设定值的下限时，温控器又会自动接通电源，循环加热。若需延时可根据焙烤时间要求设定每次的醒发程序。同时可根据酵母的特性随意调节温度和湿度，使酵母充分发酵。温度和湿度的调节皆是相对值而非绝对值，因此在不同季节必须视情况做调整。冷藏醒发箱另带制冷系统。

（3）当停止使用时要关闭开关，切断电源以确保安全。

❸ 使用注意事项

（1）使用醒发箱必须先确认水槽是否有水，储水高度必须超过加热管，以免工作时将加热管烧坏。

（2）醒发温度不宜过高，否则会影响酵母菌正常繁殖，甚至可以导致菌种死亡。

（3）箱体要经常保持内外表面清洁，箱顶不得堆压物品，以免影响操作。

五、储物设备及工作台

在西点加工过程中，还有许多辅助的设备，对西点制作起到重要作用。

（一）储物柜

储物柜多用不锈钢材料制成（也有木质材料制成的），用于盛放大米、面粉等物品。如图 2-24 所示。

图 2-24　不锈钢储物柜

（二）工作台

工作台是指制作面点的工作台，又称案台、案板。它是面点制作的必要设备。目前常见的有不锈钢案台、木质案台、大理石案台和塑料案台 4 种。

❶ 不锈钢案台　不锈钢案台一般整体都是用不锈钢材料制成的，表面不锈钢板材的厚度在 0.8～1.2 毫米之间，要求平整、光滑、没有凸凹现象。由于不锈钢案台美观大方，卫生清洁，台面平滑光亮，是目前各级饭店、餐厅采用较多的工作案台，如图 2-25 所示。

❷ 木质案台　木质案台的台面大多用 6～10 cm 厚的木板制成，底架一般有铁制的、木制的几种。台面的材料以枣木为最好，柳木次之。木质案台要求结实、牢固、平稳，表面平整、光滑、无缝。此为传统案台。如图 2-26 所示。

图 2-25　不锈钢案台

图 2-26　木质案台

❸ **大理石案台**　大理石案台的台面一般是用 4 cm 左右厚的大理石材料制成的，由于大理石案台台面较重，因此其底架要求特别结实、稳固、承重能力强。它比木质案台平整、光滑、散热性能好、抗腐蚀力强，是做糖制品的理想设备，如图 2-27 所示。

图 2-27　大理石案台

❹ **塑料案台**　塑料案台质地柔软，抗腐蚀性强，不易损坏，加工制作各种制品都较适宜，其质量优于木质案台。

任务二　西点常用工具和器具

任务描述

制作西点会用到许多的工具和器具，包括用于计量的称量工具，用于分离、搅拌、整形、切割、裱

花、成熟和冷却的各类工具和器具，其种类远多于中式面点。了解常用的制作西点的工具和器具的使用方法，为今后更好地运用西点工具和器具打下良好基础。

任务目标

学会西点常用工具和器具的特点和使用方法，学会各类西点工具和器具的保养方法。

用于西点加工的器具种类很多，器具一般体积小、重量轻、结构简单、使用方便，常用的器具有称量工具、测温工具、分离工具、搅拌工具、整形工具、刀具、裱花工具、成熟工具和其他用具等。

一、称量工具

西点加工中的称量工具包括各类的秤、量杯、量匙等，如表2-5所示。

表 2-5　西点常用称量工具

名　　称	特　　点	应　　用	图　　示
1.电子秤	精确称量工具	用于西点中各种原料的称量，如面粉、黄油、酵母等	
2.小电子秤	小剂量精确称量工具	用于西点配料、添加剂的称量，如塔塔粉、小苏打、泡打粉、酵母等	
3.台秤	又称盘秤，属弹簧秤，使用前应先归零。根据其最大称量量，有1 kg、2 kg、4 kg和8 kg等之分，最小刻度分量为5 g	主要用于面点主辅料的称量	
4.量杯	由玻璃、铝、塑料等材质制成的带有刻度的杯子	主要用于液态原料的称量，如水、油等	
5.量匙	由塑料或不锈钢等材质制成的带有刻度的匙	量匙专用于少量材料的称取，特别是干性原料。量匙通常由大小不同的四个量匙组合成一套，分大量匙、茶匙、1/2茶匙和1/4茶匙。1大量匙=3茶匙	

二、测温工具

西点加工中的测温工具包括探针式温度计、远红外测温仪、传感器式测温仪和烤箱温度计等，如表 2-6 所示。

表 2-6　测温工具

名　称	特　点	应　用	图　示
1. 探针式温度计	体积小，方便携带，读数快	各种食品、液体的测温	
2. 远红外测温仪	又称测温枪，测温速度快，不与食品接触，误差较大	各种食品、液体的测温	
3. 传感器式测温仪	又称导线式测温仪	可测量食品、密闭容器（烤箱和冰箱）的温度	
4. 烤箱温度计	耐高温，读数快，准确度高	用于烤箱实际温度的测量	

三、分离工具

西点加工中的分离工具包括面粉筛、筛网、分蛋器等，如表 2-7 所示。

表 2-7　分离工具

名　称	特　点	应　用	图　示
1. 面粉筛	又称粉筛，是筛滤面粉的工具，一般用马尾、尼龙、铜丝、钢丝网底制成，有粗细之分	筛粉、筛料、擦制泥蓉	

续表

名　称	特　点	应　用	图　示
2. 筛网	又称手持式筛网	筛粉、过滤液体、撒粉、擦制泥蓉等	
3. 分蛋器	又称蛋清分离器、分蛋勺等，有不锈钢、塑料等材质	蛋清和蛋黄的分离	

四、搅拌工具

西点加工中的搅拌工具包括打蛋器、手持式打蛋机、橡皮刮刀、刮板等，如表 2-8 所示。

表 2-8　搅拌工具

名　称	特　点	应　用	图　示
1. 手持式打蛋器	多为不锈钢材料，选用搅拌时间持久、档位较多的	用于打发奶油、蛋液及搅拌面糊等	
2. 打蛋器	多为不锈钢材料，要选用钢丝较硬且数量较多的	用于打发奶油、蛋液及搅拌面糊等	
3. 橡皮刮刀	又称刮刀，多由硅胶材料制成	用于搅拌蛋糕糊和打发的奶油等，可以将搅拌缸中的材料刮得很干净，减少物料的浪费	

五、整形工具

西点加工中的整形工具包括擀面杖、滚筒等，如表 2-9 所示。

表 2-9　整形工具

名　　称	特　　点	应　　用	图　　示
1. 擀面杖	擀面工具，细质木料制成，圆柱形。有大、中、小之分，长度在25～150 cm	面包、派、起酥等擀皮操作，蛋糕卷的卷制等	
2. 滚筒	又称走锤、通心槌，由细质木料制成，也有不锈钢质地的，圆柱形。长约 26 cm、粗约 8 cm，侧面中心有道孔，在道孔中有一根轴	擀制量大、形大的面皮时使用	
3. 套模	又称卡模、花戟，用金属（铜、不锈钢等）制成的平面图案套筒，成型时，用套模将擀制平整的坯料刻成规格一致、形态相同的半成品	常用于片形坯料的生坯成型	
4. 烤模	又称胎模，是用金属（铁、铜、不锈钢、铝合金等）或硅胶压制而成的凹形模具，成型时，将坯料放入模具中，熟制后定型而成	主要用于蛋糕类、膨松类、混酥类等制品的成型	
5. 花钳	制作点心的工具，又名花夹子，用不锈钢或铜制成，一端为齿纹夹子，另一端为齿纹轮刀	多用于各种点心造型，如制作花边、花瓣点心时，使用花钳又快又均匀	
6. 馅挑	又称扁匙子，是用竹片或骨片制成的，呈长扁圆形	主要用作取馅制品的工具	
7. 饼干印模	由不锈钢或塑料制成，有各种形状	用于饼干的成型	

续表

名　称	特　点	应　用	图　示
8. 甜甜圈印模	由不锈钢制成，有各种形状	用于甜甜圈的成型	
9. 菠萝面包印模	由不锈钢制成	用于菠萝面包的成型	
10. 慕斯圈	由不锈钢制成，有各种形状	用于慕斯蛋糕的成型	

六、刀具

刀具是西点生产中用于原料加工和切割成型的器具。传统的刀具种类较多，形状各异，按形状和用途可分为切刀、锯齿刀、法式分刀、厨刀、剁肉刀、蛋糕刀、轮刀、芝士刀、牛角面包刀、伸缩式面团切割器、拉网刀、针车轮、剪刀等。刀具一般用薄钢板和不锈钢制成，不同形状的刀具其用途各异，如表 2-10 所示。

表 2-10　常用刀具

名　称	特　点	应　用	图　示
1. 切刀	形式多样，一般以长条形多见，长约 40 cm，宽为 5 cm	常用于切坯子、条块、馅料和批制裱花蛋糕等	
2. 锯齿刀	不锈钢制成，一面带齿的条形刀	主要用于面包、蛋糕等大块面点的切块	

续表

名　称	特　点	应　用	图　示
3. 法式分刀	刀刃锋利呈弧形，背厚、颈尖、型号多样，刀长为20～30 cm	用途广泛，切剁皆可	
4. 厨刀	刀锋锐利平直，刀头呈尖形或圆形	主要用于切割各种肉类	
5. 剁肉刀	长方形，形似中餐刀，刀身宽，背厚	用于带骨肉类原料的分割	
6. 蛋糕刀	又称蛋糕铲，刀面较阔	用于铲起蛋糕等以防破裂	
7. 轮刀	由直径约 13 cm 的圆形刀片固定在一铁轴上	用于条面坯的切割和比萨饼的分割	
8. 芝士刀	刀片中心有洞	是切割芝士的专用工具	
9. 牛角面包刀	不锈钢材质，分大、中、小三种型号	是用于切割牛角面包面团的专用刀具	
10. 伸缩式面团切割器	不锈钢材质，有三连、五连和七连滚轮	用于长方形或方形面团的分割	
11. 拉网刀	有不锈钢材质和塑料材质，表面有不规则的凸起，可以滚动	用于面团的拉网打孔	

续表

名　　称	特　　点	应　　用	图　　示
12. 针车轮	有不锈钢材质和塑料材质，表面有许多针，可以滚动	用于苏打饼干、派皮等的打孔	
13. 剪刀	是西点操作常用工具	用于剪碎物料，或剪裱花袋的口等	

七、裱花工具

西点中的裱花工具包括刮板、抹刀、裱花袋、转台、裱花嘴和裱花棒等，如表 2-11 所示。

表 2-11　裱花工具

名　　称	特　　点	应　　用	图　　示
1. 刮板	由塑料或不锈钢制成，为无刃长方形、梯形、半圆形	用于面团调制、分割及台面清理	
2. 抹刀	不锈钢制成，无刃长方形	主要用于面点夹馅或表面装饰抹制膏料、酱料	
3. 裱花袋	用防水、防油布制成的圆锥形袋子，锥顶开口，放置裱花嘴；塑料制一次性裱花袋也有广泛应用	主要用于盛装糊状挤注原料	
4. 转台	由不锈钢、玻璃、塑料等材质制成，放置蛋糕的转台可以轻松地转动	用于蛋糕的抹面	
5. 裱花嘴	西点裱花装饰工具，由不锈钢或铜制成，嘴的大小、花纹不同	主要用于蛋糕裱花装饰和小型点心的成型	

续表

名　称	特　点	应　用	图　示
6. 裱花棒	由不锈钢或铜制成	主要用于奶油花卉的裱制	

八、成熟工具

西点中的成熟工具包括烤盘、汉堡包烤盘、法棍烤盘、多连蛋糕烤盘、蛋糕模、中空戚风模、吐司模具、菊花派盘、比萨盘和挞模等，如表 2-12 所示。

表 2-12　成熟工具

名　称	特　点	应　用	图　示
1. 烤盘	烤盘又称烘板，呈长方形，常见规格为 60 cm×40 cm，其材料有黑色低碳软铁皮、白铁皮和铝合金等，有的经过铁氟龙和矽胶处理后具有不粘效果，其厚度一般在 0.75～0.8 mm	用于盛装生坯入炉烘烤的容器	
2. 汉堡包烤盘	多为不粘模具，烤盘中有许多的圆形凹洞，用于盛装汉堡包	用于盛装汉堡包生坯入炉烘烤的容器	
3. 法棍烤盘	多为不粘模具，上有装法式长棍的凹槽，每个槽中打有许多的孔眼	用于盛装法棍生坯入炉烘烤的容器	
4. 多连蛋糕烤盘	分为 6 连、12 连和 24 连蛋糕模具	用于纸杯蛋糕、磅蛋糕和奶油蛋糕的烤制	
5. 蛋糕模	分为铝合金蛋糕模、不锈钢蛋糕模、不粘蛋糕模以及纸模具等。蛋糕模形状较多，包括圆形、心形、中央空心形、贝壳形、柠檬形、花形、船形等	用于各类蛋糕的成型与烘烤，分为普通的和活底的两种	

续表

名　称	特　点	应　用	图　示
6. 中空戚风模	分为铝合金中空戚风模、不锈钢中空戚风模、不粘中空戚风模等	用于中空戚风蛋糕的成型与烘烤	
7. 吐司模具	按照其制作材料分为普通吐司模具和不粘吐司模具，其常见的规格为 450 g、600 g、750 g 和 1000 g 等	是专门用于制作吐司面包的烘烤模具	
8. 菊花派盘	派盘较大，一般做成活底，有圆形、菊花形和异形等	用于派的成型和烘烤	
9. 比萨盘	一般为圆形的浅盘，常用的材质有不锈钢、铝合金和不粘盘等	用于比萨的制作	
10. 挞模	挞模较小，形状有圆形、船形和菊花形等	用于挞的成型和烘烤	

九、其他用具

其他用具包括蛋糕倒立架、散热网、耐热手套、食品夹、多层蛋糕架和研磨器等，如表 2-13 所示。

表 2-13　其他用具

名　称	特　点	应　用	图　示
1. 蛋糕倒立架	用不锈钢制成	用于蛋糕的冷却	

续表

名　称	特　点	应　用	图　示
2. 散热网	由不锈钢制成的长方形丝网	用于成熟制品的散热	
3. 耐热手套	采用耐热材料制成，中间夹入棉花等，使用时应经常检查手套的完整性，防止损坏引起烫伤	主要用于从烤箱中取出烘烤的烤盘、模具等高温物品	
4. 食品夹	在西点的销售环节，为了便于顾客挑选，一般需要食品夹	用于夹取面包、蛋糕和糕点等	
5. 多层蛋糕架	在制作多层蛋糕时需要用到多层蛋糕架	用于制作多层蛋糕	
6. 研磨器	梯形，四周铁片上有不同孔径的密集小孔	主要用于奶酪、水果、蔬菜的研磨擦碎	

任务三　安全生产知识

任务描述

安全是保证厨房生产正常进行的前提，安全管理不仅是饭店正常经营的必要保证，同时也是维持厨房正常秩序和节省额外费用的重要措施。因此厨房管理人员和操作人员都必须意识到安全生

产的重要性，并在工作中时刻注意防范。

任务目标

了解安全生产的基础知识；正确使用生产设备；掌握消防安全技能；正确使用消防器材。

一、安全生产的基础知识

（一）安全生产的意义

为保护从业人员在生产过程中的安全与健康，预防伤亡事故和职业病，保证设备和工具的完好，确保生产的正常进行，保证产品质量，提高劳动生产率，获得最佳的社会效益、经济效益和环境效益，必须普及安全生产知识。

（二）安全生产的基本内容

西点食品制作行业安全生产必须着重考虑安全技术和卫生技术两个方面的要求。

❶ **安全技术的基本内容** 安全技术的基本内容主要有直接安全技术、间接安全技术和指示性安全技术三类。安全技术是为了预防伤亡事故而采取的控制或消除危险的技术措施。

（1）直接安全技术是指从生产加工设备的设计制造、加工工艺和操作方法等方面采取安全技术措施。

（2）间接生产技术是指安全技术不能完全实现本质安全时所采取的安全措施。

（3）指示性安全技术是指在有危险设备的现场提醒操作人员注意安全。

❷ **卫生技术的基本内容** 卫生技术的基本内容主要有厨房烟雾防治技术、防暑降温技术和照明技术等。卫生技术是为了预防职业病而采取的控制或消除职业危害的技术措施。

（三）安全生产的一般要求

❶ **制订安全生产规章制度** 制订安全生产各项管理制度及规章、消防安全制度、操作规程等，主要有安全生产责任制度、安全生产工作例会制度、安全生产检查制度、隐患整改制度、安全生产宣传教育培训制度、劳动防护用品管理制度、事故管理制度、岗位操作规程、企业消防安全制度等。

❷ **提高操作者的综合素质** 努力学习劳动安全知识，不断提高技术业务水平，自觉遵守各项劳动纪律和管理制度；遵守各工种的劳动技术操作规程，不违章作业，不冒险蛮干；爱护并正确使用生产设备、防护设施和防护用品。

❸ **坚持安全监督与检查** 严格执行安全生产隐患整改监察意见书和有关部门的整改指令书，限期整改，避免造成伤亡事故。

❹ **提高安全防护水平** 按国家有关规定配置安全设施和消防器材，设置安全、防火等标志，并定期组织检查、维修。

❺ **提高对职业病的预测与预防能力** 对企业员工进行定期体检，做到职业病早发现、早治疗。

二、设备的合理布局

西点的制作，需要与产品制作过程相适宜的场地和设备。在进行设备的布局时，应尽可能做到以下几点：

❶ **设备的配套性** 主要设备及辅助设备之间应相互配套，满足工艺要求，保证产量和质量，并与建设规模、产品方案相适应。

❷ **设备的通用性** 设备的选用应满足现有技术条件下的使用要求和维护要求，与安全环保相适应，确保安全生产，尽量减少“三废”排放。

❸ **设备的先进性** 设备水平先进、结构合理、制造精良，连续化、机械化和自动化程度较高的机

械设备，具有较高的安全性和卫生要求。

❹ 布局的合理性　烤箱等大型设备应装在通风、干燥、防火、便于操作的地方，在厨房内应尽量靠墙放置，设备与设备之间，设备与墙体之间应保持一定的距离，便于设备保养和维修。燃气灶等用气设备不能安装在封闭房间内，应保持空气流通。电冰箱等恒温设备应避光放置，放置于阳光直射的地方会影响制冷效果。

三、电的安全使用

（一）电气设备的安全保护装置

电气设备失火多是电气线路和设备的故障及不正确使用而引起的。为了保证电气设备安全，必须做到：

(1) 定期检查电气设备的绝缘状况，禁止带故障运行。

(2) 防止电气设备超负荷运行，并采取有效的过载保护措施。

(3) 设备周围不能放置易燃易爆物品，应保证良好的通风。

（二）电气设备的安全使用

(1) 操作人员必须经过安全防火知识培训，会使用消防设施、设备。

(2) 操作机械设备人员必须经过培训，掌握安全操作方法，有资质和有能力操作设备。

(3) 电气设备使用必须符合安全规定，特别是移动电气设备必须使用相匹配的电源插座。

(4) 发现机器设备运转异常时必须马上停机，切断电源，查明原因并修复后才能重新启动。

四、燃气的安全使用

气体燃料又称燃气。西点成熟工艺中常用的燃气有天然气、人工煤气和液化石油气，这些燃气都具有易燃、易爆和燃烧废气中含有一氧化碳等有毒气体的特点。燃气设备的正确安装及使用，对安全生产具有重要意义。

（一）燃气设备的安装

(1) 燃气设备必须安装在阻燃物体上，同时便于操作、清洁和维修。

(2) 各种燃气设备使用的压力表必须符合要求，做到与使用的压力相匹配。

(3) 燃气源与燃气设备之间的距离及连接软管长度必须符合规定。

（二）燃气设备的安全使用

(1) 燃气设备必须符合国家的相关规范和标准。

(2) 人工点火时，要做到“以火等气”，不能“以气待火”，防止发生泄漏事故。

(3) 凡是有明火加热设备的，在使用中必须有人看守。

(4) 对燃气、燃油设备要按要求定期保养、检测。

(5) 对于容易产生油垢或积油的地方，如排油烟管道等必须经常清洁，避免着火。

五、器具的安全使用

（一）器具的材质要求

❶ 塑料制品的安全　塑料是一种以高分子聚合物树脂为基本成分，再加入一些用来改善其性能的添加剂制成的高分子材料。塑料制品在制造过程中添加的稳定剂、增塑剂、着色剂等助剂含量超标时具有一定的毒性。食品包装常用 PE（聚乙烯）、PP（聚丙烯）和 PET（聚酯）塑料，因为加工过程中助剂使用较少，树脂本身比较稳定，它们的安全性是很高的。

塑料容器是西点制作中常用的容器，在使用中要注意可盛放食品的塑料容器与不可盛放食品的

塑料容器的区别，可微波加热容器与不可微波加热容器的区别。正确区分塑料容器是保证食品安全的重要方面之一。

❷ 金属容器的安全　金属容器是指用金属薄板制造的薄壁包装容器。镀锡薄板（俗称马口铁）用于密封保藏食品，是食品行业最主要的金属容器，但在酸、碱、盐及潮湿空气的作用下易于锈蚀。如蜂蜜是酸性食品，就不宜用金属容器保藏。因为酸性食品会与金属发生反应，使金属元素溶解于食品中，储存时间越长，金属溶出就越多，食用的危害越大，达到一定量可引起中毒。

（二）器具的使用要求

❶ 刀具的安全使用　各种刀具是最常用的手动工具，也是最容易发生事故的工具。刀具使用中要注意安全：

（1）严禁在工作中使用刀具时开玩笑或做不妥当的动作，防止事故发生。

（2）刀具应放在明显的地方，不要放在水中或案板下，以防发生割伤事故。

（3）根据加工对象选择合适的刀具，以减少劳动损伤。

❷ 锅具的安全使用　锅具是进行加热的主要器具，应根据不同的制品选择不同的锅具，在使用时要注意安全。

（1）使用前应认真检查锅柄是否牢固，避免发生意外。

（2）对于易生锈的锅具，应认真清洗，防止锈蚀物融入食物中。

（3）加热过程中，操作人员不能离开，防止食物溢出熄灭燃气灶而造成事故。

❸ 其他用具的安全使用　食品的用具、容器的安全使用，是保证食品安全的重要环节。西点制作的工具、用具应做到一洗、二冲、三消毒。抹布应勤洗、勤换，不能一块抹布多种用途。

推荐阅读文献 2

项目小结

俗话说："工欲善其事，必先利其器"。西点制作中的设备、工具和器具是西点加工的基本条件，可以保证工作的正常进行。任务一介绍了西点中常用设备的构造、使用方法和操作要点以及日常保养方法等，任务二介绍了西点常用工具和器具的特点及使用方法，任务三讲解了西点实验室及饼房的安全生产基础知识。

同步测试 2

项目三

西点常用原辅料

项目描述

原料是西点产品加工的物质基础，原料的质量特性决定了产品的风味、营养价值及组织结构等特性。西点制作用料讲究，配方标准，原料分类细致，许多品种有专用的用料标准。西点常用主辅原料的理化特征、化学成分、作用、质量鉴别及使用量对西点产品的加工与生产有着重要而深远的影响。

项目目标

学习西点加工中常用主辅原料的种类及其特性，掌握常用调辅料在西点制作中的作用及原料质量的鉴定方法，从而能够按照制品的要求选择适合的原料，了解各种食品添加剂的最大使用量及使用过程中的注意事项。能根据原料的特点和营养价值科学地搭配原料；能根据西点品种的特点合理选择和利用原料；能结合原料的特性设计、制作和创新产品。

任务一 粉类原料

任务描述

粉类原料是各类谷物原料磨制而成的粉末状物料，是西点制作的主要原料。西点制作中常用的粉类原料包括小麦粉、米粉和淀粉等。

任务目标

掌握各类粉类原料的分类、组成和理化性质，熟悉各类粉类原料在西点加工中的工艺性能及质量鉴定标准，掌握各类粉类原料的选用方法及储藏方法。

一、小麦粉

小麦粉又称面粉，是小麦除掉麸皮后加工碾磨而出的白色粉末状物质，是制作面包、饼干等西点产品最主要和最基本的原料。小麦粉的品质直接关系到西点产品的质量和风味，且不同的西点产品对面粉的性能和质量要求也不同。因此了解面粉及其性能，对研究与生产西点产品有着十分重要的意义。

（一）小麦粉的分类

小麦粉的性能和质量取决于小麦的种类、品质和制粉方法等。

Note

❶ **按照小麦品种分类**

（1）按照播种期可分为冬小麦和春小麦。冬小麦在秋季播种，冬季来临前长出幼苗，次年春季幼苗返青并开始迅速生长，夏季收获，是我国主要的小麦品种；春小麦是春季条件适宜时播种，并于当年秋季即可收获的小麦品种，在我国种植不多，多分布于寒冷、小麦不易越冬的地带，春小麦的蛋白质含量一般较冬小麦高。

（2）按小麦的皮色（谷皮和胚乳的色泽透过皮层显示出来的颜色）可分为红麦、白麦和黄麦。白麦出粉色泽较白，且出粉率高，但筋力稍差于红麦；红麦筋力虽强，但由于麦粒结构紧密，出粉率不高。

（3）按胚乳结构分为软质麦、硬质麦。软质麦角质及面筋含量低，适合于做饼干和糕点；硬质麦角质及面筋含量较高，品质较好，适宜做面包。

（4）按粒质结合皮色对小麦进行分类，分为白色硬质小麦、白色软质小麦、红色硬质小麦、红色软质小麦、混合硬质小麦、混合软质小麦六类。

与食品加工工艺有关的分类常用商品学分类，小麦的商品学分类见表3-1。

表3-1　小麦的商品学分类

依据	胚乳质地	麦粒				体积质量	蛋白量	面筋性能	播种期	穗芒
		硬度	形状	大小	皮色					
分类	角质	硬质	圆形	大粒	红	丰满	多筋	强力	春	有芒
	粉质	软质	长形	小粒	白	脊细	少筋	薄力	冬	无芒

❷ **根据用途分类**　根据小麦粉在西点中的用途不同可分为高筋粉、中筋粉、低筋粉、蛋糕粉、全麦粉、黑麦粉、预拌粉和自发粉等。

（1）高筋粉。高筋粉又称强力粉或面包粉，是由硬质小麦磨制而成，乳白色，含有能形成强力面筋的蛋白质，其蛋白质含量在11.5%～14%，湿面筋含量在35%以上，吸水率在60%～64%之间。高筋粉适用于做面包、比萨、泡芙、起酥糕点等需要依靠很强的弹性和延展性来包裹气泡、油层以便形成疏松结构的西点。

（2）中筋粉。中筋粉又称通用面粉、中蛋白质粉，是介于高筋粉和低筋粉之间的具有中等筋力的面粉。在中式点心加工中中筋粉应用最为广泛，如制作馒头、包子、水饺等均可用中筋粉。中筋粉粉色乳白，蛋白质含量为9%～11%，湿面筋含量在25%～35%，吸水率在55%～58%之间。在西点加工中中筋粉一般适宜用来制作司康饼、饼干、水果蛋糕、发酵型糕点、挞皮、派皮以及部分品种的面包等。

（3）低筋粉。低筋粉又称弱筋粉、低蛋白质粉或饼干粉，是由软质小麦磨制而成，色白，面筋质含量少，筋力弱。其蛋白质含量不及高筋粉和中筋粉高，为7%～9%，湿面筋含量在25%以下，吸水率在50%～53%之间。因此，西点加工中低筋粉一般适宜制作切块蛋糕、疏松制品、油酥面团产品、维也纳饼干等。

（4）蛋糕粉。蛋糕粉又称氯气处理面粉，最早源于美国，是将低筋粉经氯气处理，降低原粉的酸价，从而更有利于形成蛋糕的组织结构。理想的蛋糕粉要求在搅拌时形成的面筋要软，不能太强，同时仍需要足够的面筋来承受蛋糕在烘烤时的膨胀压力并形成蛋糕的组织结构。因此一般挑选氯气处理过的软质冬麦磨制而成，颗粒也较其他类型小麦粉更细，这样可使制作出的蛋糕组织更为松软。很多国家都采用这种面粉制作各种蛋糕，但这种面粉不适宜制作饼干和其他糕点。

氯气处理过的面粉有众多优点：①提高面粉白度。面粉中的叶黄素、胡萝卜素、叶黄素酯化物等色素物质与氯气反应可被氧化褪色，形成无色化合物而漂白面粉，使得制作的蛋糕组织非常洁白。②降低面粉的酸碱度。酸碱度降低有利于蛋糕组织均匀细腻，无大孔洞结构。③降低面筋筋力。面

粉经氯气处理后，能将大分子蛋白质分解成小分子蛋白质，降低面筋的筋力，搅拌面糊时不必担心搅拌过度或添加顺序不当引起面糊出筋。④降低淀粉的糊化温度，提高面粉吸水率，增大产品体积和出品率。⑤抑制或破坏 α-淀粉酶的活性，使面粉糊黏度提高，增大产品体积。低成分配方的蛋糕不要使用氯气处理后的面粉。

(5) 全麦粉。全麦粉是由整粒小麦磨制而成的面粉，包含胚芽、大部分麦皮和胚乳。麦皮和胚芽中含有丰富的蛋白质、纤维素、维生素和矿物质，故全麦粉具有较高的营养价值。全麦粉粗细度一般要求通过 8 号网筛的不少于 90%，通过 20 号网筛的不少于 50%，可以添加 0.75%以下的发芽小麦粉、发芽大麦粉。可用漂白剂和熟化剂。西点中全麦粉主要用来制作全麦面包和小西饼等。

(6) 黑麦粉。黑麦粉又称裸麦粉，是由黑小麦磨制而成的一种面粉。黑麦主要产于北欧和北非等地区，如德国、波兰、俄罗斯和土耳其等国家。黑麦营养价值较高，富含膳食纤维、蛋白质和人体必需的氨基酸，含有天然的生物活性铁、锌等元素，有预防、治疗人体缺铁性贫血的功效。黑麦高镁、低钠、低脂肪等特性对预防冠心病、糖尿病有特殊疗效。黑麦的黑色螯合物可净化及解除细胞毒素，消除慢性疲劳症状。黑麦粉中的面筋蛋白质含量较低，在制作黑麦面包时必须与高筋粉配合使用。黑麦中含有一种叫戊聚糖的碳水化合物，吸水后会形成黑麦黏液质，提高了面团的吸水率，制作的面包富有弹性，不容易老化变质。

(7) 预拌粉。预拌粉又称预混粉，是按照烘焙食品的配方将除水、油、蛋、糖浆等个别原辅料外的干性原辅料面粉、糖、粉末油脂、奶粉、改良剂、乳化剂、盐等预先混合好的面粉。目前市场销售的预混粉有蛋糕预混粉、面包预混粉、松饼预混粉、饼干预混粉等。在美国等发达国家的面包糕点厂中很流行。预混粉通常分为三大类：基本预混粉、浓缩预混粉和通用预混粉。预混粉有很多优点：①使烘焙食品的质量稳定。②原料损耗小，可减少称量不准、包装袋里残留等造成的重量损失。③节省劳动力和节省劳动时间，如搬运、称量、库存清点。④价格相对稳定，如分别购买原料时，则其价格变动较大。⑤减少车间的面积，有利于车间卫生的改善。

(8) 自发粉。自发粉是由普通面粉与小苏打及一种或多种酸性盐以及食盐组合而成的混合面粉。使用方便，一般多出售给家庭主妇。食品标准中对自发粉在烘焙时的起发能力即二氧化碳气体的产量做了规定，发酵剂的量必须能产生占面粉重 0.5%的 CO_2，苏打粉和酸性盐的总量不超过面粉重的 4.5%，烘烤时释放的二氧化碳最小量为 0.4%，以保证最终产品的充气标准，其起发力相当于司康粉的一半，家庭烘焙条件下能达到满意的起发程度。

(二) 小麦粉的组成

小麦粉的组成成分不仅决定西点制品的营养价值，对其加工工艺也有着较大的影响。小麦粉的化学组成成分主要包括碳水化合物、蛋白质、脂肪、矿物质、水分、维生素等。小麦粉的化学组成成分随小麦品种、栽培条件、制粉方法和面粉等级等因素而异。

❶ 蛋白质　蛋白质不仅是小麦粉的主要营养成分，同时也影响着西点制品的质量。西点制作时面粉的选择非常重要，首先要考虑的就是面粉中蛋白质的质和量，目前许多国家都把蛋白质的含量和质量作为面粉等级划分的重要指标。

小麦蛋白质主要由麦胶蛋白、麦谷蛋白、麦球蛋白和麦清蛋白四种蛋白质组成。麦胶蛋白和麦谷蛋白不溶于水，占面粉蛋白质总量的 80%以上，在面粉吸水后能形成面筋网状结构，因而也称为面筋蛋白；麦球蛋白和麦清蛋白易溶于水，因而不属于面筋蛋白。麦胶蛋白不溶于水及中性盐溶液，可溶于 60%～80%的乙醇溶液，也可溶于稀酸或稀碱溶液，故又称麦醇溶蛋白。它由一条多肽链构成，呈球形，多由非极性氨基酸组成，故水合时黏性好，弹性差，故主要参与面团延展性，其平均分子量约为 40 000，单链，等电点在 pH 6.4～7.1 之间。麦谷蛋白不溶于水和其他中性溶剂，但能溶于稀酸或稀碱溶液，多链，由 17～20 条多链构成，呈纤维状，水合时无黏性，弹性好，故决定面团的弹性，使面团具有抗延伸性，相对分子质量变化于 100 000 至数百万之间，平均相对分子质量为 3 000 000，等电

点在 pH 6.0～8.0 之间。

面粉中的蛋白质形成湿面筋有两个必要条件，一是蛋白质吸水后水化溶胀（蛋白质水化）。小麦蛋白质中的面筋性蛋白质（麦谷蛋白、麦胶蛋白）能够吸水膨胀，分子内部的—SH 因与水发生作用，随着蛋白质的高级结构的改变而翻转到蛋白质分子的表面；二是机械搅拌，促进面筋拓展。麦谷蛋白的多肽链的氨基酸中每隔 10 多个氨基酸就有一个含有—S—S—或—SH 的胱氨酸或半胱氨酸。在机械搅拌下，—SH 中的 H 原子容易移动，而两个—SH 键可以被氧化而失去两个 H 原子后变成一个—S—S—键，使得—SH 、—S—S—键容易移位，所以面筋蛋白分子能够相互滑动、错位，麦谷蛋白的分子内二硫键转变成分子间二硫键，形成巨大的立体网状结构，这种网状结构构成面团的骨架。其他成分，如淀粉、脂肪、低分子糖、矿物质、水等填充在面筋网络结构中，形成具有良好黏弹性和延伸性的面团。

❷ 碳水化合物 碳水化合物是小麦和面粉中含量最高的化学成分，约占麦粒重的 70%、面粉重的 75%，它主要包括淀粉、糊精、纤维素以及各种游离糖和戊聚糖。在制粉过程中，纤维素和戊聚糖的大部分被除去，因此，纯面粉的碳水化合物主要有淀粉、糊精和少量糖。

（1）淀粉。小麦淀粉主要集中在麦粒的胚乳部分，由直链淀粉和支链淀粉构成，其中直链淀粉占淀粉含量的 19%～26%，支链淀粉占 74%～81%，前者由 50～300 个葡萄糖基构成，后者由 300～500 个葡萄糖基构成。直链淀粉是由葡萄糖通过 α-1,4 糖苷链连接起来的卷曲盘旋呈螺旋状的高分子化合物，易溶于温水，几乎不显示黏度；支链淀粉的分子较直链淀粉大，分子形状如高粱穗，小分支极多，其分支的交叉部位由 α-1,6 糖苷链连接，其余部分由 α-1,4 糖苷链连接，加热后可溶于水，生产的溶液黏度较大。

小麦粉中的淀粉及可溶性糖对面团调制及制品质量有着非常重要的影响，可溶性糖本身可以被酵母直接利用；损伤淀粉在酶的作用下，水解成麦芽糖和单糖后，提供酵母发酵繁殖所需的能量，产生一定量的二氧化碳气体，促使面团变软，这时淀粉吸水膨胀，形状变大，与网状面筋结合形成强劲结构，面团组织的弹性力和强度大大加强。面包之所以能够成型，也就是淀粉与面筋在起着作用，面包有如钢筋混凝土的房子，面筋是钢筋骨架，起着结构作用，而淀粉就如水泥填充于钢筋之间，从而形成了一个稳定的结构。面团发酵需要有一定的数量的损伤淀粉粒，但不是越多越好，过多容易使面包的体积变小，质量变差。一般允许的淀粉损伤程度与面粉蛋白质含量有关，最佳淀粉损伤程度在 4.5%～8%之间，具体根据面粉蛋白质含量而定。

淀粉与面团调制和制品质量有关的物理性质，主要是淀粉的糊化及淀粉糊的凝沉作用。淀粉的糊化作用是指淀粉在水中加热到一定温度（一般加热到约 65 ℃）时，淀粉粒开始吸水膨胀，继续加热，淀粉粒会膨胀到原直径的 5 倍以上，形成黏稠的胶体溶液，这一现象称为淀粉的糊化。糊化了的淀粉在低温下静置一定时间后，由于溶液变混浊，溶解度降低而沉淀析出。如果淀粉溶液的浓度比较大，则沉淀物可以形成硬块而不再溶解，这种现象称为淀粉的老化作用。这也是面包产品烤出后，放置一定时间，口感、外观等商品价值降低的主要原因。单脂肪酸甘油酯尤其是蒸馏过的单脂肪酸甘油酯具有较好的抗氧化效果，其抗老化机理在于它能与直链淀粉形成不溶性复合物，从而抑制直链淀粉老化。面包烘焙中，淀粉遇热糊化，具有螺旋构型的直链淀粉能紧紧地包围住柱形的单脂肪酸甘油酯而形成稳定的螺旋性复合物。面包冷却后，缠绕在柱形单脂肪酸甘油酯上的直链淀粉分子再也不易恢复成晶体结构，从而达到延缓老化的目的。

（2）纤维素。纤维素是构成麦皮的主要成分，麦皮中纤维素的含量高达 10%～14%，胚乳中含量较少，只有 0.1%。特制粉由于加工程度较高，麦皮含量较少；低精度粉由于加工程度较低，麦皮含量较多。面粉中纤维素含量的多少直接影响面点制品的色泽和口味，纤维素少，色白，口感好；纤维素多，色黄，口感较差，而且不易被人体消化吸收。但面粉中含有一定数量的纤维素有利于胃肠的蠕动，能促进对其他营养成分的消化吸收。

（3）可溶性糖。面粉中含 2%左右的可溶性糖，包括葡萄糖、果糖、蔗糖、左旋素等。糖在小麦籽

粒各部分的分布不均匀，胚部含糖 2.96%，皮层和胚乳外层约含糖 2.58%，胚乳中含量最低，仅为 0.88%。因此，出粉率越高，面粉含糖量越高。在面包生产中糖既是酵母发酵的能量来源，又是形成面包色、香、味的基本物质。

❸ 脂肪　小麦籽粒中脂肪含量较少，主要存在于胚芽及糊粉层，一般含量在 2%～4%之间，加工成小麦粉后含量有所降低，仅为 1%～2%。小麦中的脂质主要是不饱和脂肪酸，它易氧化及被酶水解。面粉储藏过程中，甘油酯在裂酯酶、脂肪酶的作用下水解形成脂肪酸，发生酸败。因此，面粉质量标准中规定面粉的脂肪酸值(湿基)不得超过 80，以鉴别面粉的新鲜程度。一般加工出粉率高的面粉因其含胚和麸屑较多，脂质含量也较高，则储藏稳定性较差，在温湿环境下储藏极易酸败变质，导致烘焙出的产品因面团延伸性下降，持气性减弱，体积变小等因素而大大降低产品品质。

❹ 矿物质　钙、钠、磷、铁等是小麦或面粉中的主要矿物质，多以盐类形式存在。矿物质的含量多用灰分来测定，灰分即小麦或面粉完全燃烧后的残留物，面粉中灰分较少，未加工的麦粒麦皮中灰分含量较多，且麦粒不同部位灰分含量也不同，一般皮层和胚部含量高于胚乳。这种特性，为检查小麦的制粉效率和小麦粉质量提供了一种方法。

❺ 维生素　小麦和面粉中维生素主要是 B 族维生素和维生素 E，其他维生素如维生素 A、C、D 含量较少，甚至没有。B 族维生素主要集中在麸皮、胚芽及糊粉层，且以维生素 B_1、B_2、B_5 为主，精细加工的小麦粉 B 族维生素损失较多。维生素 E 是小麦胚芽中含量较丰富的维生素，是维生素 E 的重要来源之一。

❻ 水分　小麦中水分的含量直接影响着面粉中的水分含量。

(1) 我国面粉中水分含量标准。我国面粉质量标准规定：特制一等粉和特制二等粉的水分含量为 13.5(±0.5)%；标准粉和普通粉为 13.0(±0.5)%。面包粉、面条粉、饺子粉等水分含量≤14.5%；酥性饼干粉、馒头粉、发酵饼干粉、蛋糕粉等水分含量≤14.0%。

(2) 水分含量对面粉品质的影响。小麦加工前如果水分含量较低，会导致面粉色泽较差，颗粒粗，含麸量高，但对面粉保存有利；如果面粉中水分含量较高，会导致麸皮难脱落，出粉率低，面粉容易结块，引起酸败、变质、变味，更严重的是会造成焙烤制品的收得率下降，但粉色较白。因此，一般小麦在加工前，其水分应调整到 13%左右为宜。

❼ 面粉中的酶类　小麦粉中重要的酶有淀粉酶、蛋白酶、脂肪氧化酶和植酸酶。这些酶对面粉的储藏和焙烤食品的生产都有一定的作用。因此了解有关酶的特性对稳定产品质量有着重要的意义。

(1) 淀粉酶。淀粉酶分 α-淀粉酶和 β-淀粉酶两种。α-淀粉酶只能在分子内部水解，称为内酶；β-淀粉酶是从淀粉分子的非还原末端开始水解，故称作外酶。β-淀粉酶水解时，能迅速形成麦芽糖，还原能力不断增加，又称糖化酶。一般小麦中只含有 β-淀粉酶，当小麦发芽后，则也含有 α-淀粉酶。这两种酶均可以使淀粉水解成麦芽糖和葡萄糖。淀粉酶在焙烤中的具体作用如下：①水解淀粉，为酵母发酵提供养料。②生产面包等发酵制品，产生"糖心"现象。如当面包烘焙时间不够时，面包内部温度不超过 100 ℃，其中的 α-淀粉酶没有完全失活，仍在继续作用，当制品出炉掰开时，会发现内部面包芯部发黏、略带甜味，因此欠火的面包、馒头吃起来有甜味，这就是淀粉酶作用的结果。③在面粉或面包添加剂中添加 α-淀粉酶可在面包发酵期间保证二氧化碳气体正常产生，可使面包内部组织松软，表皮色泽稳定，着色均匀，且有利于面包冷却后切片。

(2) 蛋白酶。天然小麦粉中含有蛋白酶，在通常情况下是非活性状态，但可被小麦蛋白质中的半胱氨酸巯基激活而催化蛋白质水解。蛋白酶通常使用在柔软性和膨胀度有特别需求的面团加工过程中，如柔软的甜卷面包或是双条缠绕的面包。常用的蛋白酶主要有木瓜蛋白酶、菠萝蛋白酶和霉菌蛋白酶。

(3) 脂肪酶。脂肪酶是一种对脂类起水解作用的水解酶，面粉储藏期间可促使游离脂肪酸增

加，从而引起面粉的酸败，降低面粉的烘焙品质，影响产品质量，缩短保质期。

（三）面粉的工艺性能

❶ 面筋与面筋的工艺性能 面筋是将面粉加水搅拌或手工揉搓后形成的具有黏弹性的面团放入水中搓洗，淀粉、可溶性蛋白质等成分渐渐离开面团而悬浮于水中，最后剩下一块具有黏性、弹性和延伸性的软胶状物质。面团因有面筋形成，才能通过发酵制成面包类产品。影响面筋形成的因素有面团温度、面团放置时间和面粉质量等。一般情况下，在 30～40 ℃，面筋的生产率最大，温度过低则面筋胀润过程延缓而生成率降低。蛋白质吸水形成面筋需要经过一段时间，将调制好的面团静置一段时间有利于面筋的形成。

评定面粉的质量和工艺性能的指标如下。

(1) 延伸性是指面筋被拉伸到一定长度而不断裂的能力。一般延伸性好的面筋，面粉的品质也较好。通常根据面筋块延伸的极限长度将面筋划分成 3 个等级：延伸长度小于 8 cm 的为延伸性差的面筋；延伸长度介于 8～15 cm 之间的为延伸性中等的面筋；而延伸长度大于 15 cm 的为延伸性好的面筋。

(2) 比延伸性是面筋每分钟被拉长的长度(cm)。面筋质量好的强力粉一般每分钟仅自动延伸几厘米，而面筋质量较差的弱力粉可以自动延伸至 100 cm 以上。

(3) 弹性是指面筋被拉伸或压缩后恢复到原来状态的能力。面筋的弹性可分为三个等级，即强、中、弱。弹性强的面筋，指压后能迅速恢复原状，不粘手、不留下手指痕，用力拉伸时抵抗力很大。弹性弱的面粉，指压后不能恢复原状，易粘手、留下较深的指纹，用手拉伸时抵抗力很小，下垂时，会因自身的重力而自行断裂。弹性中等的面筋，性质介于两者之间。

(4) 韧性又称抗拉伸性，抗拉伸阻力是指面筋对被拉伸所表现出的抵抗力。一般来说，弹性强的面筋韧性也强。

(5) 可塑性是指面筋被拉伸或压缩后不能恢复到原来状态的性质。面筋的弹性、韧性越好，可塑性也就越差。

根据面筋的工艺性能可将面筋分为三类：优质面筋，即弹性好，延伸性大或适中；中等面筋，弹性好，延伸性小或适中，比延伸性小；劣质面筋，弹性小，韧性差，由于自身的重力而自然延伸和断裂。完全没有弹性和冲洗时不黏结而流散。不同的面点制品对面筋的工艺性能的要求不同，例如制作发酵制品要求弹性和延伸性都好的面粉，而制作蛋糕、酥点类制品则要求弹性、韧性都不高但可塑性良好的面粉。

面粉的烘焙品质不仅与蛋白质总量有关，还与面筋蛋白的质量有关。即面筋蛋白中麦胶蛋白与麦谷蛋白的比例要恰当。这两种蛋白质相互补充，使得面团既有适宜的弹性、韧性，又有适宜的延伸性。因此在选择面粉时可依据以下原则：①面粉蛋白质数量相差很大时选择蛋白质数量高的面粉；②面粉蛋白质质量相差很大时选择蛋白质质量高的面粉；③采用搭配使用的方法来弥补面粉蛋白质数量和质量之间的不足。

❷ 面粉的吸水率 面粉的吸水率是检验面粉烘焙品质的重要指标。它是指调制单位重量的面粉成面团时所需要的最大加水量。面粉吸水率高，可以提高面包的出品率，而且面包中水分增加，则面包芯柔软，口感较佳，也可以相应地延长保质期。面团的最适吸水率主要取决于所制面团的种类和生产工艺条件。影响面粉吸水率的因素如下。

(1) 蛋白质含量。面粉实际吸水率的大小在很大程度上取决于面粉的蛋白质含量。面粉的吸水率随着蛋白质含量的提高而增加。面粉蛋白质含量每增加 1%，其吸水率就增加约 1.5%。但不同品种小麦磨制的面粉，吸水率增加程度不同，即使蛋白质含量相似，某种面粉的最佳吸水率可能并不是另一种面粉的最佳吸水率。此外，蛋白质含量低的面粉，吸水率的变化率也相应地没有高蛋白质面粉那样大。蛋白质含量在 9%以下时，吸水率很少减少或不再减少。这是因为当蛋白质含量减

少时，淀粉吸水的相对比例较大。

(2) 小麦的类型。蛋白质含量不同的小麦所制成的面粉其吸水率是不同的。一般硬质、玻璃质小麦磨制的面粉吸水率较高。表 3-2 是不同蛋白质含量的不同小麦面粉的吸水率。

表 3-2　不同蛋白质含量的不同小麦面粉的吸水率

小麦面粉种类	蛋白质含量	吸水率/(%)
春麦粉	14	65～67
春麦粉	13	63～65
硬冬麦粉	12	61～63
硬冬麦粉	11	59～61
软麦粉	8～9	52～54

(3) 面粉的含水量。如果面粉本身的含水量较高，则面粉的吸水率自然就降低。

(4) 面粉的粒度。研磨较细的面粉，面粉颗粒的总表面积增大，损伤淀粉也增多，吸水率自然较高。

(5) 面粉内的损伤淀粉含量。损伤淀粉含量越高，面粉吸水率也越高。这是因为破损后的淀粉颗粒，容易渗透进水。但是并不是损伤淀粉越多越好，损伤淀粉太多会导致面团或面包发黏，缩小面包体积。

③ 面粉的糖化和产气力

(1) 面粉的糖化力。面粉的糖化力是指面粉中的淀粉转化成糖的能力。它的大小是用 10 g 面粉和 5 mL 水调制成面团，在 27～30 ℃温度下，经 1 h 发酵所产生的麦芽糖的重量(mg)来表示的。面粉糖化是在一系列淀粉酶和糖化酶的作用下进行的，因此糖化能力的大小取决于面粉中的淀粉酶和糖化酶的活性。通常面粉颗粒越小，越容易被酶水解而糖化。特制粉的粒度比标准粉小，其糖化力强。面粉的糖化力对发酵面团的工艺影响很大，因为酵母发酵所需营养成分中的糖主要来源于面粉糖化，糖化越充分吸收的养分越多，就能生产出质量优良的制品，相反则吸收的养分就少。

(2) 面粉的产气力。面粉的产气力是指面粉在发酵过程中产生二氧化碳气体的能力。它以 100 g 面粉加 65 mL 开水和 2 g 酵母调制成面团在 30 ℃温度下发酵 5 h，所产生二氧化碳气体的体积(mL)来表示。其大小取决于面粉的糖化能力。一般情况下，面粉糖化力越强，生成的糖越多，其产气能力也就越强，发酵制品的质量也就越好。面粉的糖化力和产气力对面包品质的影响如表 3-3 所示。

表 3-3　面粉的糖化力和产气力对面包品质的影响

糖　化　力	产　气　力	面 包 质 量
强	弱	色、香、味好，但体积小
弱	强	体积大，但色、香、味差
强	强	优质面包

④ 面粉的熟化　面粉的熟化也称面粉的成熟、后熟、陈化。面粉熟化时间为 3～4 周，温度以 25 ℃左右为宜。刚刚生产的面粉，特别是用新小麦磨制的面粉调制而成的面团黏性大，缺乏弹性和韧性。其筋力弱，生产出来的发酵类制品皮色暗、体积小、扁平、易塌、组织不均匀。但经过 1～2 个月的储存后，调制的面团不黏手，筋力强，生产的发酵类制品色泽洁白有光、体积大、弹性好，内部组织细腻均匀，这种现象称为面粉的"熟化"。面粉"熟化"的机制：新生产面粉中的半胱氨酸和胱氨酸，含有未被氧化的巯基(—SH)，而巯基是蛋白酶的激活剂，搅拌时，被激活的蛋白酶强烈分解面粉中的

蛋白质，从而造成面团工艺性能差的现象。面粉经过一段时间的储存后，巯基被氧化失去活性，面粉中面筋蛋白质不被分解，面粉的工艺性能也因此得到改善。除了自然“熟化”外，还可用化学方法处理新磨制的面粉，使之“熟化”。最常用的方法是在面粉中添加面团改良剂、溴酸钾、抗坏血酸等。

（四）小麦粉的储藏

由于面粉在长期储藏期间，面粉质量的保持主要取决于面粉的水分含量。面粉具有吸湿性，因而其水分含量随周围大气的相对湿度的变化而增减。以袋装方式储藏的面粉，其水分变化的速度，往往比在散包装中储存的变化快。相对湿度为70%时，面粉的水分基本保持平衡不变。相对湿度超过75%，面粉将较多地吸收水分。

常温下，真菌孢子萌发所需要的最低相对湿度为75%。相对湿度为75%时，面粉水分如果超过规定标准，霉菌生长很快，容易霉变发热，使水溶性含氮物增加，蛋白质含量降低，面筋质性质变坏，酸度增加。面粉的储藏在相对湿度为55%～65%，温度18～24 ℃的条件下较为适宜。

二、米粉

米粉是由大米磨制而成的。按照大米种类的不同，米粉分为籼米粉、粳米粉和糯米粉等。按照磨制方法的不同，米粉又分为干磨米粉、湿磨米粉和水磨米粉。

❶ **干磨米粉**　干磨米粉是用干燥的大米磨制而成的米粉，其特点是易于保存，使用较方便。用炒熟的大米磨制的熟米粉，香味浓郁、质地干燥，常被用于馅心的制作。

❷ **湿磨米粉**　用浸泡过的大米磨制而成的米粉称为湿磨米粉，其质地细软、滑腻，可用于制作虎皮面包的外皮。

三、淀粉

淀粉可以改善西点的质地和风味，增加西点的感官形状，保持西点的嫩化，还可以用于西点馅料的增稠。西点中常用的淀粉有玉米淀粉、马铃薯淀粉、豆类淀粉等。

❶ **玉米淀粉**　玉米淀粉又称粟粉，是由玉米加工成的淀粉。玉米淀粉溶于水中加热到65 ℃时开始糊化，产生胶凝特性，可用于西点派馅或奶油布丁馅中，还可添加到面粉中制作蛋糕或点心，可降低面粉的筋力。

❷ **马铃薯淀粉**　马铃薯淀粉是薯类淀粉中的一种，主要用作增稠剂、黏结剂、乳化剂等，可制成颗粒布丁添加在糕点面包中，增加营养成分，防止面包变硬，从而延长保质期。

四、其他粉类原料

❶ **玉米粉**　玉米粉是由玉米粒经碾磨、过筛制成的粉状原料，常用于制作玉米面包、玉米饼、玉米布丁等。玉米粉富含膳食纤维，可以改善人体所需的营养结构。

❷ **吉士粉**　吉士粉是一种浅黄色或浅橙黄色的具有浓郁的奶香味和果香味的预拌粉，由疏松剂、稳定剂、食用香精、食用色素、奶粉、淀粉和填充剂组合而成。吉士粉在西餐中原主要用于制作糕点和布丁，后来通过香港厨师引进，才用于中式烹调。吉士粉易溶化，适用于软、香、滑的冷热甜点之中(如蛋糕、蛋卷、面包、蛋挞等糕点中)，主要取其特殊的香气和味道，是一种较理想的食品香料粉。用于制作吉士酱、吉士馅，有时也用于制作曲奇饼干。

任务二　糖及糖浆

任务描述

糖及糖浆是制作西点的重要原料之一，糖除了具有增甜的功能外，还能改善面团的品质。西点中常使用的糖类主要有蔗糖和饴糖两种，此外还有蜂蜜和糖精等。

任务目标

了解西点中常用糖及糖浆的种类及其组成，熟悉糖的加工性能及其在西点中的作用，掌握各类西点对糖及糖浆类原料的要求，会根据西点产品的种类和特点来灵活选择糖和糖浆。

一、西点中常用的糖

（一）蔗糖

蔗糖主要由甘蔗、甜菜榨取而来。按形态和色泽的不同，可分为白砂糖（粗、中、细）、绵白糖和红糖。比较常用的是绵白糖和砂糖。

1 绵白糖　绵白糖色泽白、杂质少、质地软、甜味纯，比较细软，可直接加入面团中，为糖中佳品。绵白糖纯度低于白砂糖，含糖量在98%左右，但还原糖和水分含量高于白砂糖，甜味比白砂糖要高。它是烘焙食品制作中常用的一种糖，除了少数品种外，其他品种都适用，例如戚风蛋糕等。它多被用于含水分少、经过烘焙要求滋润性比较好的产品中，可以直接在搅拌面团时加入；还常被洒在一些产品的表面进行装饰，以求清爽、香甜、美观。绵白糖易结块，为防止结块常常加入玉米淀粉。

2 白砂糖　白砂糖为精制砂糖，纯度很高，蔗糖含量达99%以上，是从甘蔗茎体或甜菜块根中提取、粗制而成的产品。白砂糖为粒状晶体，晶粒整齐均匀，颜色洁白，无杂质，无异味。根据晶粒大小，可分为粗砂、中砂、细砂。按精制程度又有优级、一级、二级之分。白砂糖在面包生产中，一般要预先溶化成糖液再投入面粉中进行搅拌面团。因为糖粒的结晶在搅拌面团时不但难以溶解，使面团带有粒状晶糖，而且对面团的面筋网络有一定的损坏作用，且糖的反水化作用会使酵母细胞受到高浓度的反渗透压力，造成细胞枯萎死亡。用在西饼类制作时，可撒在饼干表面。

3 红糖　红糖又称赤砂糖或黑糖，是制造白砂糖的初级产物，因含有未洗净的糖蜜杂质，故带有黄色。红糖晶粒比较明显，色泽赤红，含蔗糖83%左右，有糖蜜味。它含铜量较高，易使饼干在保存中变质而不宜食用。红糖忌生食。红糖属于土制糖，是以甘蔗为原料用土法生产的蔗糖。它具有浓郁的糖浆和蜂蜜的味道，在烘焙时多用在颜色较深或香味较浓的产品中。由于红糖纯度较低，含杂质较多，因此使用前多需溶成糖水，滤去杂质后使用。

4 冰糖　冰糖是一种纯度高、晶体大的蔗糖制品，是以白砂糖为原料，经过再溶、清洁、重结晶而制成的，因其形状似冰块故称为冰糖。冰糖分单晶冰糖（颗粒状冰糖）和多晶冰糖两种。多晶冰糖即为我们俗称的老冰糖，它采用传统工艺制成，是由多颗晶体并聚而成的蔗糖晶体。冰糖品种从颜色上又分为白冰糖和黄冰糖两种。

（二）糖浆

1 饴糖　饴糖又称糖稀、米稀。它是利用谷物为原料，经过蒸煮，加入麦芽使淀粉糖化后浓缩而成的。饴糖呈稀浆状，甜味不如绵白糖纯正。饴糖色黄、黏稠，味甜清爽，总固形物含量不低于75%，可代替蔗糖使用。饴糖中主要含有麦芽糖和糊精，其中，糊精的水溶液黏度较大。麦芽糖受热

即分解，变成焦糖，呈现红润色、金黄色、金红色，因此，饴糖可用来提高制品的色泽度。饴糖的持水性较强，可保持面点的柔软性，是面筋的改良剂，可使制品质地均匀、内部组织空隙细腻，内部绵软，体积增大。

❷ **蜂蜜** 蜂蜜由蜜蜂采集植物的花蜜酿造而成，即由花蕊中的蔗糖经蜜蜂唾液中的蚁酸水解而成。其主要成分为转化糖，一般情况下，在蜂蜜中果糖含量为36%，葡萄糖含量为34%，蔗糖含量低于3%，此外还含有糊精、蛋白质和氨基酸、多种有机酸(如乳酸、苹果酸)、维生素(维生素 B_2、维生素 B_6等)和多种矿物质(主要是钙、磷、铁)，蜂蜜还含有许多酶类，水分含量为14%～20%。蜂蜜在烘烤食品中的应用：蜂蜜营养丰富，具有较高的营养保健价值，历来被人们视为较高级的滋养品，它作为功能性食品配料可提高烘焙食品的营养价值。蜂蜜中含有较多的果糖，不仅能增加制品风味，还能改善烘焙食品的颜色与光泽。蜂蜜因具有蜜源植物特有的香味，可使烘焙食品被赋予独特的蜂蜜风味。蜂蜜还因含有大量的果糖而具有吸湿性和保水性，能增进烘焙食品的滋润性和弹性，使制品膨松、柔软、质量好。例如，添加6%的蜂蜜烘烤的面包光滑明亮，质地柔软，清香可口，保存期长。蜂蜜主要用于蛋糕或小西饼中增加产品的风味和色泽。

❸ **葡萄糖浆** 葡萄糖浆又称淀粉糖浆、玉米糖浆、化学稀，是以淀粉及含有淀粉的原料经过酶法或者酸法水解、净化而制成的产品的一种泛称，其主要成分为葡萄糖、麦芽糖、低聚糖(三糖或四糖)和糊精。葡萄糖是淀粉糖浆的主要成分，熔点为146 ℃，低于蔗糖，在烘焙制品中比蔗糖着色快。由于它的还原性，所以具有防止再结晶的功能。在挂明浆的糕点制品中，葡萄糖浆是不可缺少的原料。结晶的葡萄糖吸湿性差，但是极易溶于水中，溶于水后的葡萄糖具有较强的吸湿性。这对生产后的糕点在一定时间内保持较好的质地松软具有重要的作用。与葡萄糖相反，固体麦芽糖具有较强的吸湿性，而溶于水后的麦芽糖吸水性不强。麦芽糖的甜度低于蔗糖，具有还原性。麦芽糖的熔点为102～103 ℃，对热很不稳定，加热到102 ℃就会变色，加热后色泽转深。在葡萄糖浆中含有一定的麦芽糖，使其着色性能和抗结晶性更加突出。

❹ **果葡糖浆** 果葡糖浆又称高果糖浆，是将淀粉经过酶法或是酸法水解制成的葡萄糖，经过酶(葡萄糖异构酶)或是碱处理使之异构化，一部分转变为果糖，其主要成分为果糖和葡萄糖，甜度很高。异构转化率为42%的异构糖，其甜度和蔗糖相等，但是果葡糖浆在面包生产中全部代替蔗糖，尤其在低糖主食面包中使用效果更佳。因为酵母在发酵时可以直接利用葡萄糖，故发酵速度快，但果葡糖浆在面包中使用量过多时，即超过相当于蔗糖量15%时，面团发酵速度降低，面包内部组织较黏，咀嚼性较差。

❺ **转化糖浆** 蔗糖在酸性条件，水解产生葡萄糖与果糖，这种变化称为转化。一分子葡萄糖与一分了果糖的混合体称为转化糖。含有转化糖的水溶液称为转化糖浆，它的甜度明显大于蔗糖。正常的转化糖浆为澄清的浅黄色溶液，具有特殊的风味。它的固形物含量为72%～75%，完全转化后的转化糖浆，所产生的转化糖量可达到全部固形物的99%。转化糖浆应随用随配，不宜长时间储藏。在缺乏淀粉糖浆和饴糖的地区，可以用转化糖浆代替。转化糖浆主要用于广式月饼中，可部分用于面包、饼干、萨其马和各种代替砂糖的产品的生产，也可用于糕点、面包馅料的调制。

二、糖在西点中的作用

❶ **糖是良好的着色剂** 由于糖具有焦化作用，如制品在烘烤前，在其表面刷上一层糖浆，烘烤后面点的表面金黄，色泽诱人。配方内不加糖的面包，如法式面包、意大利面包，其表皮则为淡黄色。

❷ **改善制品的风味** 糖除了可以增加西点的甜味外，其本身的甜味，以及一些糖特有的风味，在烘焙成熟过程中，与糖的焦化作用、美拉德反应的结合产物可使制品产生良好的烘焙香味。

❸ **改善制品的形态和口感** 糖可以改善糕点的组织形态，当糕点中含糖量适当时，冷却后可以使制品外形挺拔，内部起到骨架作用，并且有脆感。

❹ **作为酵母的营养物质、促进发酵**　在面团发酵过程中，加入适量的糖，酶的作用可使双糖变成单糖，供给酵母菌营养，这样就可以缩短面团发酵时间。但如果用糖量过多(超过30%时)，由于增加了渗透压，酵母菌细胞内的原生质分离，菌体僵硬，同时又因生成过多的二氧化碳，发酵作用大为减弱。所以，糖可以起到调节发酵速度的作用。

❺ **改善面团物理性质**　糖能改进面点组织，使面团的黏性降低，制品变得松软，但加糖过多时制品也会变脆。

❻ **对面团吸水率及搅拌时间的影响**　正常用量的糖对面团吸水率的影响不大，但随着用糖量的增加，糖的反水化作用也就越强，从而使得面团的吸水率降低，延长搅拌时间。大约每增加1%的糖，面团的吸水率就会降低0.6%。高糖配方的面团(含糖量20%～25%)若不减少加水量或延长面团的搅拌时间，则面团就会因为搅拌不足，面筋得不到充分扩展，而造成面包产品体积变小，内部组织粗糙，口感较差。这是因为糖在面团内溶解需要水，面筋的形成、扩展也需要水，这就形成糖与面筋之间争夺水分的现象，糖越多，面筋能吸收到的水分也就越少，从而延缓了面筋的形成，阻碍面筋的扩展，必须通过增加搅拌时间来使面筋得到充分扩展。一般高糖配方的面团，其面团充分扩展时间要比普通面团长一半。

❼ **提高产品的货架寿命**　当糖液达到饱和浓度时，它具有较高的渗透压，可以使微生物脱水产生质壁分离现象，从而抑制微生物在制品中的成长，因此，加糖越多，存放时间越长。

❽ **提高食品的营养价值**　糖的发热量高，能迅速被人体所吸收，每千克糖的发热量为14 630～16 720 KJ(3500～4000 kcal)，可有效消除人体的疲劳，补充人体的代谢需要。

❾ **装饰美化产品**　砂糖质感晶银闪亮，糖粉洁白如霜，撒或覆盖在制品表面可起到美化装饰的效果。以糖为原料制成的膏料、半成品，如白马糖、白帽糖膏等装饰产品，在西点中的运用较为广泛。

任务三　蛋及蛋制品

任务描述

蛋及蛋制品是加工面包、糕点等西点产品的重要原料之一，对改善西点制品的色、香、味、形和提高营养价值都起一定的作用。西点制作中常用的蛋及蛋制品包括鸡蛋、冰蛋和干蛋粉等。

任务目标

了解鸡蛋的结构、化学成分和物理特性，熟悉鸡蛋在西点中的工艺性能，掌握影响蛋液泡沫形成和稳定性的因素。

一、常用的蛋及蛋制品

鲜蛋在面包、糕点中应用较多，常见的鲜蛋品种有鸡蛋、鸭蛋、鹅蛋等，其中尤以鸡蛋应用最为广泛，如蛋糕、蛋挞、蛋卷、饼干、布丁等的加工都会用到。蛋制品包括冰蛋(冰全蛋、冰蛋白、冰蛋黄)、干蛋(干蛋片、干蛋粉)和湿蛋(湿全蛋、湿蛋白、湿蛋黄)等。

二、蛋在西点中的工艺性能

❶ **发泡性**　发泡性是蛋重要的工艺性能，其中蛋白的发泡性最好，全蛋次之，蛋黄最差。蛋白是一种亲水胶体，具有良好的发泡性，经过快速搅拌，蛋白薄膜可将混入的空气包围起来形成泡沫，

受表面张力的影响，泡沫成为球形。蛋白胶体具有黏度，其和加入的原料附着在蛋白泡沫层四周，使泡沫层变得浓厚结实，增强了泡沫的机械稳定性。当放入烤箱进行烘烤时，泡沫内的气体受热膨胀，使制品蔬松多孔并具有一定的弹性和韧性。因此，蛋的发泡性可以增加点心的体积，是一种理想的天然疏松剂。

打发蛋白是调制蛋泡面团的重要工序，泡沫形成受到许多因素的影响，如黏度、油、pH 值、温度和蛋的质量等。

❷ 蛋黄的乳化性 蛋黄中含有许多磷脂，磷脂具有亲油和亲水的双重性质，是一种理想的天然乳化剂。在西点中添加蛋黄能使油、水和其他材料均匀地分布在一起，促进制品组织细腻，质地均匀，疏松可口，具有良好的色泽。

❸ 凝固性 蛋在加热到一定温度时，蛋白质会变性凝固。其中蛋白对热极为敏感，受热后凝固变性。蛋白在 50 ℃左右开始混浊，57 ℃左右黏度稍有增加，58 ℃左右开始发生白浊，62 ℃以上则就失去流动性，70 ℃时就成为块状和冻状，温度再增高则变得越硬。蛋黄在 65 ℃左右时开始凝胶化，70 ℃就失去流动性，凝固温度高于蛋白。

❹ 改善制品色泽，增进制品风味 由于鸡蛋与糖加热后能发生美拉德反应，因此在面包、糕点的表面刷上蛋液，烘烤后会呈现漂亮的金黄色或棕红色，并具有发亮的光泽。加了鸡蛋的西点在烘烤后会产生特殊的蛋香味，增加了西点的香味。

❺ 增加制品的营养价值 蛋中含有优质的蛋白质、脂肪、类脂质、矿物质和维生素等多种人体必需的营养素，并且消化吸收率较高，是人体优质蛋白质等营养素的最佳来源。将蛋品加入面包、蛋糕等西点中，根据蛋品和乳品在营养上的互补作用，能够大大提高产品的营养价值。如鸡蛋中铁含量相对较多，钙较少，而乳制品中钙含量高，铁含量少，将它们混合使用可以起到非常好的营养素互补作用。

❻ 装饰美化作用 西点中常使用蛋白制成的膏料进行裱花，这可以起到理想的美化装饰效果。如意式蛋白霜、蛋白糖等。

三、影响蛋泡形成和稳定性的因素

❶ 温度 温度与蛋白气泡的形成有直接的关系。温度较高的蛋白比温度低的蛋白打发性好，但稳定性较差。温度太高或太低都不利于蛋白的发泡，蛋白打发界限温度为 30～40 ℃，在 17～22 ℃时蛋白的发泡性和稳定性较好。全蛋在 40 ℃左右时发泡性最好，黏性也最稳定。

❷ 蛋白种类 稀蛋白含量高的蛋白发泡性能好，这是由于蛋白表面张力较小的缘故，泡沫的稳定性较差，容易打发过头；浓厚蛋白较多时，蛋白黏稠度较大，打发性稍差，但泡沫稳定性好。这也是新鲜蛋比陈蛋更容易稳定蛋泡的原因。

❸ 黏度 黏度对蛋白的稳定影响很大，黏度大的物质有助于蛋白泡沫的形成和稳定。因为蛋白具有一定的黏度，所以打起的蛋白泡沫比较稳定。在蛋白打发过程中常常加入糖，就是因为糖黏度较高，可以增大蛋液的黏度，从而提高蛋白泡沫的稳定性。

❹ 油脂 油脂是一种消泡剂，因此在打蛋时千万不能碰到油。油的表面张力很大，而蛋白气泡膜很薄，当油接触到蛋白气泡时，油的表面张力大于蛋白膜本身的延伸力而将蛋白膜拉断，气体则从断口处冲出，气泡立即消失。因此实际操作时，我们常常将蛋黄和蛋清分开来使用，就是因为蛋黄中含有油脂的缘故。

❺ 蛋的成分 发泡性最好的是蛋白，其次是全蛋，蛋黄的发泡性最差。在利用蛋白打发时，如果加入少量的蛋黄或 1%以下的油脂，发泡性会明显降低，甚至打不起来。蛋黄打发虽然需要更长时间来搅拌，但可以形成比较稳定的稀奶油状的泡沫。蛋黄的脂蛋白可以在含油脂的结构下，产生表面变性，形成气泡。而且由于它固定成分多，浓度大，黏度高，因此蛋黄泡沫的稳定性也较高。海绵

蛋糕的制作实际上就是依靠蛋的打发来膨松的。

⑥ pH 值　pH 值对蛋白泡沫的形成和稳定有着很大的影响作用。蛋白在偏酸性的情况下气泡比较稳定，但 pH 值在 6.5～9.5 时形成的泡沫虽然很强但是不稳定，打蛋时加入酸性物质就是为了调节蛋白的 pH 值。蛋白的 pH 值较小时，泡沫的形成虽然慢，但是比较稳定。

任务四　油　脂

任务描述

油脂是油和脂的总称，是制作西点的重要原料之一，常温下呈液态的称为油，固态或半固态的为脂。油脂对改善制品的色、香、味、形和提高制品的营养价值等起着非常重要的作用。加工西点产品常用的油脂包括植物油、氢化油、起酥油、动物油等。

任务目标

了解西点中常用的油脂种类及其组成，熟悉油脂的加工性能及其在西点中的作用，掌握各类西点对油脂原料的要求，会根据西点产品的种类和特点来灵活选择油脂。

一、西点常用的油脂

（一）植物油

植物油中主要含有不饱和脂肪酸，其营养价值高于动物油，但加工性能不如动物油或固态油脂。

① 色拉油　西点中使用的植物油以精制后的色拉油为主，这种油油性小，熔点低，融合性强，掺在蛋糕里可以使蛋糕柔软。

② 大豆油　大豆油按加工方法不同可分为冷榨油、热榨油和浸出油。大豆油中的亚油酸含量高，不含胆固醇，长期食用可预防动脉硬化等。大豆油消化率高，可达 95%，而且含有维生素 A 和维生素 E，营养价值高，故大量用于面点制作。

③ 花生油　花生油是从花生中提取出来的，带有花生的香气，呈淡黄色、透明、芳香、味美，为良好的食用油脂。花生油中饱和脂肪酸含量较大，达 13%～22%，特别是其中含有高分子脂肪酸，如花生酸和木焦酸。花生油熔点为 0～3 ℃，因此温度低时呈白色半固体状态，温度越低，凝固愈坚固。它是人造奶油的良好原料。

④ 芝麻油　芝麻油是从芝麻中提取出来的，具有特殊的香气，故又称香油。根据加工方法的不同，可分为小磨香油和大槽油。小磨香油香气醇厚，品质最佳，是上等食用油脂，用于较高档的面点中。

⑤ 其他植物油　可在西点中使用的植物油还有椰子油、菜籽油、棉籽油等。植物油在常温下呈液态，因常有植物油气味，故使用时须先将油熬熟以减少不良气味。在植物油中，以花生油和芝麻油质量最佳，大豆油次之。除了用作掺和油外，植物油在西点中还常作为油炸制品的用油和制馅用油。在选择用油时，应注意避免使用含有特殊气味的油脂，以防破坏成品应有的风味。

（二）动物油

西点中常用的动物油有奶油和猪油。它们都具有熔点高、可塑性强、起酥性好的特点。

① 奶油　奶油又称黄油或白脱油，是从牛奶中分离出来的。奶油具有特殊的香气，易消化，营养价值较高，制成的成品柔润、富有弹性，光滑度强，不易硬化，是西点和广式点心经常用的原料。奶

油的成分中，乳脂肪含量约为80%，水分约为16%，还含有0.2%的磷脂，其中丁酸（酪酸）是构成奶油特殊芳香味的来源。由于奶油中含有较多的不饱和脂肪酸甘油酯，它具有一定的硬度，因而奶油具有良好的可塑性，适于西式糕点中的裱花和保持糕点外形的完整。奶油的熔点为28～30 ℃，凝固点为15～25 ℃，在常温下呈固态。由于它具有较低的熔点，则入口即化，香味温和，烘烤后拥有浓郁令人愉快的奶香味和口感，深受消费者的喜欢。但在高温情况下，奶油易软化变形，故夏季不能用奶油装饰糕点。奶油是微生物的良好培养基，在高温下易遭细菌和霉菌污染。此外，奶油中的不饱和脂肪酸易受氧化而酸败，高温和日光会促进氧化的进行，故奶油必须冷藏保存。

② **猪油**　猪油在酥类面点中使用较多，尤以中式面点中使用最为广泛，西点中使用不是很多。猪油具有色泽洁白、味道香、起酥性好等优点。在常温下呈固态，熔点较高，为28～48 ℃，利于加工操作，但融合性、稳定性较差。

③ **牛油**　牛油是从牛身体内提取的油脂，熔点比猪油高（35～50 ℃），它的起酥性不好，融合性较佳，常作为人造奶油、起酥油的加工原料。

（三）再加工油脂

① **人造奶油**　又称麦淇淋和玛琪琳，是以氢化油为主要原料，添加水和适量的牛乳或乳制品、色素、香料、乳化剂、防腐剂、抗氧化剂、食盐和维生素，经混合、乳化等工序而制成的。人造奶油的软硬可根据各成分的配比来调整，其乳化性能和加工性能比奶油要好，是奶油的良好代用品。人造奶油中油脂含量为80%，水分14%～17%，食盐0%～3%，乳化剂0.2%～0.5%。人造奶油乳化性、起酥性、可塑性均较好，制出的成品柔软而有弹性，但它的香味不如奶油，与奶油相比，它不易被人体吸收。

人造奶油的种类很多，用于西点的有：通用人造奶油、起酥用人造奶油、面包用人造奶油、裱花用人造奶油等。通用人造奶油又称通用麦淇淋，在任何气温条件下都具有良好的可塑性和融合性，一般熔点较低，口溶性好，可塑性范围宽。适用于各式蛋糕、面包、小西饼、裱花装饰等。起酥用人造奶油，又称酥皮麦淇淋、起酥马琪琳，该人造奶油中含有熔点较高的动物性牛油，其优良的延展性及可塑性可经得起多次擀压及交叠的剧烈过程而不开裂。用作西点、起酥面包和膨胀多层次的产品中，一般含水量以不超过20%为佳。产品用途：制作各式起酥糕点、松饼类、丹麦类面包糕点。面包用人造奶油，它可以加入面包面团中，也可以进行面包的装饰和涂抹。加入面团中的面包用人造奶油需具备良好的可塑性，且熔点要高，不然在折叠开皮时，易穿破面团。涂抹面包或装饰用人造奶油，要求其很容易涂在面包片上，在口腔内很容易熔化，味道好，至于可塑性范围大小、打发性等要求不是很高。裱花用人造奶油，又称裱花麦淇淋。它具有很强的可塑性、融合性和乳化性，与糖浆、糖粉、空气混合形成的奶油膏膏体滑润细腻，稳定，保形效果好，易于操作。

② **起酥油**　起酥油是指精炼的动植物油脂、氢化油或这些油脂的混合物，经混合、冷却塑化而加工出来的具有可塑性、乳化性等加工性能的固态或液态的油脂产品。起酥油不能直接食用，而是作为产品加工的原料油脂，它具有良好的加工性能。与人造奶油最大的区别在于起酥油中没有水相。起酥油的分类如下。

（1）通用型起酥油。这类起酥油的适用范围很广，任何季节都具有很好的可塑性和酪化性，熔点一般较低，可用于加工饼干、面包和重型蛋糕等。

（2）乳化性起酥油。这类起酥油含乳化剂较多，通常含10%～20 %的单脂肪酸甘油酯等乳化剂。其加工性能较好，常用于加工西式糕点和配糖量多的重糖糕点。用这种起酥油加工的糕点体积大，松软，口感好，不易老化。

（3）高稳定性起酥油。高稳定性起酥油一般用氢化油脂加工而成。可用于深锅煎炸，并可作为糖果和烘焙食品中的脂肪、黄油替代品和涂层脂肪，还可用在植物性仿乳制品中，以及用来加工薄脆饼干和硬甜饼。这类起酥油的特性是可以长期保存，不易氧化变质，起酥性好，“走油”现象较轻。

(4) 面包用液体起酥油。这种起酥油以食用植物油为主要成分，添加了适量的乳化剂单(双)酸甘油酯、乙酰化单(双)酸甘油酯、硬脂酰乳酸钠、蒸馏单甘酯、琥珀酸单甘酯等，大大改善了起酥油在面团中的充气性、稳定性和分散性，既发挥了面包组织柔软作用，又具有对面包的起酥作用，提高了面包的柔软度，延缓了面包老化速度，延长了面包保鲜期。乙酰化单(双)酸甘油酯、硬脂酰乳酸钠(SSL)既是面包抗老化剂和保鲜剂，又是面团的增筋剂和改良剂，提高面团的搅拌耐力、发酵耐力、醒发耐力和吸水率，增强了面包坯在烤炉中的膨胀力，增大了面包比体积和体积。面包用液体起酥油适用于面包、糕点、饼干等的机械化、自动化、连续化生产线生产。

(5) 蛋糕用液体起酥油。这类起酥油是由新鲜精炼植物性油脂经特殊加工而成，油脂品质好，液态，呈金黄色，香味醇厚，方便应用，具有较好的留香性和可操作性。一般可用于各式蛋糕(如海绵蛋糕、戚风蛋糕等)的制作，各式中点(如月饼等)及各式烘焙食品表皮的制作，也可作为饼干或面包的表面喷饰油。

蛋糕用液体起酥油的特点包括有助于蛋糕面团的发泡，使蛋糕柔软、有弹性、口感好、体积大；特别适用于高糖、高油脂的奶油蛋糕；蛋糕组织均匀，气孔细密；可缩短打蛋时间；面糊稳定性好。

二、油脂的加工特性

❶ 熔点　油脂熔点即油脂由固态熔化成液态的温度，也就是固态和液态的蒸汽压相等时的温度。油脂的熔点与油脂中所含脂肪酸的饱和程度和构成脂肪酸的碳原子数有关。脂肪酸的饱和程度高、碳原子数目多的油脂熔点高，反之则低。另外，油脂由于是甘油酯的混合物和存在同质多晶现象，所以也没有确切的熔点，而是一个范围。一般动物性油饱和脂肪酸含量高，故其熔点高于植物油，如猪油的熔点为 36～48 ℃，大豆油的熔点为 －18～－15 ℃。熔点是衡量油脂起酥性、可塑性和稠度等加工特性的重要指标。油脂的熔点既影响其加工性能又影响其在人体内的消化吸收。例如，牛羊油的成分中含有较多的高熔点饱和三酸甘油酯。这类脂肪作食用不但口溶性差，风味不好，而且熔点高于 40 ℃，不易为人体消化吸收。因此，现在多将牛羊油与液体油混合，经过酯交换反应，使其熔点下降，改善了口感，也提高了在人体内的消化吸收率。用于糕点、饼干的固态油脂，熔点最好在 30～40 ℃之间。

❷ 可塑性　可塑性是人造奶油、奶油、起酥油、猪油的最基本特性。它是指油脂在外力作用下可以改变自身形状，甚至可以像液体一样流动的性质。

油脂可塑性在西点中的作用主要表现在下面几个方面：①增加面团的延伸性，使起酥类制品形成薄而均匀的层状组织。②防止面团过软和过黏，增加面团的弹力，使机械化操作容易。③油脂与面筋的结合可使面筋柔软，使制品组织均匀、柔软、口感改善。④润滑作用。油脂可在面筋和淀粉之间的界面上形成润滑膜，有利于增加面包的体积。可防止水分由淀粉向面筋转化，防止淀粉的老化，延长面包的保存期。固态油脂优于液态油脂。

❸ 起酥性　起酥性是通过在面团中限制面筋形成，使制品组织比较松散来达到起酥的作用。稠度适中的油脂起酥性较好，过硬则在面团中残留一些块状部分，起不到松散组织的作用；如果过软或为液态，那么会在面团中形成油滴，使成品组织多孔、粗糙。

在调制酥性糕点和酥性饼干时，加入大量油脂后，由于油脂的疏水性，限制了面筋蛋白质的吸水作用。面团中含油越多其吸水率越低，一般每增加 1%的油脂，面粉吸水率相应降低 1%。油脂能覆盖于面粉的周围并形成油膜，除降低面粉吸水率限制面筋形成外，油脂的隔离作用可使已形成的面筋不能互相黏合而形成大的面筋网络，也使淀粉和面筋之间不能结合，从而降低了面团的弹性和韧性，增加面团的酥性。此外，油脂能层层分布在面团中，起润滑作用，面包、糕点、饼干产生层次，口感酥松，入口易化。对面粉颗粒表面积覆盖最大的油脂阻碍了面筋网络的形成，具有最佳的起酥性。

常见影响面团中油脂起酥性的因素有：固态油脂的起酥性优于液态油脂；油脂的用量越大，起酥

性越好;温度影响油脂的起酥性;鸡蛋、奶粉以及乳化剂对油脂的起酥性有辅助作用;油脂和面团的投料顺序、搅拌程度都对油脂的起酥性有直接的影响。

④ 融合性(充气性) 融合性是指油脂在经搅拌处理后,油脂包含空气气泡的能力,或称为拌入空气的能力。融合性是糕点、饼干、面包加工的重要性质。油脂的充气性对食品质量的影响主要表现在酥类糕点和饼干中。在调制酥类制品面团时,首先要搅打油、糖和水,使之充分乳化。在搅打过程中,油脂中结合了一定量的空气。油脂结合空气的量与搅打程度和糖的颗粒状态有关。糖的颗粒越细,搅拌越充分,油脂中结合的空气就越多。当面团成型后进行烘焙时,油脂受热流散,气体膨胀并向两相的界面流动。此时化学疏松剂分解释放出的二氧化碳及面团中的水蒸气也向油脂流散的界面聚集,使制品碎裂成很多孔隙,成为片状或椭圆形的多孔结构,使产品体积膨大、酥松。添加油脂的面包组织均匀细腻,质地柔软。

油脂的融合性与其成分有关,油脂的饱和程度越高,搅拌时吸入的空气量就越多。还与搅拌程度和糖的细度有关。一般起酥油的融合性比人造奶油好,猪油的融合性较差。故糕点、饼干生产中最好使用氢化起酥油。

⑤ 乳化性 油和水互不相溶。油属于非极性化合物,而水属于极性化合物。根据相似相溶的原则,这两类物质是互不相溶的。但在糕点、饼干生产中经常要碰到油和水混合的问题,例如酥类糕点和饼干就属于水油型乳浊液,而韧性饼干和松酥糕点就属于油水型乳浊液。如果在油脂中添加一定量的乳化剂,则有利于油滴在水相中的稳定分散,或水相均匀地分散在油相中,使加工出来的糕点、饼干组织酥松、体积大、风味好。因此添加了乳化剂的起酥油、人造奶油最适宜制作重糖、重油类糕点和饼干。

⑥ 吸水性 起酥油、人造奶油都具有可塑性,在没有乳化剂的情况下也具有一定的吸水能力和持水能力。硬化处理的油还可以增加水的乳化性。在 25 ℃时,猪油的吸水率为 25%～50%;氢化猪油为 75%～100%;全氢化性起酥油的吸水率为 150%～200%。油脂的吸水率对冰淇淋和重油类西点的制作具有重要的意义。

三、油脂在西点中的作用

❶ 改善面团的物理性质 调制面团时加入油脂,经调制后油脂分布在蛋白质、淀粉颗粒周围形成油膜,由于油脂中含有大量的疏水基,阻止了水分向蛋白质胶粒内部渗透,从而限制了面粉中面筋蛋白质吸水和面筋的形成,使已成型的面筋微粒相互隔离。油脂含量越高,这种限制作用就越明显。从而使已形成的微粒面筋不易黏结成大块面筋,降低面团的弹性、黏度、韧性,增强面团的可塑性。

面粉的吸水率随着油脂用量的增加而减少。在一般主食面包中,油脂用量 2%～6%,对面团吸水率影响不大,但对高成本面包则有较大的影响。在高油脂含量的油酥点心中,由于含水量低,制品可以保存较长时间。

❷ 促进层酥类制品形成均匀的层状组织 可塑性好的油脂可以与面团一起延伸,经过多次折叠有利于起酥类制品层状组织的形成,使酥层清晰且均匀。

❸ 促进面包体积增大 油脂在面包面团中充当面筋和淀粉之间的润滑剂,使得面团在发酵过程中的膨胀阻力减小,从而可增强面团的延伸性,有利于增大面包的体积。

❹ 促进酥类制品口感酥松 在油酥点心、饼干等西点中,油脂发挥着重要的起酥作用。由于这类制品中油脂用量都比较高,油脂的存在限制了面团中面筋的形成,且以薄膜状分布在面团中,能包裹大量气体,使制品在烘焙过程中因气体膨胀而酥松。

❺ 促进制品体积膨胀,酥性增强 油脂的融合性(充气性)可使油脂类蛋糕体积增大,使油酥类点心、饼干面团在调制中包含更多空气,增加制品的酥松度。

❻ 促进乳化,使制品质地均匀 奶油、人造奶油、起酥油等所具有的乳化性,有利于面团调制过

程中油、水、蛋液的均匀混合，从而使得产品质地均匀。

7 作为传热介质，形成油炸制品特色　油脂有较高的热容量和发烟点、闪点、燃点，作为油炸食品的传热介质，具有使制品迅速成熟、上色快、质感丰富、香味浓郁等特点。并且不同油温的传热作用，可使制品产生香、脆、酥、嫩等不同味道和质地。

8 增进制品风味和营养　脂肪的水解、酯化等反应在烘焙过程中会形成特殊的香味，从而使得制品香味诱人。并且每种油脂都具有自身的独特香味，加入西点中可以赋予产品以特殊的油脂风味。

每种油脂都具有各自的营养特色，可以供给人体各种必需氨基酸、脂溶性维生素、甾醇、磷脂等，是人体一些必需脂肪酸的重要来源。而且油脂能为人体提供能量，每 100 g 油脂可供热能 3762～3846 kJ(900～920 kcal)，可以补充人体的能量。

四、不同制品对油脂的选择

1 面包类制品　面包用油可以选择乳化起酥油、面包用人造奶油、面包用液体起酥油等。这些油脂在面包中能够均匀分散，润滑面筋网络，增大面包体积，增强面团持气性，不影响酵母发酵力，有利于面包保鲜，还能改善面包内部组织，表皮色泽，口感柔软，易于切片等。

2 混酥类制品　混酥类制品应选择起酥性好、充气性强、稳定性高的油脂，如猪油、氢化起酥油等。

3 起酥类制品　起酥类制品应选择起酥性好、熔点高、可塑性强、涂抹性好的固体油脂，如酥片黄油等。

4 蛋糕类制品　蛋糕类制品含有较高的糖、蛋、乳、水分，应选择融合性好且含有高比例乳化剂的人造奶油和起酥油。

5 油炸类制品　油炸类制品应选择发烟点高，热稳定性高的油脂，大豆油、菜籽油、棕榈油等适用于炸制类制品。但含乳化剂的起酥油、人造奶油和添加卵磷脂的烹调油不宜作为炸油来使用。

任务五　乳及乳制品

任务描述

乳及乳制品是加工面包、糕点等西点的重要原料之一，对改善西点制品的色、香、味、形和提高营养价值等方面都起到一定的作用。西点制作中常用的乳品有鲜乳、奶粉、炼乳、淡奶、鲜奶油、乳酪、酸奶和酸奶油等。

任务目标

了解牛乳的基本化学组成，熟悉西点中常用的乳制品品种，掌握乳及乳制品在西点制作中的作用和工艺性能。

一、西点中常用的乳及乳制品

1 鲜乳　鲜乳又称鲜奶，乳白色或白中稍带浅黄色，味微甜，稍有奶香味，营养丰富，包含水、脂肪、蛋白质、乳糖、维生素、灰分和酶等营养成分。鲜乳由于水分含量高，在温度适宜时细菌繁殖较快，故不易保存。鲜乳中的蛋白质包括两种，溶解的乳清蛋白和悬浮的酪蛋白。

❷ **奶粉** 奶粉是以牛、羊鲜乳为原料经浓缩后喷雾干燥制成的。奶粉包括全脂奶粉和脱脂奶粉两大类。由于奶粉含水量低，便于保存，食用方便，因此西点制作中，奶粉应用广泛。在西点制作中要考虑奶粉的溶解度、吸湿度、滋味，因为这些对于西点的制作工艺和成品质量关系密切。

❸ **炼乳** 炼乳色泽淡黄，呈均匀的稠流状态，有浓郁的乳香味。其分为甜炼乳和淡炼乳两种。在牛乳中加入15%～16%的蔗糖，然后将牛乳中的水分加热蒸发，真空浓缩至原体积的40%左右，即为甜炼乳。牛奶真空浓缩至原体积的50%时不加糖为淡炼乳。

❹ **淡奶** 淡奶也叫奶水、蒸发奶、蒸发奶水等，它是将牛奶蒸馏去除一些水分后的结果。没有炼乳浓稠，但比牛奶稍浓。它的乳糖含量较一般牛奶高，奶香味也较浓，可赋予西点特殊的风味。同时淡奶也是做奶茶的最好选择。目前市场上最常见的淡奶为雀巢公司生产的三花淡奶，它分植脂淡奶和全脂淡奶两种。全脂淡奶是蒸馏过的牛奶。经过蒸馏过程，淡奶的水分比鲜牛奶少一半。全脂淡奶因为是牛奶加工而成的，蛋白质含量高，使用的人工添加剂少，营养好。植脂淡奶中的脂肪是不含胆固醇的植物脂肪，有助心脏健康的同时，仍然保留香浓醇厚的味道。植脂淡奶无糖，易消化，健康又美味。但因为是经过加工而成，植脂淡奶里的添加剂多一些。

❺ **鲜奶油** 牛乳中的脂肪是以脂肪球的形式存在的，它的相对密度为0.94。所以牛乳经离心处理后即可得到鲜奶油。鲜奶油和奶油的区别在于鲜奶油是O/W型，奶油是W/O型。鲜奶油是白色、牛奶状的液体，但是乳脂含量更高。鲜奶油可以增加西点的风味，同时它具有发泡的特性，可以在搅打后体积增加，变成乳白、细沫状的发泡鲜奶油。

鲜奶油又有动物性鲜奶油和植物性鲜奶油之分：动物性鲜奶油从牛乳中提炼出，在包装的成分说明上，动物性鲜奶油只有“鲜奶油”或“cream”而无“棕榈油”等其他植物油成分或含糖量。动物性鲜奶油的保存期限较短，且不可冷冻保存，所以应尽快使用。植物性鲜奶油又称人造鲜奶油，主要成分为棕榈油、玉米糖浆及其他氢化物，可以从包装上的成分说明看出是否为植物性鲜奶油。植物性鲜奶油通常是已经加糖的，甜度较动物性鲜奶油高。植物性鲜奶油保存时间较动物性鲜奶油要长，可以冷冻保存，而且比动物性鲜奶油容易打发，比较适合用来裱花。

❻ **乳酪** 又称奶酪、干酪、芝士和起司等，是鲜乳经皱胃酶和胃蛋白酶的作用将原料乳凝聚，再将凝块加工、成型、发酵、成熟而制成的一种乳制品。奶酪是西点中重要的营养强化剂。它通常是以牛乳为原料制作的，但是也有山羊、绵羊或水牛奶做的奶酪。大多数奶酪呈乳白色到金黄色。传统的干酪含有丰富的蛋白质、脂肪、维生素A、钙和磷，现代也有用脱脂牛奶制作的低脂肪干酪。

奶酪的种类非常多，在烘焙中常用到的几种奶酪如下。

(1) 奶油奶酪。奶油奶酪(cream cheese)是鲜奶经过细菌分解所产生的奶酪及凝乳处理所制成的，是最常用的奶酪。奶油奶酪在开封后极容易吸收其他味道而腐坏，所以要尽早食用。奶油奶酪同时也是奶酪蛋糕中不可缺少的重要材料。

(2) 马斯卡彭奶酪。马斯卡彭奶酪(Mascarpone cheese)是产于意大利的新鲜奶酪，是一种将新鲜牛奶发酵凝结，继而去除部分水分后所形成的“新鲜奶酪”，其固形物中乳脂肪成分占80%，软硬程度介于鲜奶油与奶油奶酪之间，带有轻微的甜味及浓郁的口感。马斯卡彭奶酪是制作提拉米苏的主要材料。

(3) 马苏里拉奶酪。马苏里拉奶酪(Mozzarella cheese)是意大利坎帕尼亚那不勒斯地区产的一种淡味奶酪，其成品色泽淡黄，含乳脂肪50%，经过高温烘焙后奶酪会熔化拉丝，具有较高的黏性，且形成特殊的奶酪香味，所以是制作比萨的重要材料。

❼ **酸奶** 酸奶(yogurt)是在牛奶中添加乳酸菌使之发酵、凝固而得到的产品。它含有较高的营养价值的乳蛋白、矿物质和维生素等。并且经过发酵，酸奶更容易被人体消化吸收。目前市面上销售的大部分酸奶都添加了香料、调味料以及甜味剂等以增加酸奶的口味及风味，但制作西点时最好使用原味酸奶。酸奶的营养保健功效非常多，如：能促进胃液分泌、提高食欲、加强消化；能减少某

些致癌物质的产生，具有防癌作用；能抑制肠道内腐败菌的繁殖，减弱腐败菌在肠道内产生毒素的能力；还具有降低胆固醇的作用，特别适宜高血脂的人饮用等。

⑧ **酸奶油**　酸奶油是在牛奶中添加乳酸菌培养或发酵后而制成的，含18%乳脂肪、0.5%乳酸，质地浓稠，味道较酸，在西点烘焙中可以用于制作酸奶蛋糕。

二、乳及乳制品在西点中的工艺性能

❶ **赋予制品浓郁的奶香风味**　乳制品的脂肪，能让人感受到一种奶香味。将其加入烘烤食品中烘焙时，低分子脂肪酸的挥发使得奶香味更加浓郁，起到促进食欲、提高制品食用价值的作用。

❷ **提高制品的营养价值**　面包、蛋糕等西点的主要原料是面粉。面粉中的蛋白质是不完全蛋白质，它缺少色氨酸、赖氨酸、蛋氨酸等人体所必需的氨基酸。而乳制品中含有丰富的蛋白质、氨基酸、维生素和矿物质，与面粉组合使用可以起到营养互补的作用，从而提高整个制品的营养价值。除了提高制品的营养价值外，乳制品还能使制品颜色洁白，滋味香醇，促进食欲。

❸ **提高面团的筋力和耐搅拌能力**　乳制品中含有大量乳蛋白质，对面筋有一定的增强作用，可以提高面团的筋力和强度，不会因为搅拌时间过长而导致搅拌过度，影响成品的质量。与筋力强的面粉相比，筋力弱的面粉加入乳粉后揉制的面团能显著地看出面团筋力增强，适合高速搅拌。

❹ **改善制品的组织**　乳制品可以提高面团的筋力，改善面团的发酵耐力和持气性，因此，含乳制品的组织比较均匀、柔软、酥松且富有弹性。添加乳制品的面包，颗粒比较细小，组织均匀，柔软且富有光泽，体积增大。

❺ **提高面团的发酵耐力**　乳制品中含有大量的蛋白质，对面团发酵pH值的变化具有一定的缓冲作用，使面团的pH值不会发生很大的变化，保证保证面团的正常发酵，从而提高面团的发酵耐力，不至于因为发酵时间的延长而成为发酵过度的老面团。乳制品还可抑制淀粉酶的活性，减缓酵母的生长繁殖速度，从而减缓面团的发酵速度，有利于面团充分地均匀膨胀，增大面包体积。另外，乳制品可刺激酵母内酒精酶的活性，提高糖的利用率，有利于二氧化碳气体的产生。

❻ **乳制品是良好的乳化剂**　乳制品中含有较多的磷脂，磷脂具有亲油和亲水的双重性质，是较理想的天然乳化剂。它能使油、水和其他材料均匀地分布在一起，从而使得西点制品组织细腻、质地均匀。

❼ **提高面团的吸水率**　乳粉中含有大量的蛋白质，其中酪蛋白占蛋白质总量的80%～82%，而酪蛋白含蛋的多与少是影响面团吸水率的重要因素之一。乳粉的吸水率为自重的100%～125%，每增加1%的乳粉，面团吸水率就要相应地增加1%～1.25%，烘焙食品的产量和出品率也相应地增加，从而可降低成本。

❽ **延缓制品的老化**　乳中含有的蛋白质、乳糖、矿物质等具有抗老化作用。乳制品中蛋白质含量高，从而可增加面团吸水率，面筋性能得到改善，面包体积增大，这些因素都有助于延缓西点制品的老化速度，延长保质期。

任务六　酵　母

任务描述

酵母是制作发酵类西点的重要原料之一，具有使面包和发酵饼干疏松的功能，还能改善面包和发酵饼干的风味和组织状态。西点中常使用的酵母主要有鲜酵母、活性干酵母和即发活性干酵母三种等。

任务目标

了解酵母的生理特性，熟悉酵母的化学成分及营养，掌握影响酵母发酵的因素、酵母的种类和酵母在面包中的作用，会根据西点产品的种类和特点来灵活选择酵母。

一、酵母的生理特性

焙烤食品发酵所利用的酵母是一种椭圆形的、肉眼看不见的、微小单细胞微生物，体积比细菌大，用显微镜可以观察到。

❶ 酵母的化学组成 一般焙烤食品用新鲜(压榨)酵母的水分含量为70%左右，干燥酵母的水分含量为4%～9%，另外还含有蛋白质、碳水化合物、脂肪、矿物质等营养成分。

❷ 酵母的繁殖

(1) 无性繁殖法：无性繁殖法又分为出芽繁殖法和孢子繁殖法。

(2) 有性繁殖法：有性繁殖法是实验室为培养更良好的酵母品种时采用的手段，如为了加强发酵力、储藏性，使用各种不同优良性质的酵母，利用杂交法来繁殖新的、良好的品种。

❸ 酵母的形状 酵母的形状为圆形或椭圆形，但也有长形和腊肠形的酵母，其外形有时也随环境的变化有所改变，一般不以形状来判断酵母的种类。酵母的一般宽度为4～6 μm，长度为5～7 μm。1 g酵母中有酵母细胞100亿～400亿个。

❹ 酵母所需要的营养 由酵母的基本成分可以知道酵母的生长与繁殖需要碳提供生长的能量，还需要氮合成蛋白质和核酸，另外还需要矿物质、维生素等物质。

❺ 酵母的发酵反应 酵母的发酵反应是在无氧的环境下进行的，发酵的最终产物为二氧化碳及酒精。但如果在有氧条件下，酵母进行呼吸作用，可加速酵母繁殖而消耗更多能量，最终产物为二氧化碳和水。反应公式分别为：

$$C_6H_{12}O_6 \longrightarrow 2CO_2\uparrow + 2C_2H_5OH + 100.8\ \text{kJ}(\text{无氧发酵})$$

$$C_6H_{12}O_6 + 6O_2 \longrightarrow 6CO_2\uparrow + 6H_2O + 2817.23\ \text{kJ}(\text{有氧发酵})$$

二、影响酵母发酵的因素

❶ 温度 一般随着温度的升高，酵母的发酵速度会增加，气体的产生量也会增加。一般发酵温度不超过40.5 ℃。正常的面包制作时，面团的理想发酵温度为30 ℃，温度超过30 ℃虽然对面团中气体产生有利，但易引起其他杂菌如乳酸菌、醋酸菌的繁殖，使面包变酸，发酵最适温度为35～38 ℃；10 ℃以下发酵活动几乎停止，即使冷却到－60 ℃时，只要不是以每分钟10 ℃的速度那样急剧地冷却，酵母菌不会被杀死。

❷ 离子浓度 酵母对酸碱度的适应力最强，尤其可耐酸碱度低的环境。实际上面包制作时，面团pH值维持在4～6最好。

❸ 酵母浓度 需短时间发酵的面包及糖含量较多的面包一般需用多量的酵母促进发酵，但是酵母的成倍增加不可能使发酵速度也成倍增加。

❹ 渗透压 酵母细胞是靠半透性细胞膜以渗透的方式获得营养的，所以外面溶液浓度的高低影响酵母的活力。高浓度的砂糖、盐、矿物质和其他可溶性的固体，都足以抑制酵母的发酵。面包制作中影响渗透压的主要物质有盐和糖。糖量在0%～5%时对酵母的发酵不但没有抑制作用，还可促进发酵；超过8%～10%由于渗透压增加，发酵受到抑制。干酵母比鲜酵母耐高渗透压环境。砂糖、果糖、葡萄糖比麦芽糖的抑制作用还要大，盐比糖抑制发酵的作用大(渗透压相当值为2%食盐渗透压＝12%蔗糖渗透压＝6%葡萄糖渗透压)。

❺ 糖的品种 发酵之所以能产生二氧化碳和酒精等主要是因为面团内含有可以被酵母利用的

四种糖：砂糖、葡萄糖、果糖、麦芽糖，其中，葡萄糖与果糖的发酵速度差别不大，葡萄糖稍快些，麦芽糖发酵速度比葡萄糖和果糖慢，发酵时，几乎是在葡萄糖、果糖、砂糖用尽后才利用麦芽糖。

⑥ 水　水是酵母生长繁殖所必需的物质，许多营养物质都需要借助于水的介质作用而被酵母所吸收，一般情况下加水越多，面团越软，发酵越快。

三、酵母的种类

① 鲜酵母　鲜酵母(fresh yeast)又称压榨酵母，是经过一定时间，酵母数量达到一定标准的酵母液经沉淀分离，再将酵母压缩成块而成的。鲜酵母色泽淡黄或乳白色，无其他杂质，并有酵母固有的特殊味道。水分含量在72%为宜。1 g鲜酵母含有酵母细胞100亿个左右。发酵力要求在650 mL以上。鲜酵母有大块、小块和散装三种。

鲜酵母使用方便，只需按配方规定的用量加入所需的酵母，加入少量20～30 ℃的水，用手捏成稀薄的泥浆状，不使结块，稍经复活后倒入面粉中即可。其缺点是不易保存，宜在0～4 ℃的低温下保存；若温度超过这个范围，酵母容易自溶和腐败。

② 活性干酵母　活性干酵母(active dry yeast)是由鲜酵母经低温干燥而成的分枝条状或颗粒状的酵母，色黄，颗粒大小比较均匀，无其他杂质。水分含量10%以下，发酵力要求在600 mL以上。

干酵母使用前一定要经过活化处理，一般是以30 ℃的温水将酵母溶解，用水量为酵母的5倍，加适量的蔗糖，搅拌均匀后，静止活化1～2 h，然后调制面团，或是为了恢复酵母的生活能力，提高它的发酵力，其优点是易于储存和运输，但是发酵力较鲜酵母差。

③ 即发活性干酵母　即发活性干酵母(instant active dry yeast)是一种发酵速度很快的高活性新型干酵母。使用具有高蛋白含量的酵母菌种，采用现代干燥技术，在流化床系统中，于相当高的温度下采用快速干燥的方式所制成。即发活性干酵母与鲜酵母相比，具有以下鲜明优点。

(1) 活性特别高，发酵力高达1300～1400 mL。因此，在所有的酵母中即发型酵母的使用量最小。

(2) 活性稳定。因采用铝箔真空密封充氮气包装，储存期可长达2～3年，故使用量很稳定。

(3) 发酵速度快。活性恢复特别快，能大大缩短发酵时间，特别适合于快速发酵工艺。

(4) 使用时不需要用温水活化，很方便，省时省力。

(5) 不需要低温储存，只要储存在室温状态下的阴凉处即可。无任何损失浪费，节省了能源。

四、酵母在面包中的作用

① 使面团膨胀，使制品疏松柔软　发酵过程中，酵母主要利用面团中的糖进行繁殖、发酵，产生大量二氧化碳气体，最终使得面团膨胀，经烘焙后使制品体积膨大，组织变得疏松柔软。

② 改善面筋　面团的发酵过程也是一个成熟的过程，发酵的产物如二氧化碳、酒精、酯类、有机酸等能增强面筋的延伸性和弹力，使面团得到细密的气泡和很薄的膜状组织。发酵产生的酒精使得脂质与蛋白质的结合松弛，面团软化。二氧化碳形成的气泡从内部拉伸面团组织，从而增强面团的黏弹性。发酵产生的有机酸，能帮助酵母的发酵，增加面团中面筋胶体的吸水和胀润，使面筋软化，延伸性增大。

③ 改善制品风味　面团在发酵过程中产生的有机酸、酯类等风味物质，在制品烘烤后可形成发酵制品特有的香味，从而改善了制品的风味特色。

④ 增加产品营养价值，易于被人体消化吸收　发酵过程中，酵母中各种酶有利于促使面粉中各种营养成分的分解，如淀粉转变成麦芽糖和葡萄糖，蛋白质水解成氨基酸、胨、肽等物质。这对人体的消化吸收具有很重要的意义，况且酵母本身就是营养价值很高的物质，它含有丰富的蛋白质、维生素以及矿物质等，面团发酵过程中生长繁殖的大量酵母，使得面团等制品的营养价值明显提高。

五、酵母的选择和使用

酵母的选择和使用是否正确，直接关系到面团能否正常发酵和产品的质量。下面为选择酵母及正确地使用酵母提供几点建议：①选择发酵耐力强、后劲大的酵母；②酵母种类不同，使用量不同；③发酵方法不同，用量不同；④配方中糖、盐用量高时，酵母用量增大；⑤面粉筋力大，酵母用量增加；⑥夏季用量少，冬季多；⑦面团越硬，酵母用量越多；⑧水质越硬，酵母用量越多。

任务七 水

任务描述

水是西点制作的重要原料。在面包生产过程中，水的用量占面粉用量的50%以上，是面包生产的四大要素原料之一，没有水就无法调制面团。虽然饼干、糕点中用水量不是很多，但也是必不可少的原料。

任务目标

通过本任务的学习，能够了解水在西点制作中的作用，掌握水的分类，熟悉水质对面包品质的影响。

一、水的分类

根据水质不同可将水分为硬水、软水、碱性水和酸性水。

1 硬水 硬水是指水中含有多量的钙盐和镁盐类化学物质的水。这种水硬度太高，易使面筋硬化，过度增强面筋的韧性，抑制面团发酵。这种水做出来的面包体积小，口感粗糙，易掉渣。

2 软水 软水是指几乎不含有可溶性矿物质的水，如雨水、蒸馏水都是软水。软水的水质较软，易使面筋过度软化，增大面团的黏度，降低面团的吸水率。这种水制作出的面团虽然产气量正常，但持气性却不佳，面团不容易发起来，易塌陷，成品体积小，出品率较低，影响生产效益。

3 碱性水 碱性水是指水中含有可溶性的碱性盐类，此类水的pH值大于7。微酸型水有助于帮助酵母发酵，但若酸性较大，则会使发酵速度过快，软化面筋，致使面团的持气性下降，面包酸味较重，口感不佳，品质差。

4 酸性水 酸性水是指水中含有硫的化合物，使水呈酸性。此类水的pH值小于7，水中的碱性物质会中和面团中的酸度，得不到面团所需要的pH值，抑制酶的活性，影响面筋成熟，延缓发酵，使面团变软。如果碱性过大，还会溶解部分面筋，使面筋变软，从而使面团缺乏弹性，降低了面团的持气性，且面包制品颜色发黄，内部组织不均匀，并有较严重的碱味。

西点用水一般情况下只要符合饮用标准即可。对水的要求是透明、无色、无异味、无有害微生物，总硬度不超过8.9 mmol/L。

二、水在西点制作中的作用

水在西点制作中的作用如下。

①促进面筋质的形成；②便于湿淀粉糊化和膨胀，增强面团的可塑性；③帮助酵母发酵和增殖；④溶解面点的原料，使各种原辅料充分混合成为均匀面团；⑤调节面团的软硬度；⑥是使面点成熟的

一种传热介质。

三、水质对面包及面包品质的影响

水中的矿物质一方面可给酵母提供营养，另一方面可增强面筋韧性，但矿物质过量的硬水易导致面筋韧性过强，反而会抑制发酵，与添加过多的面团改良剂现象相似。

❶ **硬水的影响**　水质硬度太高，易使面筋硬化，过度增强面筋的韧性，抑制面团的发酵，面包体积小，口感粗糙，易掉渣。遇到硬水，可采用煮沸的方法降低其硬度。在工艺上可增加酵母用量，减少面团改良剂用量，提高发酵温度，延长发酵时间等。

❷ **软水的影响**　软质水易使面筋过度软化，面团黏度增大，吸水率下降。虽然面团内的产气量正常，但面团的持气性却下降，面团不易起发，易塌陷，体积小，出品率下降，影响效益。国外改良软水的方法主要是添加酵母食物，这种添加剂中含有定量的各种矿物质，如碳酸钙、硫酸钙等钙盐，来达到一定的水质硬度。

❸ **酸性水的影响**　水呈微酸性，有助于酵母的发酵作用。但若酸性过大，即 pH 值降低，则会使发酵速度太快，并软化面筋，导致面团的持气性差，面包酸味重，口感不佳，品质差。酸性水可用碱来中和。

❹ **碱性水的影响**　水中的碱性物质会中和面团中的酸度，得不到需要的面团 pH 值，抑制了酶的活性，影响面筋成熟，延长发酵时间，使面团变软。如果碱性过大，还会溶解部分面筋，使面筋变软，使面团缺乏弹性，降低了面团的持气性，面包制品颜色发黄，内部组织不均匀，并有不愉快的气味。可通过加入少量食用醋酸、乳酸等有机酸来中和碱性物质，或增加酵母用量。

任务八　西点常用辅料

任务描述

西点加工中使用的辅料包括食盐、果料、巧克力和可可粉、香料和酒类等，是西点加工中必不可缺的配套物质。辅料可以改善西点的风味、色泽、组织结构和营养价值，学习西点常用辅料的相关知识能够帮助我们提升西点产品的品质、改善外观。

任务目标

了解食盐、果料、巧克力和可可粉、香料和酒类等在西点加工中的作用，掌握上述辅料的使用注意事项，并能灵活地加以应用。

一、食盐

（一）食盐在西点加工中的作用

作为重要的辅助材料，食盐在西点加工中主要有如下作用。

❶ **改善面团特性**　面团调制是西点产品加工的重要环节之一。在面团调制过程中加入适量的食盐（1%～1.5%），可以改善面团的物理性质，增强面筋的韧性和弹性，从而有效地提高产品的持气能力。

❷ **抑菌和促使酵母繁殖**　在面团发酵过程中，食盐对其影响表现在正反两个方面。一方面，食盐是酵母生长所需的营养成分之一，因此适量添加食盐有利于帮助酵母生长繁殖，从而帮助面团加

速发酵；另一方面，酵母对食盐的渗透压没有抵抗力，过量食盐产生的渗透压会抑制酵母的生长繁殖，而导致面团发酵速度变缓。因此，在配方过程中应严格控制食盐的使用量。

③ **增加产品风味** 食盐作为食品中常用的咸味调味剂，有“百味之王”的美誉，因此在面团中添加适量的食盐，可以调节制品风味，让产品更加可口。同时，咸味对其他风味具有一定的调节功能，如在糖溶液中添加适当比例的食盐，可使甜味更为突出，少量食盐可令酸味增强，大量食盐可使酸味减弱，微量食盐能够增加鲜味等。

④ **促发淀粉酶的水解** 食盐是淀粉酶的活化剂，在面团调制过程中添加适量食盐可帮助淀粉水解，增加甜味。

⑤ **改善色泽** 食盐通过改变面筋性质，还可使面包瓤变白，且有光泽，面包组织细密，蜂窝壁薄而透明，尤其是使用色泽较暗淡的面粉时，效果更加突出。

（二）食盐使用注意事项

① **食盐的用量** 西点加工中应用最多的是精制食盐，它杂质少，不利于酵母发酵的影响因素也少。一般食盐的添加量占面粉量的1%～2%。主食咸面包加盐量不超过3%，甜面包不超过2%。同时需根据面筋含量、辅料的添加量、发酵时间等因素合理调整食盐的使用量。具体要求：筋力强、辅料少、发酵时间短、水质硬的，食盐添加量要少，相反的可适当增加食盐的用量。

② **食盐的处理** 在一些西点产品如面包的加工过程中，食盐需用水净化过滤后才能使用，调粉过程中添加食盐需与面粉等粉料充分混合均匀。

二、果料

果料在西点中应用较为广泛，主要用于装饰成品表面、制作馅心，也可以加入面团中，起到增加花式品种，改善风味，增强营养的重要作用。

西点中常用的果料包括新鲜水果、干果（葡萄干、红枣、樱桃干等）、果仁（核桃仁、榛子仁、松子、杏仁、橄榄仁、栗子、椰蓉）、籽仁（瓜子仁、花生仁和芝麻）、果酱、果茸、水果罐头和冷冻水果等。

① **新鲜水果** 新鲜水果在西点中使用较多，可以用于增加西点的风味，也用于西点的装饰。西点中常使用的水果有草莓、蓝莓、树莓、猕猴桃、芒果、火龙果、苹果、梨子、桃和杏子等。西点中使用的水果应确保新鲜，使用前应清洗干净。在用于西点装饰时应选用颜色鲜艳、不易变色氧化的水果。必要时可在水果表面刷一层镜面果胶、杏酱等，以防止水果失水、氧化等。

② **干果** 脱去大部分水分，耐于储存的水果干在西点中常作为果料混入，形成风味产品。干果营养丰富，大多含有丰富的糖类、蛋白质、脂类和维生素等。西点中较常用的干果有葡萄干、蔓越莓干、樱桃干、红枣干等，这些果料一般不直接使用，需经复水后再用，西点中果料的复水常选择各式酒，如用红酒给葡萄干复水，不但能赋予葡萄干柔软的口感，更加能够丰富其口味，增加红酒香气与独特的色泽。在西式点心制作中，干果可混入面团中使用，如制作葡萄干面包、蔓越莓饼干等；可以用于糕点的表面装饰，如制作葡萄干蛋片；也可以在调制馅心时使用。

③ **果仁** 西点中常用的果仁有核桃仁、杏仁和榛子仁，此外，松子、开心果、橄榄仁、栗子、椰蓉等在西点中的使用也较多。果仁营养丰富，均可用于制作馅心或西点表面装饰。

④ **籽仁** 西点中常用的籽仁有花生仁、芝麻、葵花籽、南瓜子等。籽仁类果料风味独特，营养丰富，含有较多的蛋白质、不饱和脂肪酸、维生素等，被视为健康食品。籽仁在西点中可用作西点的馅料，或作为配料直接加入面团或面糊中，也可以作为西点的装饰料。

⑤ **果酱** 果酱一般是以各式水果为主料，加糖、酸调节剂或胶体经加热熬制而形成的凝胶物质。果酱在西点中多用来涂抹面包或吐司等。常见的果酱有草莓酱、蓝莓酱、桑葚酱、苹果酱、黄桃酱、菠萝酱等，可根据个人口味爱好选择。

⑥ **果茸** 果茸是用新鲜水果搅碎成泥后冷冻保存的食品，是鲜果慕斯、果冻、布丁等冷冻类甜

点常用的原料。果茸口感细腻、味道鲜美、颜色鲜艳、使用方便，因而使用越来越广泛。

7 水果罐头　一些季节性较强、不易保存的水果常被制作成水果罐头，例如黄桃罐头，常被用于西点的装饰。

8 冷冻水果　一些水果可以制成冷冻水果，如草莓、树莓、芒果等，可用于西点的馅料制作和装饰。

三、巧克力和可可粉

巧克力和可可粉都是用可可树的果实可可豆加工而成的食品，被称为世界上最精致的食品。巧克力和可可粉常作为面包、蛋糕、小西点的馅心、夹层、表面涂层和装饰配件，可赋予制品浓郁而优美的香味、华丽的外观品质、细腻润滑的口感和丰富的营养价值。

1 巧克力　巧克力(chocolate)是可可豆加工品的一种，也是西点制作中使用非常广泛的一种食品原料。可可豆经过清洗、干燥、焙炒、去壳、研磨、精炼等加工制成液体巧克力，再经过调温、成型、冷却等步骤，制成具有独特香气、色泽、滋味和精细质感的固体巧克力。

按原料油脂的性质和来源可分为天然可可脂巧克力和代可可脂巧克力。按特点可分为黑巧克力、白巧克力、牛奶巧克力、无味巧克力、特色巧克力等。

巧克力是一种以脂肪为分散介质，糖、可可、乳固体及少量的水和空气为分散相的复杂的多相分散体系。它组织细腻润滑，是一种热敏性食品。在较低的温度下，具有硬而脆的质感，温度接近 35 ℃时就会变软甚至熔化。巧克力在使用前必须经过调温定性，即将巧克力隔水加热到 45～55 ℃使其熔化，再降温到 26～28 ℃，最后再加热到 29～32 ℃，通过适当的温度调整，使巧克力具有良好的色泽、脆性和稳定性的过程。

巧克力应储存在阴凉干燥、湿度小且温度低于 21 ℃的环境中，不能放在冰箱中储藏巧克力，巧克力和巧克力糖果的最佳储藏温度为 13～16 ℃。黑巧克力、白巧克力以及可可粉可以储存一年且风味不流失，但牛奶巧克力由于包含乳固体，因而储存时间相对较短。

2 可可粉　可可粉是可可豆经发酵、去皮、碾碎、去除部分可可脂、过筛而制成的棕红色粉末。可可粉具有浓郁的可可香味，是巧克力中苦味的来源。可可粉是制作咖啡和巧克力的主要原料，西点中可用于各式蛋糕、饼干等产品的制作。

可可粉按照可可脂含量不同可分为高脂可可粉、中脂可可粉和低脂可可粉。高脂可可粉可可脂含量≥20%，中脂可可粉可可脂含量在 14%～19%，低脂可可粉可可脂含量在 10%～13%。按照碱化工艺可分为天然可可粉和碱化可可粉。碱化可可粉又称荷兰可可粉，是在可可豆加工过程中使用食用碱，使得可可粉的酸度降低，其可可粉香味更浓郁。天然可可粉则不添加任何添加剂，颜色比碱化可可粉淡，香气也不如碱化可可粉浓。

四、香料

香料是一类具有挥发性的物料，西点产品中主要用于各类糕点产品的增香、赋味或去异味等，是一种风味增香剂，也称赋香剂。西点中常用的香料包括天然香料和合成香料。

1 天然香料　常见的天然香料有香草荚、阿里根奴、肉蔻、百里香、紫苏、咖喱等，这些香料多以鲜料或干料的形式用于西点产品的增香、去异味等。

2 合成香料　一般工业化食品加工多使用合成香料，粉末状居多。烘焙用合成香料主要有乳脂香型、果香型和香草型等。蛋糕制作中常使用蛋糕香精(大多数蛋糕香精含有乳脂香型原料)，它可以掩盖蛋腥味，夹心面包中常使用果香型香精或是脂香型香精，可以赋予面包新鲜的水果风味或乳香味，饼干中加入巧克力香精或香草型香精赋予饼干多种风味味型，同时还可使饼干香气更饱满。香料在西点中的使用时要严格按照其使用限量、添加方法和时间要求添加。

五、酒类

西点产品中常用的酒有白兰地、朗姆酒、咖啡酒、君度酒以及种核果类原料制成的酒。如制作提拉米苏时用的咖啡酒，拿破仑酥用的拿破仑酒，巧克力蛋糕用的香橙酒，芝士蛋糕及一些慕斯蛋糕用的朗姆酒等。酒不但能赋予烘焙产品特别的酒香气，去除原料的异味和加工时的焦煳味，同时还具有杀菌、解腻等功效。

任务九 西点常用食品添加剂

任务描述

食品添加剂种类繁多，是西点产品加工过程中必不可缺的成分原料，是一类特殊的配套原料。食品添加剂在改善西点的组织结构、提高营养价值、防腐、缩短加工时间等方面具有非常重要的支撑作用。学习食品添加剂相关知识能够帮助我们得到品质更加稳定的西点产品。

任务目标

掌握乳化剂、面团改良剂、增稠剂、色素、化学膨松剂等常用食品添加剂的分类、来源、功能作用、使用量及使用注意事项等。

一、乳化剂

乳化剂是一种多功能表面活性物质，可在许多食品中应用。因此也称为保鲜剂或抗老化剂、发泡剂等。

（一）乳化剂的分类

凡能使两种或两种以上互不相溶的液体（通常为油相和水相）均匀地分散的物质称为乳化剂。乳化剂的基本化学结构是由亲水基团（极性的）和亲油基团（非极性的）形成的。

根据来源乳化剂分为两类，一类是以天然大豆磷脂为代表的天然乳化剂，一类是以脂肪酸多元醇酯为主的合成乳化剂。按亲水基团在水中是否携带电荷分为离子型乳化剂和非离子型乳化剂。绝大部分食品乳化剂是非离子表面活性剂。蛋糕油就是一种常用的乳化剂，它可以缩短蛋糕打发时间，使蛋糕膨发得更大，组织结构得到改良。在机械化操作中，还可以改善原料在加工中对机械的适应性。

（二）乳化剂在烘焙食品中的作用

❶ **与淀粉的交互作用** 乳化剂分子可以与直链淀粉形成络合物，降低淀粉的结晶程度，从而防止淀粉制品的老化、回生、沉凝等，从而使制成的面包、蛋糕等烘焙制品具有柔软性，并有利于制品的保鲜。

❷ **对蛋白质的作用** 蛋白质中的氨基酸分子可以与乳化剂的亲水或亲油基团结合，通过这种络合作用，可以强化面筋的网状结构，防止因油水分离所造成的硬化，同时增强韧性和抗拉力，以保持其柔软性，抑制水分蒸发，增大体积，改善口感。其效果以双乙酰酒石酸单甘油酯和硬脂酰乳酸盐最好。

❸ **调节油脂结晶** 在糖果和巧克力制品中，可通过乳化剂来控制固体脂肪结晶的形成和析出，防止糖果返砂、巧克力起霜，以及防止人造奶油、起酥油、巧克力酱料、花生酱以及冰淇淋中粗大结晶

的形成。

④ 稳定泡沫和消泡作用　乳化剂中的饱和脂肪酸链能稳定液态泡沫，可以用作发泡助剂。相反，不饱和脂肪酸链能抑制泡沫，可以起到消泡的作用，这种性质在富含乳品、蜂蜜、油脂的烘焙食品(如蛋糕、饼干)加工过程中具有重要的应用价值。

二、面团改良剂

面团改良剂是指能够改善面团加工性能，提高产品质量的一类添加剂的统称。面团改良剂还被称为面粉品质改良剂、面团调节剂、酵母营养剂等。面团改良剂一般是由乳化剂、氧化剂、酶制剂、矿物质和填充剂等组成的复配型食品添加剂。常用的乳化剂有离子型乳化剂 SSL、CSL 及单硬脂酸甘油酯、大豆磷脂、硬脂酰乳酸钙(钠)、双乙酰酒石酸单甘油酯、山梨糖醇酯等。常用的氧化剂有溴酸钾、碘酸钾、维生素 C、过氧化钙、偶氮甲酰胺、过硫酸铵、二氧化氯、磷酸盐等。用于面包的酶制剂则有麦芽糖 α-淀粉酶、真菌 α-淀粉酶、葡萄糖氧化酶、真菌木聚糖酶、脂酶、真菌脂肪酶、半纤维素酶等。一些天然物质也具有面包改良作用，如野生沙蒿籽、活性大豆粉、谷朊粉等。

以上几类物质对增大面包体积、改善内部结构、延长保鲜期都各有相应的效果。此外，有些面团改良剂中还添加了矿物质，如氯化铵、硫酸钙、磷酸铵、磷酸二氢钙等，它们主要起酵母的营养剂或调节水的硬度和调节 pH 值的作用。还有些面团改良剂添加了维生素 B_1、维生素 B_2、铁、钙、小麦胚芽粉、烟酸等，它们主要起营养强化作用。

目前市面使用比较多的面团改良剂如下。

❶ 酵母伴侣面包改良剂　这类面团改良剂适用于长保质期和柔软的面包，尤其是各种甜面包。它的特点：①改善面包组织，酶制剂和乳化剂极佳配伍能使制作的面包更柔软、组织更细腻；②增大面包体积，缩短面包发酵时间；③能使面筋得到充分扩展，更有利于机械化生产面包；④用量低，配方高度浓缩。

❷ A500 面包改良剂　它适用于酵母发酵的各类面团。特点是用量少，能促进面筋的扩展，增大面包体积，改善面包组织，提高面团发酵的稳定性。

❸ T-1 面包改良剂　它适用于酵母发酵的各类面团，尤其是筋力不足面粉，能有效地扩展面筋。它的特点是能强化面筋，提高面团的吸水性，增大面包体积，提高经济效益。

面团改良剂的作用表现为：①改善面团的流变性特性，提高面团的操作性能和机械加工性能(耐打、防止入炉前后塌架等)；②提高入炉急胀性，使冠形挺立饱满；③显著增大成品体积(30%～100%，视具体粉质和配方而异)；④改善成品内部组织结构，使其均匀、细密、洁白且层次好；⑤改善口感，使面包筋道、香甜。

三、增稠剂

增稠剂是一种食品添加剂，主要用于改善和增加食品的黏稠度，保持流态食品、胶冻食品的色、香、味和稳定性，改善食品物理性状，并能使食品有润滑适口的感觉。增稠剂可提高食品的黏稠度或形成凝胶，从而改变食品的物理性状，赋予食品黏润、适宜的口感，并兼有乳化、稳定或使其呈悬浮状态的作用，我国目前批准使用的增稠剂品种有 39 种。西点中常用的增稠剂包括琼脂、海藻酸钠、果胶、阿拉伯胶、食用明胶、黄原胶等。

(一) 增稠剂的分类

❶ 琼脂　又称琼胶、洋菜、冻粉，为从红藻类植物石花菜中提取干燥制成，是一种多糖类物质。琼脂的性状为无色、半透明或淡黄色半透明，表面皱缩，微有光泽，质地轻软而韧，细长条或鳞片状粉末，无臭、无味，较脆而易碎，琼脂在冷水中不溶，在冷水中浸泡时，慢慢吸水膨胀软化，吸水率高达 20 多倍。在沸水中琼脂易分散成溶胶，胶质溶于热水中，冷却时如凝胶浓度在 0.1%～0.6%便可凝结

成透明的凝胶体。

琼脂在烘焙食品中有多种用途，常用于制作西式糕点、水果点心皮、水果派皮、蛋白膏等。制作果冻时添加量为0.3%～1.8%，形成的凝胶坚脆；制作糕点糖衣时添加量为0.2%～0.5%，具有稳定作用且可作为防粘连剂，防止包装粘连；制作水果蛋糕时，作为水果保鲜的被膜剂。

❷ 食用明胶 又称白明胶、明胶、鱼胶、全力丁、吉利丁，分为植物型和动物型两种。植物型的是由天然海藻物抽提胶状物复合而成的一种无色无味的食用胶粉；动物型的是由动物的皮、骨、软骨、韧带、肌腱等熬制成的有机化合物。食用明胶多用于鲜果、糕点的保鲜、装饰，以及胶冻类的甜食制品的制作。它口感软绵，有弹性，保水性好。烘焙食品中起增稠、凝胶、增加光泽、保鲜作用。

❸ 果胶 果胶来源于水果、果皮及其他植物的细胞膜中，为白色、浅米色和黄色的一种粉末，微甜且稍带酸味，有特殊香气。无固定熔点和溶解度。它可作为果酱、果冻中的增稠剂和胶凝剂，蛋黄酱的稳定剂，在糕点中起防止硬化的作用。

❹ 海藻酸钠 海藻酸钠又名褐藻酸钠、海带胶、褐藻胶、藻酸盐，是由海带中提取的天然多糖碳水化合物。广泛应用于食品、医药等产业，作为增稠剂、乳化剂、稳定剂、黏合剂、上浆剂等使用。海藻酸钠为白色或淡黄色不定型粉末，无臭、无味，易溶于水，不溶于酒精等有机溶剂。

海藻酸钠可以代替淀粉、明胶等作为冰淇淋的稳定剂，可控制冰晶的形成，改善冰淇淋口感，也可稳定糖水冰糕、冰冻牛奶等混合饮料。许多乳制品，如精制奶酪、干乳酪等利用海藻酸钠的稳定作用可防止食品与包装物的粘连性，可作为覆盖物，可使其稳定不变并防止糖霜酥皮开裂。海藻酸钠可做成各种凝胶食品，保持良好的胶体形态，不发生渗液或收缩，适用于冷冻食品和人造仿型食品。

（二）增稠剂的作用

❶ 黏合作用 增稠剂在西点中起到很好的黏合作用，使得制品组织均匀致密，口感较佳。

❷ 起泡作用和稳定泡沫作用 增稠剂可以发泡，当搅拌溶液时，可形成网络结构，包裹住大量气体，并因液体表面黏性增加而使泡沫更加稳定。

❸ 成膜作用 增稠剂能在食品表面形成非常光滑的薄膜，可以防止冰冻食品、固体粉末食品表面吸湿导致质量下降。

❹ 用于生产低能食品 增稠剂都是大分子物质，许多来自天然果胶，在人体内几乎不被消化吸收，所以常用它代替糖浆、蛋白质溶液等能量物质，来降低食品的能量。

❺ 保水作用 调制面团时，增稠剂可以加速水分向蛋白质分子和淀粉颗粒渗透的速度，有利于调粉过程。增稠剂的吸水能力很强，能吸收高于其几十倍甚至是几百倍的水量，并有持水性，这些特性能够改善面团的吸水量，增加产品重量。

❻ 掩蔽作用 增稠剂对一些不良气味有掩蔽的作用，其中环糊精效果较好。

四、色素

食用色素的种类很多，按其来源可分为天然色素和食用合成色素两大类。

（一）天然色素

天然色素是从生物中提取的色素。按其来源可分为动物色素、植物色素和微生物色素三大类；若以溶解性来分可分为脂溶性色素和水溶性色素。现在我国允许使用并已制定国家标准的天然色素有紫胶红、红花黄、红曲色素、辣椒红、焦糖、甜菜红、β-胡萝卜素等。

天然色素的缺点是对光、酸、碱、热等条件敏感、色素稳定性差、成本较高，但是由于天然色素对人体无害，有些还具有一定的营养价值，所以面点生产一般不用食用合成色素而使用天然色素。

❶ 红曲色素 红曲就是曲霉科真菌紫色红曲霉，又称红曲霉，是用红曲霉菌在大米中培养发酵而成的；红曲水是用红曲米染色而成的，一般把红曲米制成红曲水使用。近代医学研究报告认为，红曲具有降血压、降血脂的作用，所含红曲霉素K可阻止生成胆固醇；红曲米外皮呈紫红色，内芯红色，

微有酸味，味淡，它对蛋白质有很强的着色力，因此常常作为食品染色色素；与化学合成红色素相比，它具有无毒、安全的优点，而且还有健脾消食、活血化瘀的功效。

❷ **焦糖** 焦糖是糖类或糖的浓溶液，加热到 100 ℃以上发生焦糖化反应，使糖发生分解伴之以褐色产生。该反应在酸、碱的催化作用下可快速进行。由于铵法生产的焦糖中有 4-甲基咪唑生成（该物为致惊厥剂），因而有的国家已禁用铵法生产焦糖。应尽量选用具有相容特性的焦糖。如果该平衡遭到破坏，则将产生混浊及沉淀。酸性饮料中使用的焦糖等电点常控制 pH 值在 2 以下。对含单宁酸的制品，要特别注意。

❸ **β-胡萝卜素** β-胡萝卜素属胡萝卜素中的一种，广泛存在于胡萝卜、辣椒等蔬菜中，呈深红色至暗红色，呈有光泽的斜方六面体或结晶性粉末状，有轻微异臭和异味；它不溶于水、丙二醇、甘油、酸和碱，溶于二硫化碳、苯、氯仿、乙烷及橄榄油等植物油，几乎不溶于甲醇或乙醇，稀溶液呈橙黄至黄色，浓度增大时呈橙色；它对光、热、氧不稳定，不耐酸但弱碱性时较稳定（pH 2～7），不受抗坏血酸等还原物质的影响，重金属尤其是铁离子可促使其褪色。可用于奶油、人造奶油、油脂、果汁、清凉饮料、蛋糕、蛋黄酱等的着色剂，也可用于冰淇淋、糖果和干酪等。

（二）食用合成色素

食用合成色素主要是指人工化学合成方法制得的有机色素。与天然色素相比具有色彩鲜艳、成本低廉、坚牢度大、性质稳定、着色力强，并且可以调制各种色调等优点。但合成色素本身无营养价值，大多数对人体有害，因此要尽量少用。

我国规定目前只准许使用苋菜红、胭脂红、柠檬黄、靛蓝和日落黄五种，并规定了最大使用量：苋菜红、胭脂红为 0.05 g/kg，柠檬黄、靛蓝为 0.1 g/kg。

❶ **苋菜红** 苋菜红也叫酸性红、杨梅红、鸡冠花红、蓝光酸性红等，为紫红色至暗红色粉末，无臭，易溶于水。其 0.01%水溶液呈红紫色，溶于甘油和丙二醇，稍溶于乙醇，不溶于油脂，易被细菌分解。对光、热、盐均较稳定，耐酸性，对柠檬酸和酒石酸等均很稳定，在碱性溶液中则变为暗红色。由于对氧化还原作用敏感，故不适用于发酵食品。苋菜红色素适用于果味水、果味粉、果子露、汽水、配制酒、浓缩果汁等，最大使用量为 0.05 g/kg。若与其他色素混合使用，则应根据最大使用比例折算。一般使用时先用水溶化后再加入配料中混合均匀。最大使用量为 0.05 g/kg。

❷ **胭脂红** 胭脂红为红色至暗红色，呈颗粒或粉末状，无臭，溶于水后呈红色。其溶于甘油，微溶于乙醇，不溶于油脂，对光及碱尚稳定，但对热稳定性及耐还原性较差，耐细菌性也较差，遇碱变为棕褐色，20 ℃时在 100 mL 水中可溶解 23 g。在配制酒、果子露、果汁中使用较多，由于耐光性较差，制作的成品如汽水、果汁等在阳光下时间过长易褪色。最大使用量为0.05 g/kg。

❸ **柠檬黄** 柠檬黄又叫酒石黄、酸性淡黄、肼黄。柠檬黄为橙黄色颗粒或粉末，耐热性、耐酸性、耐光性、耐盐性均好，对柠檬酸、酒石酸稳定，遇碱则增红，还原时为褐色。在饮料中最大使用量为 0.1 g/kg。

❹ **日落黄** 日落黄又叫夕阳黄、橘黄、晚霞黄，日落黄为橙红色颗粒或粉末，无臭，可溶于水和甘油，难溶于乙醇，不溶于油脂，在水中 0 ℃时的溶解度为 6.9%，耐光性、耐热性强，在柠檬酸、酒石酸中稳定，遇碱变成棕色或褐红色，还原时呈褐色，可单独或与其他色素混合使用。最大使用量为0.1 g/kg。

五、香精

香精是人工合成的一种增香剂，用多种香料调制而成。香精按溶解性分为水质香精和油脂香精，前者用水和酒精作为溶剂，后者用植物油和甘油等高沸点溶剂调制。西点生产中所用的香精要求具有耐热性，因为在西点熟制过程中要经受高温。西点中常用的香精有香草香精、香兰素、鲜奶香精、可可香精、果味香精等。由于香精有浓淡的差异，所以添加量应根据使用说明适当掌握。

六、化学膨松剂

化学膨松剂是指加入面团中后受热可产生一系列化学反应，并产生大量的二氧化碳气体，从而促进面团膨松的物质。常用的化学膨松剂有小苏打、臭粉、泡打粉和矾、碱、盐等。添加化学膨松剂可以使制品体积膨大，形成松软的海绵状多孔组织，使制品柔软可口，易于咀嚼。制品体积增大也可以增加其商品价值。

膨松剂在西点中的作用概括起来讲有以下几点：

① 增大产品体积，使口感疏松柔软。

②增加制品美味感：膨松剂使制品组织松软，内有细小空洞，因此食用时，唾液很容易渗入制品组织中，溶出食品中的可溶性物质，刺激味觉神经，感受其风味。

③利于消化：制品经起发后形成松软的海绵状多孔结构，进入人体后，更容易吸收唾液和胃液，使食品与消化酶的接触面积增大，提高消化率。

❶ 小苏打　小苏打俗称食粉，其化学名称为碳酸氢钠，是一种白色粉末状固体。在使用时，要注意控制用量，一般在1%～2%之间，不宜过多，否则会使制品发黄，有苦涩味道。这是由于小苏打呈碱性，可以中和面团中的酸，因此，放得较多就会出现上述现象。

❷ 臭粉　臭粉是一种白色晶体状物质，化学名称为碳酸氢铵，易于溶于水，其水溶液为碱性，在35 ℃以上开始分解，产生二氧化碳气体和氨气，故制品有强烈的刺激性气味。

❸ 泡打粉　泡打粉俗称发粉，是一种粉末状白色的物质，它是由碱性剂(小苏打)和酸性剂(酒石酸)配制而成的复合疏松剂。泡打粉少量放置呈中性略偏碱。有一种泡打粉叫作塔塔粉，是酒石酸氢钾的酸性膨松剂，是制作戚风蛋糕的常用膨松剂。

推荐阅读
文献3

项目小结

本项目主要讲解了西点制作中常用的原辅料种类、化学组成、加工特性，以及其在西点中的作用。通过各类原料的质量标准，简单介绍其质量的鉴定方法，从而能够按照制品的要求选择适合的原料，了解各种食品添加剂的最大使用量及使用过程中的注意事项。能根据原料的特点和化学组成，结合所学的营养学知识，能科学地搭配原料，能根据西点品种的特点合理选择和利用原料，能结合原料的特性设计产品的配方。

同步测试3

项目四

面包制作工艺

项目描述

面包是西方国家人们的主食,也是食品工业中消费量最高的一类食品,因此面包制作技术是西点工艺学习的一项主要技术。面包品种较多,但其加工过程都必须经过搅拌、发酵、成型、醒发和烘焙等步骤。本项目主要学习面包的生产工艺、制作原理,以及各类面包的生产方法。

项目目标

掌握面包制作的一般工艺流程和制作原理,学会软质面包、硬质面包、脆皮面包、起酥面包、调理面包、油炸面包和艺术造型面包的制作方法。熟悉各类面包原料的特点和使用方法;学会面包配方及加冰量的计算方法;学会利用一次发酵法、二次发酵法、烫种法、液种法、天然葡萄种和酸面团等发酵方法来制作各类面包;熟悉面包品质评价方法,并能对面包的质量问题进行分析原因,提出纠正措施;培养能对不同面包品种进行创新和改变的思路和方法。

任务一 面包的生产工艺

任务描述

面包的生产从原料的选择到产品出炉,是一个完整的过程。无论是采用手工制作还是机械化生产,均需要经过原料的选择与预处理、面团搅拌、面团发酵、成型、最后醒发、烘烤、冷却和包装等加工工序。这些生产环节一环扣一环,每一环都会对产品品质产生直接影响。系统地学习面包制作各个环节在面包加工中的作用、原理及操作要点,为后面学习面包的实践操作打下理论基础。

任务目标

了解面包制作的一般工艺流程,掌握面包制作的成团原理、发酵原理和烘焙原理,学会面包配方及加冰量的计算方法,熟悉面包原料的选择与预处理、面团搅拌、发酵、成型、最后醒发、烘烤、冷却和包装等工艺环节在面包制作中的作用、工艺要求和操作要点。

一、面包生产的一般工艺流程

面包生产中的主要加工工序包括面团搅拌、面团发酵、成型、最后醒发、成熟、冷却和包装等步骤,如图 4-1 所示。

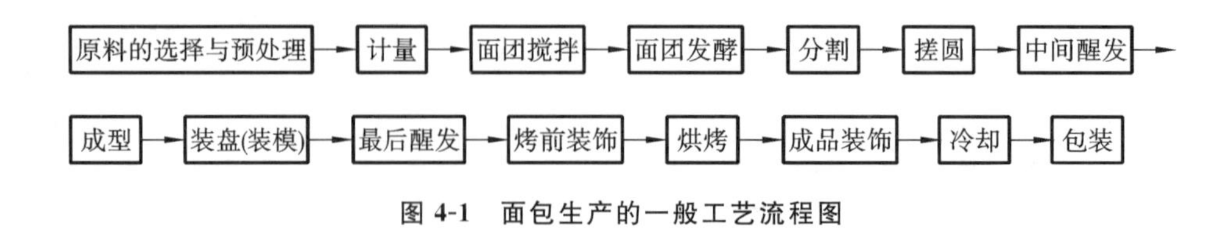

图 4-1 面包生产的一般工艺流程图

二、原料的选择与预处理

（一）面粉

❶ **面粉的选择** 面粉是面包生产最重要的原料，只有高品质且适合该面包品种的面粉才能生产出高质量的面包。不同的面包品种对面粉的要求也不相同，如白吐司、甜面包一般选择精度较高、灰分含量低的高筋粉；法式面包一般选择蛋白质含量在11%～12%、灰分含量较高的法式面包专用粉；英式面包和果料面包一般选择蛋白质含量在13.5%以上的高筋粉；丹麦面包制作时应选择蛋白质含量在11%左右的次高筋粉，因为面筋含量太高的面粉弹性大，不利于起酥操作。

❷ **面粉的预处理**

(1) 调节粉温。面粉在投料前应根据季节、室温来调节面粉的温度。夏季时可将面粉储存于干燥、低温的地方，使面粉温度降低；冬季可将面粉提前放入温度较高的地方，以提高面粉的温度。

(2) 过筛。面粉使用前应当过筛处理，以清除杂质，使面粉变得松散，空气增多，利于面团的发酵，也可以调节面粉的温度。在过筛的装置中可安装磁铁，以便清除金属杂质。

（二）水

❶ **水温** 水温对面团温度起决定性的作用，因此面团搅拌前，需要调整好水温，或掺入适量的冰块。适用水温是指用一定温度的水调制面团，使搅拌后的面团能达到理想温度的水温。实际生产中，我们可以通过试验，求出各种生产方法和生产不同品种面团时的摩擦升温，并作为一个常数，这样就可以按生产时的室温、面团计划发酵时间来确定所需的面团理想温度，进而求出适用水温。

(1) 直接法和中种面团适用水温。公式：

$$\text{适用水温}=(3\times\text{面团理想温度})-(\text{室温}+\text{粉温}+\text{摩擦升温})$$

或：

$$WT=(3\times DDT)-(RT+FT+FF)$$

(2) 主面团适用水温。公式：

$$\text{适用水温}=(4\times\text{面团理想温度})-(\text{室温}+\text{粉温}+\text{摩擦升温}+\text{发酵后中种面团温度})$$

或：

$$WT=(4\times DDT)-(RT+FT+FF+ST)$$

(3) 加冰量的计算。公式：

$$\text{加冰量}=\frac{\text{配方总水量}\times(\text{自来水温}-\text{适用水温})}{\text{自来水温}+80}$$

例题 1

❷ **水的硬度** 水的硬度太大或太小都不适宜制作面包。硬度过大的水会增强面筋的韧性，延长发酵时间，使面包口感粗糙；极软的水会使面团过于柔软发黏，能缩短发酵时间，但面包容易塌陷。为了改善水质，对硬度过大的水可以加入碳酸钠来降低其硬度；对软水可添加少量的磷酸钙或硫酸钙来增加其硬度。

❸ **水的酸碱度** 酸性水或碱性水都不利于面包的生产。酸性水会提高面团的酸度，碱性水不利于酵母生长，并抑制酶的活性，延缓面团的发酵作用。对酸性水可用碳酸钠中和，碱性水可用乳酸中和。

（三）酵母

不论鲜酵母还是普通的干酵母，使用前都需要进行活化处理。鲜酵母可加入酵母重量5倍的28～30 ℃温水进行活化；干酵母可加入酵母重量10倍、40～44 ℃温水进行活化，活化时间一般为15～20 min，当表面出现大量气泡时即可使用。在活化酵母时可以在水中添加5%的砂糖，以加快酵母的活化速度。对于即发活性干酵母则不需要进行活化，可直接使用。酵母的使用量根据面包的生产方法和酵母的品种进行选择。

（四）糖

制作面包一般选择细砂糖、绵白糖或糖浆。大批量生产面包时砂糖需要用水溶化后，经过滤再使用；使用糖浆时也需要过滤。如果是小批量加工面包可以将绵白糖或细砂糖与面粉一起拌匀后，再加入液体原料搅拌成团。

三、计量

在面包生产前必须根据订单需要计算实际投料量，并根据产品的配方计算每一种原料的实际用量。

（一）烘焙百分比

烘焙百分比是以配方中面粉的重量为100%，配方中其他原料的百分比相对于面粉的多少而定，且百分比总量超过100%。烘焙百分比是西点烘焙行业专用的配方表示方法，它与一般的百分比有所不同。通过烘焙百分比可以一目了然地看出各原料的相对比例，简单明了，容易记忆；可以快速计算出配方中各原料的实际用量，计算快捷、精确；方便调整、修改配方，以适应生产需要；还可以预测产品的性质和品质。

（二）配方用料量计算

❶ 已知面粉用量，求其他原料用量

$$\text{原料重量}=\text{面粉重量}\times\text{原料烘焙百分比}$$

❷ 已知面团总重量，求各原料用量

$$\text{面粉重量}=\frac{\text{面团总重量}\times 100\%}{\text{配方总烘焙百分比}}$$

例题 2

❸ 已知每个面包分割面团重量及数量，求各原料用量

$$\text{应用面团总量}=\text{分割面团重量}\times\text{数量}$$

$$\text{实际面团总量}=\frac{\text{应用面团总量}}{1-\text{基本损耗}}$$

面团基本损耗一般按2%计算。

❹ 已知每个面包成品重量及数量，求各原料用量

$$\text{产品总量}=\text{成品面包重量}\times\text{数量}$$

$$\text{实际面团总量}=\frac{\text{产品总量}}{(1-\text{基本损耗})(1-\text{烘焙损耗})}$$

面包烘焙损耗一般按10%计算。

例题 3

例题 4

四、面团搅拌

面团搅拌又称和面、调粉，是将计量好的各种原辅料，按照一定的投料顺序，搅拌揉制成具有适宜的加工性能的面团的操作过程。

（一）面团搅拌的目的

面团搅拌是面包制作过程中非常重要的步骤，直接影响成品面包的质量，因此必须掌握好面团

搅拌时的投料顺序、搅拌速度和时间等。面团搅拌的目的包括以下几个方面。

(1) 使各种原辅料充分分散和均匀混合在一起,形成质量均一的整体。

(2) 加速面粉吸水胀润形成面筋,缩短面团的形成时间。

(3) 促进面筋的扩展,加速面筋网络的形成,使面团具有一定的延伸性和弹性,具备良好的加工性能。

(4) 在搅拌过程中使面团中混入一定量的空气,为面团的氧化及酵母的发酵提供足量的氧气。

(二) 面团的成团原理

面团主要是由面粉中的蛋白质和淀粉吸水胀润形成的,其中蛋白质的吸水溶胀作用是面团形成的主要原因。面粉中的麦谷蛋白和麦胶蛋白能吸收自重 1.5～2 倍的水分,溶胀后的蛋白质颗粒互相连接起来形成了面筋,经过机械搅拌或揉搓后面筋蛋白相互粘连形成网络结构,即蛋白质骨架,同时面粉中的糖类(淀粉、纤维素等)成分均匀分布在蛋白质骨架之中,这就形成了面团。

(三) 面团搅拌的六个阶段

在面包面团的搅拌过程中,根据面团状态和性质的不同,可以分为以下六个阶段。

❶ 原料混合阶段 原料混合阶段又称拾起阶段,在这个阶段,干性原料和湿性原料相互拌合在一起,形成一个既粗糙又潮湿的面团,用手触摸时面团较硬,无弹性和延伸性。面团呈泥状,容易撕下。此阶段要慢速搅拌,使水能被面粉和各种原辅料充分吸收。

❷ 面筋形成阶段 面筋形成阶段又称卷起阶段。此阶段水被充分吸收,水化作用大致结束,一部分蛋白质形成面筋,使面团成为一个整体,并附在搅拌钩上,随着搅拌轴的转动而转动。搅拌缸的缸壁和缸底已不再黏附面团而变得干净。用手触摸面团仍会黏手,用手拉时容易断裂,这时可以将慢速搅拌转变成快速搅拌。

❸ 面筋扩展阶段 面筋因搅拌机转动时不断地推动、揉和、拍打,面团的表面将变干燥而呈现出光泽,结实而又具有一定的弹性。这时面团开始扩展,用手触摸时面团已具有一定弹性并较柔软,黏性减小,具有一定的延伸性,但容易断裂。这时的面筋扩展已达七成左右,这个阶段为面筋扩展阶段。

❹ 面筋完全扩展阶段 面筋完全扩展阶段又称搅拌完成阶段、面团完成阶段。这个阶段面团内的面筋已达到充分扩展,变得柔软而具有良好的伸展性,搅拌钩在面团转动时,会不时发出噼啪的打击声。此时面团表面趋于干燥,且较为光滑和有光泽,用手触摸时柔软且有弹性,不黏手,具有很好的延伸性。此时可用双手将面团拉展成一张像玻璃纸样的薄膜,整个薄膜分布很均匀,光滑无粗糙、无不整齐的痕迹。此阶段为搅拌的最佳阶段,可停机把面团从搅拌缸中取出,进行下一步的发酵工序。

❺ 搅拌过度阶段 搅拌过度阶段又称衰落阶段。将已成熟的面团再继续搅拌,面团开始黏附在缸壁而不随搅拌钩的转动而离开。此时停止搅拌,可看到面团向缸的四周流动,面团明显变得稀软和弹性不足。此时面团内的面筋开始断裂,面团的性能开始劣变。如果这时停止搅拌,通过适度延长发酵时间还可补救。

❻ 破坏阶段 破坏阶段面团中的面筋被打断,面团的性能劣变、失水、面团发黏、难操作,此时的面团已经无法制作面包和补救。

(四) 面团搅拌的方法

❶ 一次发酵法面团的搅拌方法 将所有的干性原料计量后倒入和面机中搅拌均匀后,加入湿性原料慢速搅拌至面粉成团(原料混合阶段),改中速搅拌至面筋形成(面团形成阶段)。再改用慢速后加入黄油继续搅打至黄油融入面团中(面筋扩展阶段),最后改中速搅拌至面筋扩展(面筋完全扩展阶段)。

❷ 二次发酵法面团的搅拌方法

（1）中种法的搅拌。首先要搅拌中种面团。中种面团的搅拌是将面粉、水、酵母倒入搅拌缸内，用慢速搅拌成表面粗糙而均匀的面团，此面团叫作中种面团（种面）。然后把中种面团放到发酵室内，使其发酵至原面团体积的2～3倍，一般在3～4 h为最佳。中种面团最理想的温度是26 ℃，这样发酵时不会因为产热而温度过高。

（2）主面团的搅拌。将发酵好的中种面团和配方中的糖、鸡蛋、水、面粉、奶粉、酵母、盐和添加剂加入搅拌缸中用慢速搅拌成团后，改中速搅拌至面团扩展阶段，加入油脂先慢速搅拌3 min，再中速搅拌至面筋完成阶段即可。面团的理想温度为26～28 ℃。

（五）影响面团搅拌的因素

❶ 加水量　面包面团的加水量一般在60%左右，与面粉中的面筋含量和含水量有直接关系。加水量越多，面团越软，面团形成时间推迟，面团稳定时间较长；加水量少，面团较硬，面团形成时间短，但面筋易破坏，稳定性差。

❷ 面粉质量　面粉质量对面团的搅拌时间影响较大，当面粉中蛋白质含量较高时，面团的吸水率随之增加，因而搅拌的时间也随之延长。

❸ 水质　水的pH值和水中的矿物质对面团的调制时间有很大的影响。pH值在5～6时对面团的调制最有利，弱酸性可以加快调粉的速度，但若酸性过强或碱性，会影响蛋白质的等电点，对面团的吸水速度、延伸性及面团的形成均有不良影响。水中含有适量的钙、镁离子等矿物质有助于面筋的形成，但水质过硬或过软均不适宜。硬水中由于含有大量的钙、镁离子，会吸附于淀粉和蛋白质的表面，容易造成水化困难，影响调粉的速度。而当水质较软时，面粉的水化速度较快，但难以形成强韧的面团。

❹ 面团温度　当面团温度较低时，所需卷起时间较短，但需较长的扩展时间，面团的稳定性较好，不容易搅拌过度。而当面团温度过高时，虽能很快完成面筋扩展阶段，但面团不稳定，稍微搅拌过时，就会进入破坏阶段。面团温度与后期的工艺参数密切相关，因此在选择面团温度时，必须考虑各个方面的因素，例如发酵方法、生产时间和产品种类等。为了控制好面团的温度，我们可以通过控制水的温度和加冰量来调节面团的温度。

❺ 辅料

（1）食盐。食盐能使面筋蛋白质结构紧密，使面筋质变得更加强韧。添加食盐可以延缓蛋白质的水化作用，因此会使面团的形成时间延长。所以在大规模生产时，常采用后加食盐的搅拌方法，以缩短面团的搅拌时间。另外食盐对面粉的吸水率影响较大，当面团中添加2%的食盐时，比无盐面团吸水率降低3%。

（2）油脂。油脂要在面筋基本形成后加入，加入过早会影响蛋白质的水化作用，使面粉的吸水率降低，面团形成时间延长。面筋形成后加入油脂对面团的吸水和搅拌时间基本上无影响，且会改善面团的黏弹性。

（3）糖。糖的加入会使面团的吸水率降低，为了得到相同硬度的面团，每加入5%的蔗糖，要减少1%的水。但随着糖量的增加，面粉的吸水速度减缓，面团形成时间延长，面团搅拌时间增加。

（4）奶粉。添加奶粉会使面团的吸水率升高，搅拌时间延长。一般每增加1%的脱脂奶粉，吸水率增加1%。

（5）添加剂。面包添加剂是一类复合的面团改良剂，其中包括能促进面筋网络形成、增加面筋筋力和强度的氧化剂，如溴酸钾；能促进油、水均匀分散的乳化剂，如单甘酯；能软化面筋、缩短面团形成时间的还原剂，如半胱氨酸等；还有淀粉酶等。面团改良剂的加入可以缩短面团的搅拌时间，提高面团的稳定性。

❻ 搅拌机种类和转速　搅拌机的转速越快则面团形成速度较快，但转速过快会将面筋搅断，所

以面包面团的搅拌速度不宜过快。不论立式搅拌机还是卧式搅拌机，搅拌缸的大小要适宜，面团大小应占到搅拌缸体积的30%～65%为宜。

7 搅拌速度和时间 面团的搅拌速度快，则面团的形成时间短，即搅拌时间缩短。具体的搅拌速度和时间要根据产品的类别、配方和工艺选择。各类面包的标准搅拌程度见表4-1。

表4-1 各类面包的标准搅拌程度

面团搅拌的阶段	适用的品种
面筋形成阶段	丹麦起酥面包
面筋扩展阶段	长时间发酵的法式面包、冷藏发酵的面包
面筋完全扩展阶段	主食面包、花色面包、法式面包
搅拌过渡阶段	汉堡包

（六）面团搅拌对面包品质的影响

1 搅拌不足 当搅拌时间不足时，面团的表面较湿、发黏、硬度大，不利于后期的整形和操作，面团表面易撕裂，使面包外观不规整。烘烤后的面包体积小、易收缩变形，内部组织粗糙，颗粒较大，颜色呈黄褐色，结构不均匀。

2 搅拌过度 当面团搅拌过度时表面湿黏，弹性差，搓圆后无法挺立，向四周摊流，持气性差。烤出的面包扁平，体积小，内部组织粗糙，孔洞多、颗粒多，品质差。

五、面团发酵

（一）面团发酵的目的

面团发酵是面团中的酵母将面团中的糖分分解为二氧化碳、水、乙醇、热量及其他有机物的过程。面团通过发酵，可以使酵母大量繁殖产气，促进面团体积膨大形成海绵状组织结构；可以改善面团的加工性能，增强面团的气体保持能力，制品瓤心细密而透明，并且有光泽；可以使面团积累大量的芳香物质，使最终的制品具有优良的风味和芳香味。

面团中的酵母菌会以面粉中淀粉、蔗糖分解成的单糖作为养分而生长繁殖。在面团中有氧的情况下，酵母分解葡萄糖产生大量的二氧化碳和水，同时产生大量的热量。当氧气被耗尽后，酵母进行无氧呼吸，将葡萄糖分解为乙醇和二氧化碳。产生的二氧化碳气体被面团中的面筋网络包裹住不能逸出，从而使面团体积膨大、松软并呈蜂窝状结构，同时产生酒香气味。其反应式如下：

（二）面团的发酵原理

1 淀粉分解

$$\underset{\text{淀粉}}{2(C_6H_{10}O_5)_n} + nH_2O \xrightarrow{\text{淀粉酶}} \underset{\text{麦芽糖}}{nC_{12}H_{22}O_{11}}$$

$$\underset{\text{麦芽糖}}{C_{12}H_{22}O_{11}} + H_2O \xrightarrow{\text{麦芽糖酶}} \underset{\text{葡萄糖}}{2C_6H_{12}O_6}$$

$$\underset{\text{蔗糖}}{C_{12}H_{22}O_{11}} + H_2O \xrightarrow{\text{蔗糖转化酶}} \underset{\text{葡萄糖}}{C_6H_{12}O_6} + \underset{\text{果糖}}{C_6H_{12}O_6}$$

2 酵母发酵

$$C_6H_{12}O_6 + 6O_2 \longrightarrow 6CO_2 + 6H_2O + 674$$

$$C_6H_{12}O_6 \longrightarrow 2CO_2 + 2C_2H_5OH + 24$$

3 杂菌发酵 在面团的发酵过程中，面粉和空气中的乳酸菌和醋酸菌也会进入面团中，发酵产

生大量的有机酸。

（1）乳酸菌发酵。乳酸菌可以分解葡萄糖产生乳酸，可以改善面包的风味，同时提高面团的酸度，可以改善面筋的结构，促进酵母的发酵。

$$C_6H_{12}O_6 \longrightarrow 2C_3H_6O_3$$

（2）醋酸发酵。醋酸菌可以分解乙醇产生醋酸，但醋酸是较弱的有机酸，对面团的酸碱度影响较小。

$$C_2H_5OH + O_2 \xrightarrow{\text{氧化酶}} CH_3COOH + H_2O$$

（三）影响面团发酵的因素

影响面团发酵的因素包括温度、酵母、pH值、渗透压、面粉、加水量、奶粉和蛋和发酵时间等。

❶ 温度　一般的面团发酵温度应控制在25～28 ℃，这是因为酵母在0 ℃以下失去活动能力，15 ℃以下繁殖较慢，在30 ℃左右繁殖最好，考虑到酵母菌在发酵过程中会产生一定的热量，一般控制在25～28 ℃。如果温度过低，发酵速度太慢；若高于适宜温度，则酵母菌发酵会受到抑制，醋酸菌和乳酸菌容易繁殖，醋酸菌最适宜温度是35 ℃，乳酸菌最适宜温度是37 ℃，面团酸度增高。

❷ 酵母

（1）酵母发酵力。要求酵母的发酵力一般在650 mL以上，活性干酵母的发酵力一般在600 mL以上。如果使用发酵力不足的酵母，将会引起面团发酵迟缓，从而造成面团发酵度不足，成品膨松度不够。

（2）酵母的用量。在一般情况下，酵母的用量越多，发酵速度越快。但研究表明，加入酵母数量过多时，它的繁殖力反而降低，且会出现明显的酵母的涩味。因此，应根据工艺和品种的要求来选择酵母的用量，一般快速发酵法加酵母2.0%～3.0%，一次发酵法加1.0%～2.0%，二次发酵法加0.5%～1.0%。

❸ pH值　酵母适宜在偏酸性的条件生长，pH值在5～6之间，酵母有良好的产气能力，当pH值过低时，面团的持气性反而会降低。

❹ 渗透压　面团发酵过程中影响酵母活性的渗透压主要是由糖和食盐引起的。糖使用量在5%～7%时对酵母的生长有利，其产气能力最大。当超过这个范围时，糖的用量越大，发酵能力越受限制，但产气的时间长，此时要注意添加氮源和无机盐。糖使用量在20%以内能增强面团的持气性，超过20%则会降低面团的持气能力。

食盐用量超过1%时会抑制酵母的生长，因此在设计配方时食盐用量和糖用量必须成反比。

❺ 面粉

（1）面筋的影响。在面团发酵时，用含有强力面筋的面粉调制成的面团能保持大量的气体，使面团成海绵状的结构；如果使用的面粉含有弱力面筋时，在面团发酵时所产生的大量气体不能保持而是逸出，容易造成制品坯塌陷而影响成品质量，所以选择面筋含量高的强筋粉最好。

（2）酶的影响。发酵时淀粉的分解需要酶的作用，如果面粉变质或经高温处理，会影响面团的正常发酵。

❻ 加水量　含水量高的面团，酵母的增长率高，同时面团较软，容易膨胀，从而加快了面团的发酵速度，发酵时间短，但是产生的气体容易散失。含水量低则酵母增长率低，同时面团硬，对气体的抵抗能力较强，抑制了面团的发酵速度，但持气能力好。因此和面时应根据面粉的性质、含水量、制品品种、气温确定加水量。

❼ 奶粉和蛋　奶粉和蛋均含有较多的蛋白质，对面团的发酵具有pH值缓冲作用，有利于发酵的稳定，同时它们均能提高面团的发酵耐力和持气性。

❽ 发酵时间　发酵时间对面团的发酵影响很大，时间过长，发酵过度，面团质量差，酸味大，弹性也差，制成的制品带有“老面味”，呈塌落瘫软状态。发酵时间短，发酵不足，则不胀发，色暗质差，

也影响成品的质量。应根据酵母用量、温度确定发酵时间。

六、成型

面包成型又称面包整形，是将发酵好的面团制作成特定形状的面包的操作过程。面包成型包括分割、搓圆、中间醒发、成型以及装盘和装模等操作。

❶ **分割** 分割是通过称量把大面团分切成所需重量小面团的过程。面团分割重量应是成品重量的 110%。分割期间，由于面团的发酵作用仍在继续进行，面团中的气体含量、相对密度和面筋结合状态都在发生变化，分割初期和分割后期的面团物理性质是有差异的。为了把这种差异控制在最小范围，分割应在尽量短的时间内完成。

❷ **搓圆** 搓圆又称滚圆，是把分割得到的一定重量的面团，通过手工或特殊的机器（搓圆机）搓成圆形。搓圆的目的是使分割后不整齐的小面块变成完整的球形，为下一步的造型工序打好基础；恢复被分割破坏的面筋网状结构；排出部分 CO_2，便于酵母的繁殖和发酵。

❸ **中间醒发** 中间醒发亦称为静置。面团搓圆后，一部分气体被排出，面团性质变得结实，失去原有的柔软性。此时的面团不易进行造型，表皮易被拉裂，必须给予一定时间的静置，使面团恢复柔软，才利于进行各项整形步骤。中间醒发虽然时间短，但对提高面包质量具有不可忽略的作用。中间醒发的温度以 27～29 ℃为宜，相对湿度为 70%～75%，时间 10～20 min。夏天或室内温度较高时可直接将面包坯放在操作台上，表面覆盖塑料布，避免表面结皮。

❹ **成型** 成型又称造型，面团经过中间醒发后，原本因搓圆变得结实的面团，体积又慢慢恢复膨大，也逐渐柔软，这时即可进行面包的成型操作。面包成型分为手工成型和机械成型。机器成型速度较快，外观形态基本一致，但品种较简单，如吐司面包、法棍。许多产品尤其是花式面包，一般都采用手工成型，使面包造型丰富多彩。手工成型操作技法主要有滚、搓、包、捏、压、挤、擀、摔、拉、折叠、卷、切、割、扭转等方法，每个动作都有独特的功能，可视造型需要相互配合。

❺ **装盘与装模** 面团经过造型之后，面包的花样和雏形都已固定，即可将已成型的面团放入烤盘和模具中，准备进入醒发室醒发。面团装盘或装模时，首先对烤皿要进行清洁、涂油、预冷等预处理，还要考虑面团的摆放的距离及数量，装模面团的重量大小等。烤皿的清洁工作做得彻底，不但符合卫生需要，还可防止面包粘底的困扰。装盘与装模是面团放入烤盘或模具中的一个过程。面团装盘或装模后，还要经过最后醒发，因面团的体积会再度膨胀，为防止面团彼此粘连，所以面团装盘时必须注意适当的间隔距离和摆放方式，装模的面团要注意面团的重量和模具容积的关系。

七、最后醒发

最后醒发是把成型后的面包坯放在一定的温湿度条件下，发酵至一定体积的过程。

（一）最后醒发的目的

面团经过压延、滚圆等整形步骤后，内部原有的气体几乎全部泻出，面筋也不再柔软且富伸展性。如果将此面团立即放入烤箱烤焙，则烤出的成品体积小，顶部带有硬壳，且内部组织坚硬粗糙，因此，为制得体积较大、组织松软的面包，完成整形步骤的面团必须经过最后醒发，再进行焙烤。

面团在最后醒发期间，面筋因有足够的时间松弛，故变得柔软、易伸展，此时酵母在其中也重新产生气体，且均匀地被包覆在由面筋所构架的网状结构内，面团产气速率及保气能力达到平衡状态，变成具有类似海绵般的网络结构，放入烤箱中则可以制出体积较大、松软可口的面包。

（二）最后醒发条件对面包品质的影响

面包的最后醒发应在醒发箱内进行，温度、相对湿度和发酵时间要按各类面包的需求而定，上述因素都会对面包质量产生直接影响。

❶ **温度** 面包的最后醒发温度为 35～ 43 ℃，一般设置在 38 ℃。最后醒发温度的选择应视面

团种类及配方而定。如果最后醒发温度高于面团内部酶或酵母的最适活化温度，则会使其活性降低，不利于面包的膨胀，导致成品面包的内部组织坚硬粗糙。如果最后醒发温度太低，不仅会增加面团醒发所需的时间，而且烤出面包体积较小、内部组织粗糙不均匀。对于特殊的丹麦起酥面包，由于裹入的片状起酥油和奶油的熔点不同，所以要控制最后醒发温度略低于裹入油脂的熔点温度。

❷ 相对湿度　面包最后醒发的相对湿度一般在 80%～90%，具体要根据产品的种类及特点来确定。相对湿度对面包体积及内部组织影响较小，但对面包的形态及外观影响较大。如果相对湿度较低，则面团表面过于干燥，使得外皮的淀粉酶活性下降，而使麦芽糖及糊精生成量减少，结果面包表面无光泽，颜色较浅，甚至会形成斑点。如果相对湿度过高，则面包表面容易形成气泡，且质地坚韧。

❸ 时间　最后醒发的时间一般为 40～60 min，视面团的种类和产品的特点而异。如果面团最后醒发时间不足，烤出的面包体积小，顶部带有硬壳，表皮色泽不佳，且内部组织粗糙坚实。如果面团最后醒发过度，则面包外皮颜色浅，内部组织粗糙，面包有酸味，且不耐储存。

（三）醒发程度的判断

判断面包最后醒发程度的方法一般有三种：一是看体积，如果达到成品面包应有体积的 80%，面包坯体积的 2～3 倍，说明发酵适度；二是看面包坯的透明度，面包表皮呈半透明薄膜状，说明发酵适度；三是用手指轻轻按压面包坯，如果指印处既不回弹也不下落说明发酵适度，如果回弹说明发酵不到位，如果下落则说明发酵过度。

最后醒发应在醒发箱内进行，温度与湿度要按各类面包的需求而定。一般温度为 32～38 ℃，湿度为 75%～85%，时间一般在 45～90 min。要注意的是醒发室内的温度、湿度是否均匀，温度与湿度不均匀会导致面包醒发不一，质量下降。

八、烘烤

面包烘烤又称烘焙、焙烤，是将生面包坯放入烤箱中加热，使其变成结构疏松、易于消化、具有特殊香气和色泽的面包的过程。

（一）面包的烘烤原理

醒发好的面包放入烤箱后，烤箱中的热量通过传导、对流和辐射等方式向面包内部逐层传递。面包生坯表面受热后开始升温，气体受热膨胀，使面包的体积迅速膨大；面包内的水分剧烈蒸发，淀粉转化为糊精，并发生糖分焦化，使制品形成色泽鲜明、韧脆的外壳；其次，当表面温度逐步传到制品的内部时，温度不再保持原有的高温，降为 100 ℃左右，这样的温度仍可使淀粉糊化变为黏稠状，使蛋白质变性为胶体，再加上内部气体的作用，水分散发少，这样就形成了内部松软、外部焦嫩、富有弹性的面包。

酵母发酵形成的醇类与乳酸和醋酸在加热时反应生成酯类化合物，赋予面包特殊的香味。此外，面团中添加的奶粉、油脂中的不饱和脂肪酸被脂肪酶和空气中的氧气氧化成过氧化物。这种过氧化物被酵母中的酶所分解，生成复杂的醛类、酮类等羰基化合物，也是面包具有特殊芳香的原因之一。其变化过程可用下式表示。

$$-\overset{\displaystyle H}{\overset{|}{C}}=\overset{\displaystyle H}{\overset{|}{C}}-+O_2 \xrightarrow{\text{脂肪酶}} -\underset{\displaystyle O}{\underset{|}{\overset{\displaystyle H}{\overset{|}{C}}}}-\underset{\displaystyle O}{\underset{|}{\overset{\displaystyle H}{\overset{|}{C}}}}- \xrightarrow{\text{酵母中的酶}} -\underset{\displaystyle O}{\underset{\|}{\overset{\displaystyle H}{\overset{|}{C}}}}:\underset{\displaystyle O}{\underset{|}{\overset{\displaystyle H}{\overset{|}{C}}}}-$$

单糖或还原糖的羰基能与氨基酸、蛋白质、胺等含氨基的化合物进行缩合反应，产生具有特殊气味的棕褐色缩合物，是面包的香味来源之一。糖在高温加热条件下生成两类物质：一类是糖的脱水产物，即焦糖或酱色；另一类是裂解产物，即一些挥发性的醛、酮类物质，它们进一步缩合、聚合，最终

形成面包的色泽和香味。

（二）面包烘烤过程

❶ **烘焙急胀阶段** 面包刚入炉的前 5 min，面包坯体积快速增大，此阶段下火高于上火，有利于面包体积最大限度地膨胀。

❷ **面包定型阶段** 面包内部温度达到 60～82 ℃，酵母的活动停止，蛋白质变性凝固，淀粉糊化后填充在凝固的面筋网络内，面包体积基本达到要求，此阶段可提高炉温，以便于面包的定型。

❸ **表皮颜色形成阶段** 此阶段面包已经基本定型，表皮开始慢慢上色，此阶段应上火略高于下火，有助于面包上色，又可避免下火过高造成面包底部焦煳。

（三）面包的烘烤工艺

面包的烘烤工艺主要与炉温、湿度、烘烤时间及面包的品种、大小和成分等因素有关。

❶ **炉温的影响** 炉温的调节主要通过烤炉上下火来控制。下火亦称底火，传热方式主要是热传导，对制品的体积和质量有很大影响。上火亦称面火，主要通过辐射和对流传递热量，对制品起定型和上色的作用。

面包的烘烤温度一般在 170～230 ℃之间。如果炉温过高，面包表皮形成过早，限制面包的膨胀，面包体积小，内部组织有大孔洞，颗粒太小；如果炉温过底，酶的作用时间加长，面筋凝固作用也随之推迟，而烘焙急胀作用则太大，使面包体积超过正常情况，内部组织则粗糙，颗粒大。

❷ **湿度的影响** 炉内湿度对面包的光泽度、颜色、表皮厚度、口感都会产生一定的影响，炉内湿度的选择与产品的种类和成分有关。一般软式面包不需要通蒸汽，而脆皮面包和硬式面包的烘焙则需要通入高温蒸汽 3～12 s，以保持烤箱内较高的湿度。湿度过小则面包表皮结皮太快，容易使面包表皮与内层分离，形成一层空壳，皮色淡而无光泽。湿度过大则面团表皮容易结露，致使产品表皮厚且易起泡。

❸ **烘烤时间的影响** 影响烘烤时间的因素包括烤箱温度、面包大小、配方成分、是否装模加盖等。面包的烘焙时间一般为 12～35 min，但对于体积较大和装模的面包则需要较长的时间。炉温越高，烘烤时间越短；大面包一般采用低温长时间烘烤，小面包采用高温短时间烘烤；装模的面包采用低温长时间烘烤；低成分面包采用低温长时间烘烤，高成分面包采用高温短时间烘烤。

九、面包的冷却

冷却是面包生产的一个重要的工序，因为刚出炉面包温度较高，且表皮干脆，面包芯含水量高，柔软却缺乏弹性。此时如果进行包装，则较高的面包温度会使包装袋内结露，导致面包容易发霉；如果进行切片，则会因为由于面包太软容易破碎或变形，增加损耗。

（一）冷却过程中面包的变化

❶ **温度** 刚出炉时，面包表皮的温度一般在 100 ℃以上，而面包瓤心的温度一般在 100 ℃以下。出炉后，面包置于室温下，由于存在着较大的温差，面包表皮散热较快，温度快速下降，而面包内部散热较慢，其温度反而会高于面包表皮的温度。

❷ **水分** 面包刚出炉时水分分布很不均匀，表皮在烘烤时温度较高，且水分蒸发较快，因而水分含量最低；面包瓤心的温度最低，在烘烤即将结束的几分钟才达到 99 ℃，且水分蒸发较慢，因而重心不稳，水分含量最高，较为柔软。面包出炉后，面包的水分进行重新分布，从水分高的内部向外表扩散，再由外表蒸发出去，最后达到水分的动态平衡。因此，面包经过冷却后，表皮会由干脆变得柔软，瓤心会由湿黏变得有弹性，适于切片或包装。

（二）面包的冷却工艺

面包冷却场所的适宜条件为温度 22～26 ℃、相对湿度 75%、空气流速 180～240 m/min。面包的中心温度降低到32 ℃、水分含量为38%～44%即可。面包冷却时既要有效、迅速地使面包温度降低，又不能过多地蒸发水分，以保证面包具有一定的柔软度，提高面包的品质，延长其保鲜期。

用模具烘烤的面包，出炉后应尽快脱模。面包出炉后不立即脱模，其所排出的气体不能向外排出，造成外压增加，使面包的底部及边的四周内陷。面包冷却时，面包与面包之间如没有间隔也会造成面包塌陷。面包的冷却方法有自然冷却、通风冷却和空调冷却三种。面包冷却损耗一般为2%左右。

十、面包的包装

冷却后的面包应及时进行包装。包装可以保持面包清洁卫生，防止面包变硬，延长面包的保鲜期，并可以增加面包的美观。包装的好坏及卫生直接影响面包的保存期。面包的包装材料必须符合食品卫生要求，无毒、无臭、无味，密闭性较好。常用的面包包装有塑料袋和纸袋，纸袋有耐油纸和蜡纸等，塑料有聚乙烯、聚丙烯和硝酸纤维素薄膜等。此外，包装除了卫生、美观外，还应该按照国家标准的要求对产品的重量、营养成分和生产日期进行标识。

面包的包装车间应与生产车间隔开，并安装杀菌设备。包装车间应保持清洁卫生、凉爽干燥，不堆放过期或受到污染的面包、包装物。每一位包装员工在工作前应穿戴清洁的工作服及手套，并定期洗手消毒。

任务二 面包的生产方法

任务描述

面包的生产方法种类很多，可以根据面包的品种、生产条件及顾客需要灵活地选择。目前使用较多的面包生产方法有一次发酵法、二次发酵法、快速发酵法、酸面团发酵法、烫种法和冷冻面团法等。本任务主要介绍了各类面包生产方法的工艺流程、操作要点和特点等。

任务目标

熟悉各类面包生产方法的工艺流程及特点，掌握各类面包生产方法的操作要点，能根据面包品种的特点、生产实际情况及顾客需要灵活地选择和设计面包的生产方法。

一、一次发酵法

一次发酵法又称直接发酵法，是将配方中的原料以先后顺序加入搅拌机中一次搅拌成团，经过一次发酵后就成型的制作面包的方法。

（一）一次发酵法的工艺流程

一次发酵法的工艺流程图如图4-2所示。

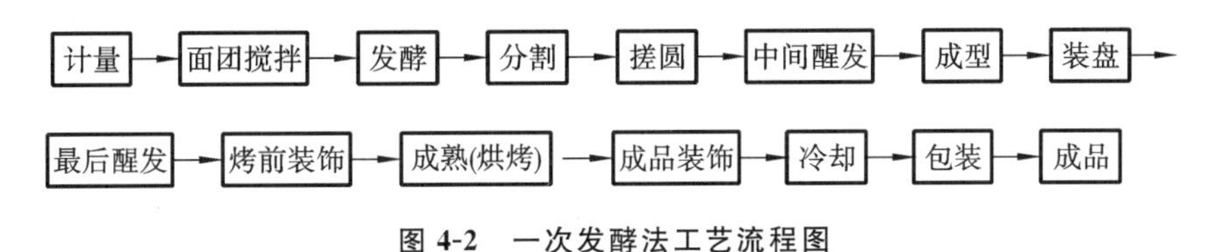

图4-2 一次发酵法工艺流程图

(二)一次发酵法的操作要点

① **计量** 根据生产计划，按配方中的烘焙百分比计算出各种原料的实际用量，并称量备用。

② **面团搅拌** 将所有的干性原料（面包粉、酵母、面包改良剂、盐、糖和奶粉等）倒入搅拌机（和面机）中快速搅拌均匀，改慢速后加入湿性原料（鸡蛋、水和牛奶等），搅拌至成团后改快速，搅拌至面筋形成。改慢速加入黄油，继续搅拌使黄油融入面团中，改快速搅拌使面筋完全扩展即可。

③ **发酵** 将面团放在27～28 ℃、相对湿度70%～80%条件下发酵至面团成熟，使酵母菌大量增殖，面团变柔软、膨松，积累芳香物质。

④ **分割** 根据面包品种的要求将面团分割成一定重量的小面团。

⑤ **搓圆** 将小面团搓成表面光滑的圆球。

⑥ **中间醒发** 盖上保鲜膜，中间醒发15～20 min，使面团松弛便于成型。

⑦ **成型** 根据产品的需要将面团制作成不同的形状，摆放在刷过油的烤盘中，留出3倍大小的间隙。

⑧ **最后醒发** 放入35～40 ℃、相对湿度80%～85%的醒发箱中醒发至面包最终体积的80%左右，面包表面有一层半透明的薄膜时取出。

⑨ **烤前装饰** 对面包进行装饰，甜面包刷蛋液，脆皮、硬质面包割口等。

⑩ **烘烤** 放入预热至适宜温度的烤箱中烘烤至成熟。

(三)一次发酵法的特点

一次发酵法只需一次搅拌和一次发酵，因此操作较简单，所需时间短，生产周期一般为4～6 h。该法节约设备和人力，提高了劳动效率。面团搅拌耐力好，面包具有较浓郁的麦香味，无异味和酸味。但发酵时间短，面包的体积比二次发酵法小，且容易老化。面团的发酵耐力差，醒发和烘烤时面包的后劲小。面包品质容易受原材料和操作误差的影响，面包发酵风味一般，香气不足。

二、二次发酵法

二次发酵法又称中种法，是采用两次搅拌和两次发酵制作面包的方法。第一次搅拌的面团称为中种面团，或种子面团，第二次搅拌形成的面团称为主面团。第一次发酵称为基础发酵，第二次的发酵称为延续发酵。

(一)二次发酵法的工艺流程图

二次发酵法的工艺流程图如图4-3所示。

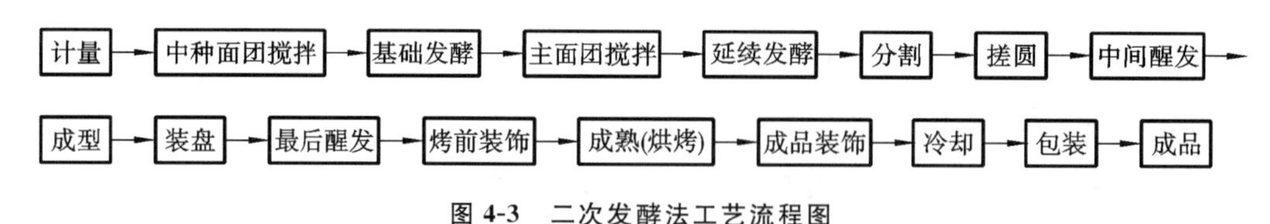

图4-3 二次发酵法工艺流程图

(二)二次发酵法的操作要点

① **计量** 将各种原料按配方中的烘焙百分比计算出实际用量，用电子秤称量好备用。

② **中种面团搅拌** 将面包粉、酵母、面包改良剂倒入和面机中拌匀，加水慢速搅拌至成团，改中速搅拌至面筋形成阶段，面团温度控制在24～26 ℃。

③ **基础发酵** 面团取出揉光滑后，放入26 ℃、相对湿度75%～80%的醒发箱中发酵4～6 h后，中途翻面2次。

④ **主面团搅拌** 将盐、糖、鸡蛋和水倒入和面机中，快速搅拌均匀后，改慢速后加入中种面团、面粉和奶粉，搅拌成团后快速搅拌至面筋形成阶段。改慢速后加入切碎的黄油，搅拌至黄油全部融

入面团后，改快速搅拌至面筋扩展即可。完成后的面团可拉出薄膜状，面团温度 26 ℃。

❺ **延续发酵** 在 27～32 ℃，相对湿度为 75%～80%条件下发酵至面团成熟，使酵母菌大量增殖，面团变柔软、膨松，积累芳香物质。

❻ **分割** 分割成需要的重量，尽量使剂子的大小保持一致。

❼ **搓圆** 分别搓成表面光滑的圆球。

❽ **中间醒发** 盖上保鲜膜醒发 15 min。

❾ **成型** 根据产品的需要将面团制作成不同的形状，放入刷过油的烤盘中，留出 3 倍大小的间隙。

❿ **最后醒发** 放入 38 ℃醒发箱醒发至模具八成满时，取出盖好盖子。

⓫ **烘烤** 放入预热至适宜温度的烤箱中烘烤至成熟。

（三）二次发酵法的特点

二次发酵法因为酵母有足够的时间繁殖和发酵，因此面包体积大，内部组织更疏松、更柔软、更富有弹性；面包具有浓郁的发酵香味，香气足；面包不易老化，储存保鲜期长；面团发酵耐力好，后劲大；第一次搅拌或发酵不理想，可以通过第二次搅拌和发酵来纠正。但由于经过两次搅拌两次发酵，主面团的搅拌耐力差，生产周期较长，需要较多和较大的发酵场地；需要投入更多的劳动力来完成二次搅拌和发酵，劳动效率降低；发酵的损耗增大。

三、快速发酵法

快速发酵法是指在极短的时间内完成发酵甚至没有发酵的面包加工方法。快速发酵法是在应急和特殊情况下采用的面包生产法，由于面团未经过正常发酵，在味道和保存日期方面与正常发酵的面包相差甚远。

快速发酵法又分为有发酵和无发酵的快速法，后者又称为无酵法，无酵法是面团搅拌后立即进行分割整形，由于面团未经过基础发酵工序，所以必须加入适当的添加剂，以促进面团的成熟。故成品缺乏传统发酵面包的香味，影响口感。国内目前生产的时间与空间不及国外紧，所以在实际生产中，很少会用到快速发酵法生产面包。

（一）快速发酵法的工艺流程

快速发酵法的工艺流程图如图 4-4 所示。

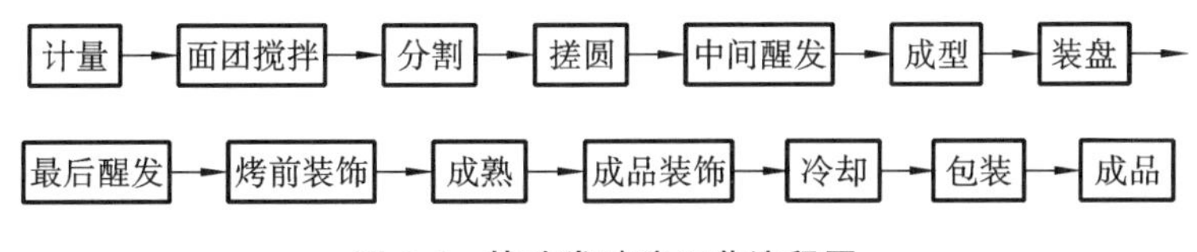

图 4-4 快速发酵法工艺流程图

（二）快速发酵法的特点

快速发酵法生产周期短，效率高，产量比直接法、中种法都高，全过程需要 3～3.5 h；发酵损失很小，提高了出品率；节省时间、劳动力和空间，降低了能耗和维修成本。但由于没有经过面团发酵，所以快速发酵法生产的面包发酵风味较差，香气不足；面包老化较快，储存期短，不易保鲜；不适宜生产主食面包，适合用于高档点心面包的制作；需要添加较多的酵母、面团改良剂和保鲜剂等，因此产品成本高、价格高。

四、酸面团发酵法

酸面团发酵法又称老面发酵法、野生酵母发酵法。酸面团是利用自然附着在小麦粉、黑麦粉、马

铃薯、苹果、葡萄干等食物上的天然野生酵母菌，经过培养、发酵制成的面种。酸面团制作过程中几天内不断地往起种中加入面粉和水，经酸化熟成而后制成酸面团。这种野生酵母持续使用，每日不断更新，制作面包时一般不添加或偶尔添加市售酵母。国外常用“starter”来称呼干燥或液体的老面培养法。

酸面团的制作原理就是利用天然酵母菌和乳酸菌的共生机制。酵母作为面团的优势菌种培养，而乳酸菌可以利用酵母发酵的残骸，从而在酸面团中与酵母共存。这些菌种在发酵过程中能产生多种代谢产物，包括醇类、有机酸、水和二氧化碳。这些有机酸赋予面包诱人的香味。面包烘烤过程中，有机酸会与醇类物质反应生成酯类，增加了面包的香味。同时有机酸降低了面包的 pH 值，可以抑制腐败菌的生长，同时有机酸还可以防止面包的老化，改善面包的口感和组织状态。此添加了酸面团的面包具有柔和的酸味和独特的香味。另外，因为酸面团基本上都是自制的，所以各面包房的面包具有各自原始的风味。

酸面团制作方法有数种，主要有酸面种、黑麦种、葡萄干种和苹果种等。每一种都要在起种中，分次加入面粉与水，混合均匀后，一边进行严格的温度管理，使菌种繁殖，这样经过 4～5 天，而使之熟成。酸面团面包制作时在面团中接种熟成的酸面团面种，加入量一般为主面团的 10%～20%。酸面团的制作快的只要 3 h，慢的则需要 2 周。这些方法可以根据工厂的环境、工序及要求的面包风味等条件来选择。若酸面团是要配入黑麦面包中的，则还要预留一些，作为第二天制作面包时的种源。另外，酸面团可以直接放在冰箱中保存 3～4 天。酸面团与黑麦粉、玉米粉混合起来经过干燥，则可以保存半年左右时间。

五、烫种法

烫种法是起源于日本的一种面包制作方法，“烫种”也称“汤种”，在日语里意为温热的面种或稀的面种。烫种是在面粉中加入烫水，使面粉中的淀粉糊化，制成黏稠的面糊。

（一）烫种法的工艺流程

烫种法的工艺流程图如图 4-5 所示。

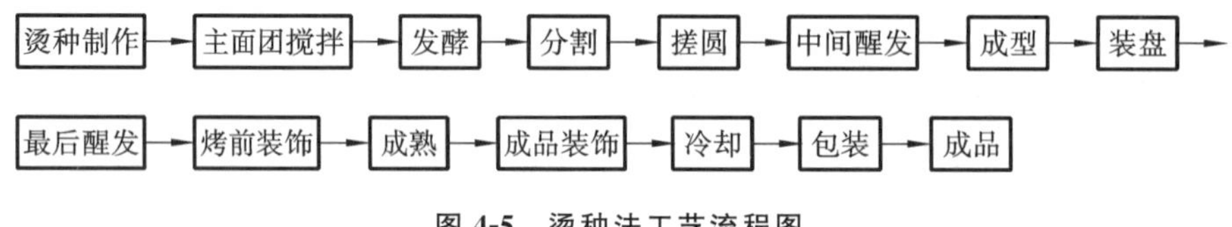

图 4-5　烫种法工艺流程图

烫种面团的配方：面包粉 100 g，细砂糖 10 g，盐 1 g，热水 150～200 mL。制法：干性原料混匀后，慢慢加入 95 ℃的开水搅拌至均匀，面团温度降至室温后放入带盖的容器或用保鲜膜封口，放入冷藏室内存放 16～18 h 即可使用。烫种面团在冷藏条件下可以保存 3 天。

（二）烫种法的特点

在面包配方里添加一定比例的烫种后可制作一类口感更加柔软、保水性更好的面包。烫种面包与其他面包最大的差别在于面粉中淀粉预先糊化使吸水量增多，因此面包的组织柔软度增加，特别柔软，可延缓面包老化。但烫种的添加也使面团黏性增大，对面包的膨松度影响不大，但添加量较多时会增大面团的黏性，同时影响面包的弹性。

六、冷冻面团法

冷冻面团法是将面包的生坯等半成品或成品进行低温速冻，再将其冷藏，在需要的时候解冻，继续后面的生产工序，从而制作面包的方法。

（一）冷冻面团法的工艺流程

冷冻面团法的工艺流程图如图 4-6 所示。

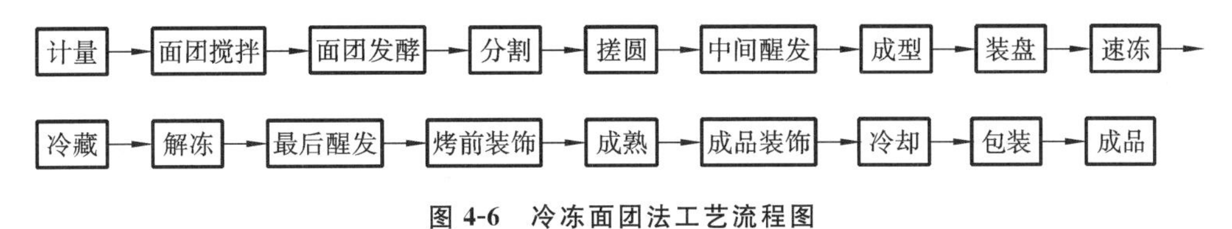

图 4-6　冷冻面团法工艺流程图

（二）冷冻面团法的操作要点

（1）冷冻面团法要求面粉的蛋白质含量高于正常发酵法，通常在 11.5%～13.5%，以确保面团在冷冻后仍然具有较强的韧性和弹性，具有良好的持气性。

（2）冷冻面团的加水量要低于普通面团，防止形成过多的自由水，在冻结和解冻期间对面团和酵母造成伤害。

（3）冷冻面团的酵母用量要高于普通面团，因为冻结会对酵母的活性造成一定的影响。

（4）面团要一直搅拌到面筋完全扩展阶段，面团理想温度在 18～24 ℃。

（5）面团发酵时间要短，通常为 30 min 左右，或者不经过发酵。

（6）分块、压片和成型工序操作要快，面团要迅速地送到冷库内快速冻结。

（7）速冻若采用机械吹风冻结，条件为－40～－34 ℃，空气流速 16.8～19.6 m^3/min，面块的中心温度达到－32～－29 ℃即可。若采用低温吹风冻结（二氧化碳、氮气），温度为－35 ℃以下，在 20～30 min 内完成。

（8）冷藏间温度为－23～－18 ℃，面团储存期通常为 5～12 周。

（9）从低温冷藏间取出冷冻面团，可以在 4 ℃条件下放置 16～24 h 使面团解冻，然后将解冻的面团放在 32～38 ℃、相对湿度为 70%～75%的醒发箱醒发 2 h；也可以将冷冻面团直接放入 27～29 ℃、相对湿度为 70%～75%的醒发箱里醒发 2～3 h。醒发后的面团即可转入正常烘烤。

（三）冷冻面团法的特点

冷冻面团法是由较大的面包厂（公司）或中心面包厂将已经搅拌、发酵、整形后的面团在冷库中快速冻结和冷藏，然后将此冷冻面团销往各个连锁店（包括超市、宾馆、面包零售店等）的冰箱储存起来，各连锁店只需备有醒发箱、烤炉即可。随时可以将冷冻面团从冰箱中取出，放入醒发室内解冻、醒发，然后烘烤即为新鲜面包。

冷冻面团技术的最大优点在于实现了烘焙食品的现烤现卖，确保了顾客可以在任何时间都能买到刚出炉的新鲜面包，可以现场直接地看到面包的烘烤和出炉过程，品尝到刚出炉面包的风味和香气。大多数冷冻面团产品的生产都采用快速发酵法，即短时间发酵法或未发酵法。它们能使产品冻结后具有较长的保鲜期，这是由于经过冻结后酵母活性完好地保存下来。

任务三　软质面包的制作

任务描述

软质面包是一类组织松软、富有弹性、体积膨大、口感柔软的面包，包括了吐司面包、软式餐包、甜面包、软欧包等。介绍了各种软质面包的特点、选料要求、面团搅拌方法、成型方法等，并重点阐述了一次发酵法、二次发酵法、烫种法和鲁邦种法在不同种类软质面包中的应用。

任务目标

了解软质面包的特点，掌握不同发酵法制作软质面包的方法，并在实践操作的基础上重点学习面团的搅拌和发酵操作，掌握面团发酵和最后醒发程度的判断方法，学会软质面包的制作方法及品种变化，能自主设计软质面包的配方，创新和研发新品种。

一、软质面包的特点

软质面包是一类具有组织松软、富有弹性、体积膨大、口感柔软等特点的面包。软质面包的原料除了面粉、食盐、酵母外，还添加了鸡蛋、奶粉、糖、油脂等柔性原料，且面团的含水量较高，如白吐司面包、热狗面包、甜面包等。软质面包的面团发酵和最后醒发都需要充分发酵，从而使面包体积膨大、组织更松软。

二、软质面包的分类

根据软质面包的配方、口味和造型特点，可以分为吐司面包、软式餐包、甜面包和软欧包等。

❶ 吐司面包 吐司面包是由英文 toast 音译而来，它是将发酵好的面团放入长方形的带盖或不带盖的烤听烤制而成的听形面包。吐司面包最早出现在欧洲的火车餐车上作为快餐食品，因此也有人称该面包为“火车面包”。由于带盖烤出来的经切片后的吐司面包呈正方形，很多人称它为方包，而不带盖烘烤的吐司面包又被称为山形面包、屋形面包。此外，切片的吐司面包夹入火腿、芝士和蔬菜后，被制作成了三明治，因此人们又称它为三明治面包(sandwich bread)。吐司面包是以高筋粉、糖、盐、油脂、酵母、奶粉等为原辅料，含水量比一般面包高的软质主食面包。其常见的发酵方法有一次发酵法和二次发酵法，从成分上讲有高成分和低成分之分。

❷ 软式餐包 软式餐包(dinner roll)是一类个头较小，一般用于正式宴会和讲究的餐食中的软质面包。软式餐包较吐司面包更为柔软，且一般具有甜味，配方中使用了较多的糖和奶油，且使用了较吐司面包粉蛋白质含量低的次高筋粉，一般做成圆形或椭圆形，便于食用。

软式餐包中糖的用量为8%～14%，奶油的用量为5%～10%，蛋的用量为6%～10%，盐的用量为1%，奶粉用量为4%～6%。软式餐包中使用的面粉筋度较低，因而面团的搅拌至面筋扩展即可。如搅拌时间过长，则烤出来的面包表皮容易起皱，形状不够挺立，呈扁圆状。

❸ 甜面包 甜面包(sweet roll)是指配方中添加了较多的糖、蛋、油脂和奶粉等高成分材料的面包。甜面包口感香甜，组织柔软且富有弹性，因而人们常把它当作点心食用，也称为点心面包。甜面包分为美式、欧式、日式、台式等，一般甜面包面团中的糖含量在14%～20%，油脂不低于6%。可采用一次发酵法、二次发酵法和烫种法进行制作，根据硬件条件还可以选用冷冻面团来制作，可及时供应刚出炉的热面包。甜面包一般选用蛋白质含量在11.5%～12.5%的次高筋粉，因此面团搅拌至面筋扩展阶段即可。甜面包的造型种类较多，可以包馅，也可以在表面装饰各类馅料。由于面团中的糖含量较高，所以甜面包多采用高温短时间烘焙。

❹ 软欧包 软欧包即松软的欧式面包，是在传统欧式面包的配方基础上进行改进，结合了日式软面包的制作方法而演变出的一种低糖、低油、高纤维的欧式面包。软欧包中常添加了杂粮、坚果和果汁等原料，采用了少油、少糖、无蛋的配方，外脆硬而内柔韧，比软面包更有嚼劲，比硬欧包更松软，热量低又口感好，迎合了现代人对健康的需要。

三、软质面包制作实例

实例1 牛奶吐司面包

牛奶吐司面包是具有奶香味的方形吐司面包。它是一种以高筋粉、糖、盐、油脂、酵母、奶粉等为原料，含水量较高的一种软质主食面包。其采用一次发酵法制作，如图 4-7 所示。

图 4-7　牛奶吐司面包

（一）原料及配方

牛奶吐司面包的原料及配方如表 4-2 所示。

表 4-2　牛奶吐司面包的原料及配方

原　　料	烘焙百分比/(%)	实际用量/g
面包粉	100	2400
酵母	1.5	36
面包改良剂	0.5	12
盐	1	24
糖	14	336
奶粉	6	144
水	60	1440
黄油	8	192
合计	191	4584

（二）制作方法

❶ **计量**　将各种原料按配方中的烘焙百分比计算出实际用量，用电子秤称量好备用。

❷ **搅拌**　将面包粉、酵母、面包改良剂、盐、糖、奶粉等干性原料倒入和面机中，快速搅拌使其混合均匀。改慢速后加入鸡蛋和水，搅拌至成团后，改中速搅拌促进其面筋形成。然后改慢速加入黄油，搅拌至黄油全部融入面团后，改快速搅拌至面筋完全扩展阶段即可。完成后的面团可拉出薄膜状，面团温度控制在 28 ℃左右。

❸ **发酵**　在 30 ℃、相对湿度 75%条件下发酵 2.5 h，中间翻面一次。

❹ **分割搓圆**　分割成 150 g 的剂子 30 个，搓圆。

❺ **中间醒发**　盖上保鲜膜，醒发 15 min。

❻ **成型**　擀压成长椭圆形，卷紧成长条，收口向下，三个并排放入 450 g 吐司模具中。

❼ **最后醒发**　在 38 ℃、相对湿度 80%～85%醒发箱内，醒发至模具八成满时，取出，盖好盖子。

❽ **烘烤**　放入上火 200 ℃、下火 200 ℃的烤箱烘烤 40 min，关火再焖 10 min。

（三）工艺操作要点

(1) 面团搅拌要适度，达到面筋完全扩展阶段。

(2) 成型时面团要卷紧，整齐排放在模具中。

(3) 面团发酵要充分，一般需要 2～3 h 的发酵时间。

(4) 烘烤温度和时间取决于模具的大小及是否带盖子，带盖子的炉温一般为上火 200 ℃、下火

制品视频

200 ℃，不带盖子的炉温一般在上火 170 ℃、下火 200 ℃。

（5）出炉后应立即脱模，在散热网上冷却后再切片，否则面包容易变形。

（四）成品要求

成品色泽金黄，形状规则，内部气孔细密，色泽洁白。

实例 2　山形吐司面包

山形吐司面包是用长方形不带盖的烤听烤制而成的听形面包，添加了葡萄干，口感更有层次性，风味更香醇。其采用二次发酵法制作，如图 4-8 所示。

图 4-8　山形吐司面包

（一）原料及配方

山形吐司面包的原料及配方如表 4-3 所示。

表 4-3　山形吐司面包的原料及配方

原料	烘焙百分比/(%)		实际用量/g	
	中种面团	主面团	中种面团	主面团
面包粉	70	30	1540	660
酵母	0.6	—	13.2	—
面包改良剂	0.5	—	11	—
盐	—	1	—	22
糖	—	12	—	264
奶粉	—	4	—	88
鸡蛋	—	6	—	132
水	42	21	924	462
黄油	—	6	—	132
葡萄干	—	8	—	176
合计	201.1		4424.2	

（二）制作方法

❶ **计量**　将各种原料按配方中的烘焙百分比计算出实际用量，用电子秤称量好备用。

❷ **馅料制备**　葡萄干清洗干净后，用温水浸泡 10 min。

❸ **搅拌**　按照实例 1 方法搅拌至面筋完全扩展阶段时，改慢速加入葡萄干拌匀即可，面团温度

控制在 28 ℃左右。

❹ **发酵**　在 30 ℃、相对湿度 70%～75%条件下发酵 2.5 h。

❺ **分割搓圆**　分割成 150 g 的剂子 28 个，搓圆。

❻ **中间醒发**　盖上保鲜膜，醒发 15 min。

❼ **成型**　擀压成长椭圆形，卷紧成长条，收口向下，三个并排放入 450 g 吐司模具中。

❽ **最后醒发**　在 38 ℃、相对湿度 80%～85%醒发箱内，醒发至模具八成满时取出。

❾ **烘烤**　放入上火 170 ℃、下火 210 ℃烤箱中烘烤 30 min，关火再焖 10 min。

（三）工艺操作要点

（1）松弛后的面团需排气，分割搓圆后再松弛 15 min。

（2）为使面包上色，入炉烘烤前在面包表面刷上蛋液。

（3）出炉后应立即脱模，在烤网上放凉。

（四）成品要求

成品色泽棕黄，外形似山包，内部葡萄干分布均匀。

实例 3　全麦吐司面包

全麦吐司面包是在配方中添加一定比例的全麦粉制作而成的吐司面包。其特点是颜色微褐色，肉眼能看到很多麦麸的颗粒，质地比较粗糙，具有浓郁的麦香味。与普通吐司面包相比，全麦吐司面包的营养价值要更高一些。全麦吐司面包含有丰富的粗纤维、维生素 E、B 族维生素以及锌、钾等矿物质，在国外销量很高。其采用一次发酵法制作，如图 4-9 所示。

图 4-9　全麦吐司面包

（一）原料及配方

全麦吐司面包的原料及配方如表 4-4 所示。

表 4-4　全麦吐司面包的原料及配方

原　　料	烘焙百分比/(%)	实际用量/g
面包粉	60	1260
全麦粉	40	840
酵母	1.3	27.3
面包改良剂	0.5	10.5
盐	1.5	31.5
糖	5	105
水	62	1302
黄油	5	105
合计	175.3	3681.3

（二）制作方法

❶ **计量** 将各种原料按配方中的烘焙百分比计算出实际用量，用电子秤称量好备用。

❷ **搅拌** 按照实例1方法搅拌至面筋完全扩展阶段，面团温度控制在28 ℃左右。

❸ **发酵** 在30 ℃、相对湿度70%～75%条件下发酵2.5 h。

❹ **分割搓圆** 分割成150 g的剂子24个，搓圆。

❺ **中间醒发** 盖上保鲜膜，醒发15 min。

❻ **成型** 擀压成长椭圆形，卷紧成长条，收口向下，5个并排放入1000 g吐司模具中。

❼ **最后醒发** 在38 ℃、相对湿度85%醒发箱内，醒发至模具八成满时，取出，盖好盖子。

❽ **烘烤** 放入上火200 ℃、下火200 ℃烤箱烘烤40 min，关火再焖10 min。

（三）工艺操作要点

(1) 全麦粉与面包粉要充分搅拌均匀，比例恰当。

(2) 烤完后需再焖10 min，以确保中间烤透。

（四）成品要求

成品表面粗糙，有颗粒感，较有韧性，营养丰富。

实例4 奶油餐包

奶油餐包是一种奶香浓郁、口感柔软、细腻的小面包，采用一次发酵法制作，如图4-10所示。

图4-10 奶油餐包

（一）原料及配方

奶油餐包的原料及配方如表4-5所示。

表4-5 奶油餐包的原料及配方

原 料	烘焙百分比/(%)	实际用量/g
面包粉	80	400
蛋糕粉	20	100
即发干酵母	1.3	6.5
面包改良剂	0.5	2.5
盐	1.5	7.5
糖	14	70
奶粉	6	30
鸡蛋	10	50

续表

原　　料	烘焙百分比/(%)	实际用量/g
水	50	250
黄油	12	60
合计	195.3	976.5

（二）制作方法

❶ **计量**　将各种原料按配方中的烘焙百分比计算出实际用量，用电子秤称量好备用。

❷ **搅拌**　按照实例 1 方法搅拌至面筋扩展阶段，面团温度控制在 28 ℃左右。

❸ **发酵**　在 30 ℃、相对湿度 75%～80%条件下发酵 1.5～2 h。

❹ **分割搓圆**　分割成 30 g 的剂子 32 个，搓圆。

❺ **中间醒发**　盖上保鲜膜，醒发 15 min。

❻ **成型**

(1) 圆形。第二次滚圆成球形，放入刷油的烤盘。

(2) 指形。将面团擀成长条后，卷成长条形即可装盘。

❼ **最后醒发**　在 38 ℃、相对湿度 80%～85%醒发箱内，醒发 50～55 min。

❽ **烘烤**　面包表面刷蛋液后，放入上火 220 ℃、下火 180 ℃烤箱中烘烤 8～10 min。

（三）工艺操作要点

(1) 面包粉与蛋糕粉要充分搅拌均匀，比例恰当。

(2) 掌握好面团的搅拌程度，至面筋扩展阶段即可。

(3) 面团发酵成熟即可，不可过度发酵。

（四）成品要求

成品表面光滑，色泽金黄，有弹性，口感细腻柔软，奶香浓郁。

实例 5　豆沙面包

豆沙面包是起源于日本的一种面包，内为红豆馅。豆沙面包是由木村屋创业者，茨城县出身的旧士族木村安兵卫和他的次男木村英三郎策划出的面包。1874 年开始在银座的店铺销售，并博得好评。1875 年，豆沙面包被献上给赏花行幸的明治天皇，木村屋的豆沙面包因此成为皇室的御用点心。现在豆沙面包已成为亚洲国家人们较喜爱的一类面包。其采用二次发酵法制作，如图 4-11 所示。

图 4-11　豆沙面包

（一）原料及配方

豆沙面包的原料及配方如表 4-6 所示。

表 4-6 豆沙面包的原料及配方

原料	烘焙百分比/(%)		实际用量/g	
	中种面团	主面团	中种面团	主面团
面包粉	60	40	600	400
酵母	0.7	—	7	—
面包改良剂	0.5	—	5	—
盐	—	1	—	10
糖	—	14	—	140
奶粉	—	4	—	40
水	35	15	350	150
鸡蛋	—	10	—	100
黄油	—	10	—	100
合计	190.2		1902	

（二）制作方法

❶ **计量** 将各种原料按配方中的用量称量好。

❷ **中种面团搅拌** 面包粉、酵母、面包改良剂倒入和面机中拌匀后，加水搅拌至成团，然后改中速搅拌至面筋形成，控制面团温度为 24～26 ℃。

❸ **基础发酵** 面团取出后收圆，放入 26 ℃、相对湿度为 75%的醒发箱中发酵 3 h，中途翻面 2 次。

❹ **主面团搅拌** 盐、糖、鸡蛋和水倒入和面机中搅拌均匀后，加入中种面团、面粉和奶粉搅拌成团，改中速搅拌至面筋形成。改慢速后加入软化的黄油，搅拌至黄油全部融入面团中后，改中速搅拌至面筋完全扩展。完成后的面团可拉出薄膜状，面团温度控制在 26 ℃左右。

❺ **二次发酵** 放入 26 ℃、相对湿度 75%～80%的醒发箱中发酵 60 min。

❻ **面包成型**

（1）分割。分割成 70 g 的剂子 27 个。

（2）搓圆。分别搓成表面光滑的圆球。

（3）中间醒发。盖上保鲜膜后中间醒发 20 min。

（4）包馅。擀成圆形的皮，包入 30 g 豆沙馅，收紧收口。

（5）成型。包馅后的面坯擀成椭圆形，对折后中间划一刀，将一头从豁口中穿过做成麻花形即可。

❼ **最后醒发** 发酵温度 35～38 ℃，相对湿度 80%～85%，醒发 50 min。

❽ **烤前装饰** 醒发好的面包从醒发箱中拿出，表面刷蛋液，可以撒上芝麻进行装饰。

❾ **烘烤** 上火 210 ℃、下火 170 ℃，烘烤 13～15 min，烤至表面红棕色即可出炉。

（三）工艺操作要点

（1）豆沙馅不能太稀软，否则不易成型，如果比较软可以适当冷冻以增加馅心的硬度。

（2）包馅时收口要捏紧，防止醒发时撑开。

（3）醒发箱的温度和湿度要控制好，同时掌握好最后醒发的程度。

（4）烤箱的温度要适中，烘烤时间不宜过长。

（四）成品要求

色泽棕黄色，形态饱满美观，气泡均匀，口感细腻、湿润，有嚼劲。

实例 6　辫子面包

辫子面包是瑞士人最喜爱的面包品种，因其形状像辫子而得名。辫子面包口感松软，奶香浓郁，成型方法多样，有像花朵一样的一股辫，也有像麻花一样的多股辫，最多的甚至可以辫到八股辫。在瑞士，辫子面包常做成咸味的面包，而在亚洲国家常做成甜面包。辫子面包表面可以装饰芝麻、杏仁片、芝士或椰蓉等。本实例为采用二次发酵法制作的甜味辫子面包，如图 4-12 所示。

图 4-12　辫子面包

（一）原料及配方

辫子面包的原料及配方如表 4-7 所示。

表 4-7　辫子面包的原料及配方

原　　料	烘焙百分比/(%)		实际用量/g	
	中种面团	主面团	中种面团	主面团
面包粉	70	30	700	300
酵母	0.7	—	7	—
面包改良剂	0.3	—	3	—
盐	—	1	—	10
糖	—	18	—	180
奶粉	—	4	—	40
水	42	10	420	100
鸡蛋	—	10	—	100
黄油	—	10	—	100
合计	196		1960	

（二）制作方法

❶ **计量**　将各种原料按配方中的用量称量好。

❷ **中种面团搅拌**　按照实例 5 方法搅拌，面团温度 24～26 ℃。

❸ **面团基本发酵**　面团取出揉光后，放入 26 ℃、相对湿度为 70%～75%的醒发箱中发酵 4 h 后，中途翻面 2 次。

❹ **主面团搅拌**　按照实例 5 方法搅拌，完成后的面团可拉出薄膜状，面团温度 26 ℃。

❺ **二次发酵**　放入 26 ℃、相对湿度为 75%的醒发箱中发酵 30～60 min。

❻ **面包成型**

(1) 分割。分割成 60 g 的剂子 32 个。

(2) 搓圆。分别搓成表面光滑的圆球。

(3) 中间醒发。盖保鲜膜醒发 15 min。

(4) 搓条。擀压成长方形的皮,卷紧成长条,收紧收口处,或者用面包整形机搓条。

(5) 成型。分别编制一股辫、两股辫、三股辫、四股辫和五股辫。编五股辫的口诀:1→3,5→2,2→3,重复这三步。编六股辫的口诀:6→1,然后 2→6,1→3,5→1,6→4,重复这四步(6→1 不用重复)。

❼ **最后醒发** 发酵温度 35～38 ℃,相对湿度 80%～85%,时间 45～60 min。

❽ **烤前装饰** 醒发后的面包从醒发箱中拿出,表面刷蛋液,可以撒上芝麻、马苏里拉奶酪、葱花,挤上低糖沙拉酱进行装饰。

❾ **烘烤** 以上火 190 ℃、下火 170 ℃烘烤 17 min 后至表面为金黄色即可。

(三) 工艺操作要点

(1) 调节好水温,使搅拌好的中种面团温度控制在 26 ℃左右。

(2) 面团搅拌要适度,达到面筋扩展阶段即可。

(3) 面团分割要过秤,确保大小均匀。

(4) 醒发箱的温度和湿度要控制好,同时掌握好最后醒发的程度。

(5) 烤箱的温度要适中,烘烤时间不宜过长。

(四) 成品要求

色泽棕黄色,气泡均匀,口感细腻、湿润。

实例 7 菠萝面包

菠萝面包又称菠萝包,是源自香港的一种甜味面包,据说是因为面包经烘焙过后表面呈金黄色、其凹凸的脆皮形似菠萝而得名。菠萝面包原料里并没有菠萝的成分,面包中可以包入豆沙、奶酥馅或蜜豆等,也可以不包馅。其采用一次发酵法制作,产品如图 4-13 所示。

图 4-13 菠萝面包

(一) 原料及配方

菠萝面包的原料及配方如表 4-8 所示。

表 4-8 菠萝面包的原料及配方

原料	烘焙百分比/(%)	实际用量/g	原料(菠萝皮)	实际用量/g
面包粉	100	1000	黄油	50
酵母	1.3	13	糖粉	50
面包改良剂	0.5	5	低筋粉	100
盐	1.0	10	盐	2

续表

原　　料	烘焙百分比/(%)	实际用量/g	原料(菠萝皮)	实际用量/g
糖	16	160	奶粉	10
奶粉	5	50	鸡蛋	30
鸡蛋	8	80		
水	54	540		
黄油	8	80		
合计	193.8	1938	合计	242

(二) 制作方法

❶ **计量**　将各种原料按配方中的用量称量好。

❷ **面团搅拌**　按照实例 1 方法搅拌至面筋完全扩展阶段,面团温度控制在 28 ℃左右。

❸ **面团发酵**　面团取出后收圆,放入 28 ℃,相对湿度 75%~80%的醒发箱中发酵 1 h 后,翻面一次,继续发酵 30 min。

❹ **菠萝皮制作**　将黄油和糖粉放入搅拌缸中搅拌至松发,分次加入蛋液,继续搅拌均匀,再加入低筋粉和奶粉搅拌成团状,取出后用保鲜膜包好,放入冷藏室备用。

❺ **面包成型**

(1) 分割。分割成 70 g 的剂子 27 个。

(2) 搓圆。分别搓成表面光滑的圆球。

(3) 中间醒发。盖保鲜膜醒发 20 min。

(4) 包馅。将面团擀成圆形的皮,包入 20 g 豆沙馅或蜜豆,收紧收口。

(5) 成型。包馅后的面坯搓光滑后刷上蛋液,将菠萝皮分成 20 g 左右的剂子,擀薄后盖在面包坯表面,最后用菠萝印模压出菠萝纹路即可。

❻ **最后醒发**　在室温下发酵 30 min 后,放入 35~38 ℃、相对湿度 80%~85%醒发箱内继续醒发 45~60 min,使其体积增大 3 倍左右。

❼ **烘烤**　上火 220 ℃、下火 180 ℃烤 12~15 min,至表面为金黄色即可出炉。

(三) 工艺操作要点

(1) 调节好水温,使搅拌好的面团温度控制在 28 ℃左右。

(2) 面团搅拌要适度,达到面筋扩展阶段即可。

(3) 菠萝皮面团制作时注意勿使面糊生筋。

(4) 菠萝面包醒发时注意不要直接放在醒发室,否则湿度过大易使菠萝皮吸水生筋。

(四) 成品要求

色泽金黄色,形似菠萝,形态饱满,内部气孔均匀,奶香浓郁,口感香甜细腻,湿润。

实例 8　火腿肠面包

将甜面包面团做成不同的造型,加入火腿肠、芝士,挤上沙拉酱,可制作成不同造型的火腿肠面包。火腿肠面包奶香浓郁,口感柔软细腻,是深受消费者喜爱的面包品种,如图 4-14 所示。

(一) 原料及配方

火腿肠面包的原料及配方如表 4-9 所示。

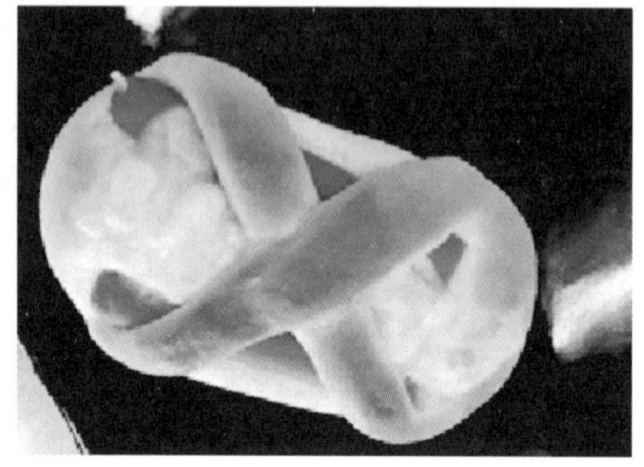

图 4-14 火腿肠面包

表 4-9 火腿肠面包的原料及配方

原料	烘焙百分比/(%)	实际用量/g
面包粉	100	2000
酵母	1.3	26
面包改良剂	0.5	10
盐	1.6	32
糖	14	280
奶粉	5	100
鸡蛋	10	200
水	52	1040
黄油	8	160
合计	192.4	3848

（二）制作方法

❶ **计量** 将各种原料按配方中的用量称量好。

❷ **面团搅拌** 按照实例 1 方法搅拌至面筋完全扩展阶段，面团温度控制在 28 ℃左右。

❸ **面团发酵** 面团取出后揉成光滑的面团后，放入 28 ℃、相对湿度 75%的醒发箱中发酵 30 min 后，翻面一次，继续发酵 30 min。

❹ **面包成型**

(1) 分割。分割成 70 g 的剂子。

(2) 搓圆。分别搓成表面光滑的圆球。

(3) 中间醒发。盖保鲜膜松弛 20 min。

(4) 成型。兔子形的面包是将面团擀薄，卷成长条状后对折，在一端放半根火腿肠，将两个末端从另一头穿出拉进即可。船形面包是将面团擀成椭圆形，沿长边相反方向各切一刀，不要切断，火腿肠顺长切两半，放在面团两边，将切下的两个长条沿 45°对折到另一边。

❺ **最后醒发** 发酵温度 35～38 ℃，湿度 80%～85%，时间 45～60 min。

❻ **烤前装饰** 醒发好的面包从醒发箱中拿出，表面刷蛋液。船形面包表面加马苏里拉奶酪，再挤上沙拉酱。

❼ **烘烤** 上火 210 ℃、下火 170 ℃烤 12～15 min，至表面为金黄色即可出炉。

（三）工艺操作要点

(1) 面团搓条时分两次进行，搓条后粗细要均匀一致。

(2) 醒发箱的温度和湿度要控制好，同时掌握好最后醒发的程度。

(3) 烤箱的温度要适中，烘烤时间不宜过长。

(四) 成品要求

色泽棕黄色，形态饱满美观。内部气孔均匀，口感细腻、湿润。

实例 9　毛毛虫面包

毛毛虫面包是将甜面包做成长约 20 cm 的长棍形，然后在表面用泡芙糊挤上横条纹，烘烤后泡芙糊膨起后，面包形似毛毛虫而得名。毛毛虫面包奶香浓郁，口感柔软细腻，是深受儿童喜欢的面包品种之一，如图 4-15 所示。

图 4-15　毛毛虫面包

(一) 原料及配方

毛毛虫面包的原料及配方如表 4-10 所示。

表 4-10　毛毛虫面包的原料及配方

原　料	烘焙百分比/(%)	实际用量/g	用量(毛毛虫酱)/g
面包粉	100	800	132
烫种	10	80	
酵母	1.3	10.4	—
面包改良剂	0.5	4	—
盐	1.0	8	5
糖	18	144	—
奶粉	5	40	—
鸡蛋	10	80	200
水	48	384	200
黄油	10	80	100
合计	203.8	1630.4	637

(二) 制作方法

❶ **计量**　将各种原料按配方中的用量称量好。

❷ **面团搅拌**　按照实例 1 方法搅拌至面筋完全扩展阶段，面团温度控制在 28 ℃左右。

❸ **面团发酵**　面团取出后揉成光滑的面团后，放入 30 ℃、相对湿度 75%的醒发箱中发酵 1 h，翻面一次，继续发酵 30 min。

❹ **成型**　将面团分割成每个 80 g 的剂子，搓圆后盖保鲜膜松弛 15 min。擀薄，卷紧搓成 15～

20 cm长的棍状，放入烤盘中醒发。

❺ **最后醒发** 发酵温度35～38 ℃，湿度80%～85%，时间45～60 min。

❻ **毛毛虫酱的调制** 将水、色拉油、黄油、盐放入锅中煮沸腾后，调小火后加入面粉，搅拌使面粉烫透，无结块。倒入打蛋机中搅拌使其冷却至40 ℃左右时，开始一个一个地加鸡蛋，不停地搅拌使鸡蛋融入面糊中，至面糊挑起后能成团流下时即可。

❼ **烤前装饰** 醒发好的面包从醒发箱中拿出，表面刷蛋液后，将泡芙糊在面包上均匀地挤出横纹即可。

❽ **烘烤** 烤炉上火220 ℃、下火160 ℃，烤7 min后转方向再烤5 min即可出炉。

（三）工艺操作要点

（1）面团搓条时分两次进行，搓条后粗细要均匀一致。

（2）醒发箱的温度和湿度要控制好，同时掌握好最后醒发的程度。

（3）泡芙糊的稠度要控制好，不可过稠或过稀。

（四）成品要求

色泽棕黄色，形态饱满美观，形似毛毛虫。内部气孔均匀，口感细腻、湿润。

实例10 火龙果软欧包

红心火龙果富含花青素，具有抗氧化、抗自由基、抗衰老的作用。火龙果中芝麻状的种子有促进胃肠消化的功能。利用火龙果汁、天然葡萄种和烫种制作火龙果软欧包，成品色泽鲜艳，柔软、有弹性、口感细腻、带有浓郁的火龙果和发酵的香味，是近几年市场上颇受欢迎的软欧包之一，如图4-16所示。

图4-16 火龙果软欧包

（一）原料及配方

火龙果软欧包的原料及配方如表4-11所示。

表4-11 火龙果软欧包的原料及配方

火龙果软欧包原料	烘焙百分比/(%)	实际用量/g	奶油芝士馅原料	实际用量/g
面包粉	100	2000	奶油芝士	600
烫种	10	200	糖粉	40
天然葡萄种	20	400	柠檬汁	24
酵母	1	20		
盐	1.2	24		
糖	9	180		
黄油	3	60		

续表

火龙果软欧包原料	烘焙百分比/(%)	实际用量/g	奶油芝士馅原料	实际用量/g
玫瑰水	16	320		
火龙果肉	45	900		
蔓越莓干	5	100		
合计	210.2	4204	合计	664

（二）制作方法

❶ **天然葡萄种制作**　凉白开 500 g，砂糖 125 g，葡萄干 200 g，放置于消过毒的密封容器中，大概七八分满即可，在最佳适宜温度 26～28 ℃下培养，每天开盖摇晃一次，5～7 天之后，如果有大量气泡产生，且有酒香味即可使用。

取葡萄菌液 100 g，加 100 g 高筋粉搅拌均匀，室温发酵至 2 倍大，再倒入葡萄菌液 200 g，高筋粉 200 g 搅拌均匀，室温发酵至 2 倍大，冷藏隔夜之后，保存使用。

❷ **烫种的制作**　100 g 的面包粉，加入 95 ℃的热水 200 mL，边加边搅拌。

❸ **奶油芝士馅料制作**　将糖粉、奶油芝士，慢速搅拌均匀，加入柠檬汁继续搅拌均匀。装入裱花袋，冷藏备用。

❹ **玫瑰水制作**　将水烧开，倒入干玫瑰花瓣中，浸泡至花瓣下沉，冷却至常温。

❺ **火龙果汁制作**　将 320 g 玫瑰水、900 g 火龙果肉榨成汁，备用。

❻ **浸泡蔓越莓干**　蔓越莓干里加入适量的红酒或朗姆酒，浸泡一夜后使用。

❼ **面团调制**　将火龙果汁、细砂糖、高筋粉、酵母搅拌混合均匀至面团成团，加入葡萄种、烫种继续将面团搅拌光滑，加入黄油、盐，继续搅拌至面团扩展，最后加入浸泡好的蔓越莓干，慢速搅拌均匀即可。

❽ **面团基础发酵**　面团从搅拌机中取出后收圆，28 ℃、相对湿度 75%～80%，发酵 50～60 min。

❾ **面包成型**　将面团分割成 200 g 的剂子，将面团整形成长条状后，盖保鲜膜松弛 15 min。将面团拍扁后，挤入奶油芝士馅，两端预留 2 cm。由中间向两边捏起，搓成长条，卷成 S 形，放入刷过油的烤盘中。

❿ **最后醒发**　放入 38 ℃、相对湿度 80%～85%的醒发箱中发酵 50 min。

⓫ **烘烤**　用筛网均匀撒上干粉，在 S 形的一端斜剪上几刀，放入上火 220 ℃、下火 200 ℃烤箱中烤 14 min。

（三）工艺操作要点

（1）制作葡萄种的容器尽量挑选玻璃材质，并用开水漂烫，以去除杂菌，可以用凉开水或矿泉水，务必注意卫生，以防止葡萄菌液产生其他菌类，使其变质发霉。

（2）火龙果烘烤后容易氧化变色，造成最后成品的表皮颜色不佳，因此一定要挑选成熟的红心火龙果。

（3）加入材料之前要将搅拌缸调到慢速，先将材料搅拌均匀，再转为中速，以免材料搅拌不均匀影响面团筋性形成。

（4）每一个烤箱的温度都会有偏差，要根据烤箱具体情况进行调节。

（四）成品要求

色泽鲜艳，形态美观，面包柔软细腻，有弹性，口感香甜，具有浓郁的火龙果和奶酪香味。

实例 11　红糖桂圆软欧包

红糖桂圆软欧包采用低糖、低油、高膳食纤维的面团制作，加入桂圆、核桃仁，使产品口感丰富，兼具健康与美味。采用天然葡萄种制作，增加了面包酸度，风味更加饱满自然，面包更加柔软、有弹性，如图 4-17 所示。

图 4-17　红糖桂圆软欧包

（一）原料及配方

红糖桂圆软欧包的原料及配方如表 4-12 所示。

表 4-12　红糖桂圆软欧包的原料及配方

原　　料	烘焙百分比/(%)	实际用量/g
面包粉	100	2000
酵母	0.8	16
面包改良剂	0.5	10
盐	1.4	28
红糖	10	200
水	60	1400
天然葡萄种	20	400
烫种	10	200
黄油	4	80
桂圆肉	6	120
核桃仁	8	160
合计	220.7	4614

（二）制作方法

❶ **原料准备**　所有原料称量好，将红糖和水倒入锅中，加热搅拌使其溶化，放置冷却备用。核桃仁放入 150 ℃烤箱内烘烤 10 min，桂圆肉用适量红酒浸泡 1 h，分别切碎备用。

❷ **面团搅拌**　将面包粉、酵母、面包改良剂、盐倒入和面机中搅拌均匀，加入天然葡萄种、烫种、红糖、水搅拌至面团光滑，加入黄油继续搅打至面筋完全扩展，最后加入桂圆肉和核桃仁。

❸ **面团发酵**　发酵温度 28 ℃，相对湿度 75%～80%，发酵 90 min 左右，使酵母菌大量增殖。

❹ **整形**

(1) 分割。将发酵完成的面团分割成 200 g 的大面团 21 个，30 g 的小面团 21 个。

(2) 搓圆。分别搓成表面光滑的圆球。

(3) 中间醒发。盖保鲜膜醒发 15 min。

(4) 成型。大面团用擀面杖擀成直径为 20 cm 的圆饼,小面团擀成小圆饼,再在大圆饼一圈切 8 刀,小圆饼切 4 刀,将小圆饼底部蘸水后压在大圆饼上。

❺ **最后醒发** 温度 38 ℃,相对湿度 80%,醒发 50 min 左右。

❻ **烤前装饰** 表面撒面粉。

❼ **成熟** 上火 200 ℃、下火 200 ℃的烤箱中烘烤 15 min 左右。

(三) 工艺操作要点

(1) 中间醒发时一定要注意盖上保鲜膜,避免表面风干。

(2) 面团发酵时间要根据实际情况确定,最重要的是看面团的状态。

(3) 面团温度控制在 26~28 ℃之间,才能让面团发酵呈现最好的状态。

(四) 成品要求

色泽均匀,表面深棕色,形态美观,口感柔软。

任务四 硬质面包的制作

任务描述

硬质面包是一类组织紧密、有弹性、经久耐嚼的面包,是欧洲最具代表性的面包,也是欧洲人的主食。介绍了各种硬质面包的特点、选料要求、面团搅拌方法、成型方法等,并重点阐述了酸面团发酵法在不同种类硬质面包中的应用。

任务目标

熟悉硬质面包的制作原理及操作要点,学会硬质面包的制作工艺及烘烤方法,重点学习酸面团的发酵方法。通过学习意大利面包、黑麦面包、农夫面包、罗宋面包、贝果面包和手腕面包的制作方法,熟悉硬质面包的配方、制作工艺、成型方法和烘烤工艺。

一、硬质面包的特点

硬质面包的特点是组织紧密,有弹性,经久耐嚼。其含水量较低,保质期较长,如意大利面包、法式乡村面包、菲律宾面包、杉木面包等。

欧式面包个头较大,较重,颜色较深,表皮金黄而硬脆;面包内部组织柔软而有韧性,没有海绵似的感觉,空洞细密而均匀;面包口味为咸味,面包里很少加糖和油;人们习惯将小面包做成三明治、大面包切片后再食用。欧式面包的吃法非常讲究,经常会配上一些沙拉、芝士、肉类和蔬菜等,配方中使用小麦粉、酵母、水、盐为基本原料,糖、油脂用量少于 4%,表面硬脆,有裂纹,内部组织松软,咀嚼性强,麦香味浓郁的面包。如法国面包、荷兰面包、维也纳面包、英国面包等,这类面包以欧式面包为主。

二、硬质面包制作实例

实例 1 意大利面包

意大利面包的配方较简单,其制作多采用酸面团法,且面包的醒发在室温完成,因而面包带有发

酵的香味，面包的表皮厚而硬，面包口感结实，有嚼劲。意大利面包的式样较多，有圆形、橄榄形、球棒形和绳子形等多种，也有用两条面团像编绳似的绕在一起，但其两端则任其张开。意大利面包在进炉前需用刀在表面划出不同形状的纹路，进炉烘烤后会裂开。意大利面包如图 4-18 所示。

图 4-18　意大利面包

(一) 原料及配方

意大利面包的原料及配方如表 4-13 所示。

表 4-13　意大利面包的原料及配方

原　料	烘焙百分比/(%)	实际用量/g
高筋粉	100	1500
酸面团	50	500
即发干酵母	0.8	12
面包改良剂	0.5	7.5
盐	3	40
水	70	1050
合计	224.3	3109.5

(二) 制作方法

❶ **计量**　将各种原料按配方中的用量称量好。

❷ **酸面团制作**　面粉 50 g，加酸奶 10 g，酵母 0.5 g，35～40 ℃温水 40 g，倒入清洁的不锈钢盆中搅拌成团后，盖保鲜膜发酵 24 h。再加入 100 g 面粉，100 g 温水，搅拌混合均匀后，盖保鲜膜继续发酵 12 h。再加入 350 g 面粉、350 g 温水搅拌成团，继续发酵 12 h 即可。

❸ **搅拌**　高筋粉、酵母、面包改良剂、盐倒入和面机搅拌均匀后，加入酸面团、水慢速搅拌成团，然后改中速搅拌至面筋扩展阶段。面团温度控制在 26 ℃。

❹ **面团发酵**　面团取出后收圆，放入不锈钢盆中，盖保鲜膜于室温发酵 3 h，中间翻面 2 次。

❺ **整形**

(1) 分割：分割成 150 g 和 300 g 的剂子。

(2) 搓圆：分别搓成表面光滑的圆球。

(3) 成型：150 g 的小面团用手按压成椭圆形的皮，卷紧成橄榄形，放入洒了面粉的发酵篮中。300 g 的面团搓成圆球形。

❻ **最后醒发**　放入 25 ℃、相对湿度 80%的醒发箱醒发 3～4 h，使其体积增大 1 倍以上。

❼ **烘烤**　将面包倒在刷过油的烤盘上，表面用刀片顺长划 3 刀，放入上下火均为 200 ℃的烤箱烘烤 30～40 min。炉内通 4 s 蒸汽。

(三) 工艺操作要点

(1) 控制好面团搅拌程度。

(2) 成型时面皮一定要卷紧,收口收严要向下。

(3) 从醒发箱拿出并放置 2 min 后再划出纹路,使面包表面干燥一点,划出的纹路更漂亮。

(4) 烘烤时烤箱一定要通蒸汽,以调节烤箱内的湿度。

(四) 成品要求

色泽棕黄色,形态美观,表皮较厚有裂纹,口感结实,有嚼劲,带有浓郁的发酵香味。

实例 2　黑麦面包

黑麦面包是一种用黑麦粉做成的面包,起源于德国,和白面包相比,黑麦面包颜色更深,富含纤维素、维生素、矿物质,面包内不含人工添加剂及防腐剂,如图 4-19 所示。

图 4-19　黑麦面包

(一) 原料及配方

黑麦面包的原料及配方如表 4-14 所示。

表 4-14　黑麦面包的原料及配方

面　团	原　料	烘焙百分比/(%)	实际用量/g
中种面团	高筋粉	25	625
	即发干酵母	0.2	5
	水	15	375
主面团	高筋粉	60	1500
	黑麦粉	15	375
	即发干酵母	0.5	12.5
	面包改良剂	0.3	7.5
	盐	2	50
	奶粉	2	50
	黄油	2	50
	水	50	1250
合计		172	4300

（二）制作方法

❶ **中种面团搅拌** 原料放入搅拌缸内低速搅拌至面筋形成阶段，搅拌后面团温度 25 ℃。

❷ **基础发酵** 面团取出收圆后，放入发酵盆中，盖保鲜膜室温发酵 15～18 h，相对湿度 75％。

❸ **主面团搅拌** 将所有原料加中种面团放入缸内慢速拌匀成团后，改中速搅拌至面筋扩展，面团温度 26 ℃。

❹ **延续发酵** 室温发酵 70 min。

❺ **整形**

（1）分割：分割成 150 g 和 350 g 两种剂子。

（2）成型：分别搓成表面光滑的圆球和橄榄形，150 g 的放入发酵篮中，350 g 放在洒粉的发酵布上。

❻ **最后醒发** 放入 32～35 ℃，相对湿度 75％醒发箱醒发 60 min 左右。

❼ **烘烤** 在面包坯表面撒黑麦粉，用刀片割出纹路，然后入炉烘烤。炉温 230 ℃，时间 30～40 min，炉内要通蒸汽。

（三）工艺操作要点

（1）面团发酵时一定要密封，防止表面结皮，中途翻面 1～2 次。

（2）从醒发箱拿出后放置 2 min 后再划出纹路，使面包表面干燥一点，划出的纹路更漂亮。

（3）烘烤时烤箱一定要通蒸汽，以调节烤箱内的湿度。

（四）成品要求

呈深棕色，形态美观，表皮厚，有裂纹，口感结实，有嚼劲，具有发酵香味和麦香味。

实例 3　农夫面包

农夫面包(farmer's bread)是在面包粉中掺入全麦粉和黑麦粉制成的杂粮面包，其膳食纤维含量高，营养价值高，如图 4-20 所示。

图 4-20　农夫面包

（一）原料及配方

农夫面包的原料及配方如表 4-15 所示。

表 4-15　农夫面包的原料及配方

原　　料	烘焙百分比/(%)	实际用量/g
高筋粉	50	750
全麦粉	25	375
黑麦粉	25	375
即发干酵母	1	15

续表

原　　料	烘焙百分比/(%)	实际用量/g
面包改良剂	0.3	4.5
酸面团	30	450
盐	2	30
黄油	5	75
水	62	930
合计	200.3	3004.5

(二)制作方法

❶ **搅拌**　面团搅拌方法同实例2黑麦面包。

❷ **分割**　面团每个300 g。

❸ **中间醒发**　15 min。

❹ **整形**　将滚圆松弛后的面团压扁,大面团表面刷水,放上小面团,用手指从上层面团中央插入,使上下两层面团黏紧。

❺ **最后醒发**　时间50 min。

❻ **烘烤**　在面包坯表面撒面粉,用刀片割出纹路,然后放入230 ℃烤箱烘烤30～40 min,炉内通蒸汽。

(三)工艺操作要点

(1)滚圆时应该各部分密度一致。

(2)醒发时间不宜过长,否则底部面团不能支撑上部面团。

(3)入炉烘烤前可用利刀在底层面团四周割数道裂口,烘烤时可从此裂口放出气体,防止上部面包滑下。

(四)成品要求

色泽棕黄色,表皮较厚,有裂纹,组织结实、紧密,有嚼劲,带有浓郁的发酵香味。

实例4　罗宋面包

罗宋面包(Russian bread)又称塞克面包、塞义克面包、梭形面包。罗宋是旧时上海人对俄国的称呼,因上海话把Russian读作“罗宋”而得名,因此罗宋面包是俄式面包的代表。罗宋面包是一种无糖的主食面包,外皮香脆,内质柔软有弹性,口感有嚼劲,如图4-21所示。

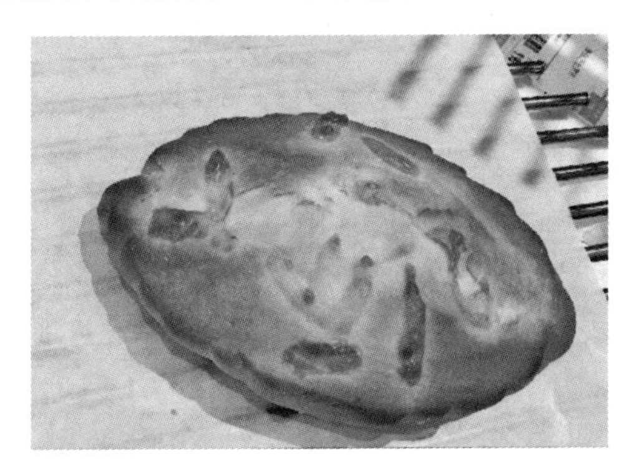

图4-21　罗宋面包

（一）原料及配方

罗宋面包的原料及配方如表 4-16 所示。

表 4-16 罗宋面包的原料及配方

面团	原料	烘焙百分比/(%)	实际用量/g
中种面团	高筋粉	30	600
	即发干酵母	0.5	10
	水	18	360
主面团	高筋粉	70	1400
	盐	1.5	30
	水	42	840
合计		162	3240

（二）制作方法

❶ **中种面团搅拌** 原料混合后搅拌成团，面团温度 25 ℃。

❷ **基本发酵** 发酵室温度 27 ℃，相对湿度 75%，发酵 3 h。

❸ **主面团搅拌** 将水和中种面团搅拌散开，再加入高筋粉和盐搅拌成面团，面团温度 28 ℃。罗宋面包面团不宜过软，稍硬为好。

❹ **延续发酵** 温度 30 ℃，时间 1～1.5 h。

❺ **整形** 分割成每个 140 g 的剂子，中间醒发 15 min。然后将面坯擀成薄片，卷成橄榄形。

❻ **最后醒发** 38 ℃醒发 50 min。

❼ **烘烤** 表面横着划一道裂口，稍松弛后入炉烘烤。炉温 200 ℃，入炉前和入炉中间向炉内喷蒸汽。

（三）工艺操作要点

(1) 面团延续发酵最好嫩一些，否则不易整形操作，烘烤时面包表面裂口不规整。

(2) 烘烤时要求炉温稍低，湿度适宜，否则表面不易裂口。

(3) 炉内保持一定的湿度，使烤出来的面包表面光亮并具有焦糖的特殊风味。

（四）成品要求

面包的形状为梭形或橄榄形，表面有裂口，皮脆心软，麦香浓郁，耐咀嚼，风味独特。

实例 5 贝果面包

贝果面包(图 4-22)又称贝谷，是一种烫面面包，一般都做成圈形。贝果面包最大的特色就是在烘烤之前先用沸水将成型的面团略煮过，经过这道步骤之后贝果面包就产生一种特殊的韧性和风味。贝果面包的食用方式相当多样，可蒸热，或再烘烤，亦可微波加热。横切成两个半圆，涂抹喜欢的果酱或奶油、调味酱，再搭配其他生鲜蔬果。当然亦可夹上烟熏火腿片或鸡肉，更有异国风味。

（一）原料及配方

贝果面包的原料及配方如表 4-17 所示。

图 4-22　贝果面包

表 4-17　贝果面包的原料及配方

原　　料	烘焙百分比/(%)	实际用量/g
高筋粉	100	750
即发干酵母	1.3	9.8
盐	2	15
糖	5	37.5
水	60	450
黄油	3	22.5
合计	171.3	1284.8

注:仅列主要原料。

(二) 制作方法

❶ **计量**　将各种原料按配方中的用量称量好。

❷ **面团搅拌**　高筋粉、即发干酵母、面包改良剂、盐、糖倒入和面机中拌匀后,加水搅拌成团,然后改中速搅拌至面筋形成。改慢速后加入软化黄油,搅拌至黄油全部融入面团后,改快速搅拌至面筋完全扩展。面团温度控制在 27 ℃左右。

❸ **发酵**　面团取出后收圆,盖保鲜膜发酵 40 min。

❹ **成型**　面团分割成每个 60 g 的剂子,中间醒发 15 min。将面团擀薄呈长椭圆形,卷成长条状,然后用一只手将面团一端压平,粘在另一端上,做成圈形,连接处要捏紧,并将连接口朝下放置烤盘中。

❺ **醒发**　放入 38 ℃、相对湿度 80%的醒发箱中醒发 20 min,使面包体积略有增大。

❻ **成熟**　将面包坯表面朝下放入煮沸的糖水中煮约 1 min,翻面再煮 1 min 捞出。放入炉温为 220 ℃的烤箱烘烤 20～25 min。

(三) 工艺操作要点

(1) 控制好面团搅拌程度。

(2) 成型时面皮一定要卷紧,收口收严,连接口要向下。

(3) 控制面包坯在沸水中煮烫时间。

(4) 烘烤时烤箱一定要通蒸汽,以调节烤箱内的湿度。

(四) 成品要求

色泽棕黄色,粗细均匀,形态美观,口感皮酥脆,面包瓤柔软。

实例 6　手腕面包

手腕面包又称为普雷结面包，是德国面包房的象征。据说其原型是古罗马的环形面包，随着时代的变迁演化成了现在的形状。其中央部分呈交叉状，则描绘出了 11 世纪的晚餐情景。它和普通面包的不同之处：一是配方中水的比例比其他面包少，因而搅拌的面团很干，所以后工序的成型较费劲；二是成型时做成手腕形，独具特色；三是烘烤前要在碱水中漂烫，使其形成特殊的颜色和风味。手腕面包如图 4-23 所示。

图 4-23　手腕面包

（一）原料及配方

手腕面包的原料及配方如表 4-18 所示。

表 4-18　手腕面包的原料及配方

	原　料	烘焙百分比/(%)	实际用量/g
面团原料	面包粉	100	1000
	酵母	1.5	15
	面包改良剂	0.5	5
	盐	1.8	18
	糖	3	20
	水	54	540
	黄油	4	40
烫漂液	小苏打	—	60
	水	—	4000
装饰料	海盐	—	50
合计		164.8	5748

（二）制作方法

❶ **计量**　将各种原料按配方中的用量称量好。

❷ **搅拌**　将所有原料倒入和面机，中速搅拌至面筋完全扩展，面团温度 26 ℃。

❸ **松弛**　室温下松弛 30 min。

❹ **整形**　面团分割成每个 55 g 的剂子，中间醒发 15 min。将面坯擀成椭圆形薄片，从一端卷起卷成结实的棒状，注意不要将空气卷进去。松弛 5 min，从中间向两头搓成中间粗、两端渐细、长度 50 cm 的棒状，两个顶端做成圆球状，然后编扭成手腕形。

❺ **最后醒发**　放入 35 ℃、相对湿度 75%的醒发箱醒发 20 min。

⑥ **成熟** 将面包放入煮沸的碱水中两面各烫 20 s，表面撒上粗海盐。表面撒上几粒海盐，用利刀于中间粗大部位划割一裂口。放入 180 ℃烤箱烘烤 20 min，炉内通蒸汽。

（三）工艺操作要点

（1）醒发箱温度、湿度都不宜过高，湿度以面包表面不干燥为度。

（2）醒发程度不宜大，稍有发起即可，否则漂烫时容易变形。

（3）漂烫时一定要戴手套，防止碱水灼伤皮肤。

（四）成品要求

红棕色，表皮光滑，有光泽，形态美观，口感结实，面包瓤柔软，略带碱味。

任务五 脆皮面包的制作

任务描述

熟悉脆皮面包的制作原理及操作要点，学会脆皮面包的制作工艺及烘烤方法，重点学习酸面团的发酵方法。通过学习法式长棍面包、夏巴塔面包、维也纳面包和芝麻棒的制作过程，熟悉脆皮面包的配方、制作工艺、成型方法和烘烤工艺。

任务目标

学会法式长棍面包、夏巴塔面包、维也纳面包和芝麻棒的制作方法；学会用酸面团发酵制作脆皮面包；培养脆皮面包品种变化的创新思路和方法。

一、脆皮面包的特点

最具代表性的脆皮面包有法式长棍面包、意大利夏巴塔面包、库贝面包和巴黎面包等。脆皮面包的特点包括以下几个方面：一是表皮香脆、易折断、内部组织松软；二是用料简单，多以面粉、食盐、酵母和水为主，蛋、糖、油的用量较少或几乎不用；三是最后醒发充分，使得面筋充分扩展，体积增大，内部充满空气，使面包内部组织松软可口；四是在烘烤过程中通过向烤箱中喷蒸汽，使烤箱保持较高的湿度，有利于面包体积膨胀爆裂，并使面包表面呈现光泽，易达到皮脆内软的要求。

二、脆皮面包的制作原理

当把面包放入烤箱中时，通入高温蒸汽使面包表皮快速升温，面包中的水分呈过热状态，产生分子剧烈振动，迅速汽化后面包内的压力增大，当内部蒸汽压力达到或超过细胞的结构张力时，会使细胞膨胀，进而使得淀粉分子发生膨化，形成疏松均匀的微孔结构。巨大的膨胀压力不仅破坏了面包表皮的外部形态，形成大量的龟裂纹，而且也拉断了淀粉的分子结构，将不溶性长链淀粉切断成水溶性短链淀粉、糊精和糖，这些物质的形成使得面包表皮具有一定的光泽。

三、制作实例

实例 1 法式长棍面包

法式长棍面包（baguette）因其外形多为长长的棍形，所以俗称法棍。法式面包配方简单，主要是面粉、食盐、酵母和水。法式长棍面包具有表皮酥脆而易折断、内部湿软的特点，如图 4-24 所示。在

烘烤过程中，需要向烤箱中喷蒸汽，使烤箱保持一定的湿度，有利于面包表面膨胀爆裂，表面呈现光泽，易达到皮脆内软的要求。

图 4-24　法式长棍面包

(一) 原料及配方

法式长棍面包的原料及配方如表 4-19 所示。

表 4-19　法式长棍面包的原料及配方

面　团	原　料	烘焙百分比/(%)	实际用量/g
中种面团	面包粉	70	700
	酵母	0.6	6
	面包改良剂	0.5	5
	水	42	42
主面团	面包粉	30	300
	盐	1.7	17
	糖	3	3
	水	22	22
	黄油	2	20
	合计	171.8	1115

(二) 制作方法

❶ **计量**　将各种原料按配方中的用量称量好。

❷ **中种面团搅拌**　面包粉、酵母、面包改良剂倒入和面机中，加水搅拌至成团，改中速搅拌至面筋形成阶段，面团温度 24～26 ℃。

❸ **面团基本发酵**　面团取出揉光后，放入 26 ℃、相对湿度为 70%～75%的醒发箱中发酵 4 h 后，中途翻面 2 次。

❹ **主面团搅拌**　盐、糖、水倒入和面机中，快速搅拌均匀后，改慢速后加入中种面团、面包粉搅拌成团后，中速搅拌至面筋形成阶段。改慢速后加入软化黄油，搅拌至黄油全部融入面团中后，改快速搅拌至面筋扩展即可。

❺ **延续发酵**　在 30 ℃、相对湿度 70%～75%条件下发酵 40 min。

❻ **整形**　分割成 300 g 的剂子 5 个，搓圆后，盖保鲜膜醒发 20 min。擀压成椭圆形的皮，卷紧成长条，收紧收口处。

❼ **最后醒发**　放入 38 ℃、相对湿度 80%的醒发箱，醒发 60～90 min，使其体积增大 2 倍以上。

❽ **划出纹路**　用刀片在面包表面顺长成 60°划几刀。

⑨ **成熟**　230 ℃，入炉通蒸汽 3 s，烘烤 15 min 后，降温到 180 ℃继续烘烤 15～20 min。

（三）工艺操作要点

（1）控制好面团的搅拌程度，搅拌至面筋完全扩展。

（2）成型时面皮边缘要压薄卷紧，收口纹路要尽量小。

（3）从醒发箱拿出后放置 1 min 后再划出纹路，使面包表面干燥一点，划出的纹路更漂亮。

（4）烘烤时烤箱一定要预热半小时以上，通蒸汽以调节烤箱内的湿度。

（四）成品要求

色泽棕黄色，粗细均匀，形态美观，皮酥脆、瓤心柔软。

实例 2　夏巴塔面包

夏巴塔面包是意大利具代表性的面包之一，也是在整个欧洲都深受人们欢迎的面包之一。由于夏巴塔面包外形很像拖鞋，因而俗称拖鞋包。夏巴塔面包使用经过低温长时间发酵的酸面团制作而成，面包的组织有着大小不一的光泽孔洞，具有外脆内软的微酸口感，越嚼越香。传统的吃法是蘸橄榄油和意大利香脂醋后食用，欧洲人也常常在该面包中加入奶酪、肉制品、蔬菜等制成美味可口的三明治。这款面包通过最基础配方变化后，在面团里加入亚麻籽、核桃、黑橄榄等干果，制成亚麻籽夏巴塔面包、核桃夏巴塔面包、黑橄榄夏巴塔面包、提子干夏巴塔面包等。夏巴塔面包如图 4-25 所示。

图 4-25　夏巴塔面包

（一）原料及配方

夏巴塔面包的原料及配方如表 4-20 所示。

表 4-20　夏巴塔面包的原料及配方

原料	烘焙百分比/（%）		实际用量/g	
	酸面团	主面团	酸面团	主面团
面包粉	70	30	700	300
酵母	0.5	0.3	5	3
水	50	20	500	200
面包改良剂	—	0.5	—	5
盐	—	2	—	20
糖	—	2	—	20
橄榄油	—	4	—	40
合计	179.3		1793	

（二）制作方法

❶ **计量**　将各种原料按配方中的用量称量好。

❷ **酸面团的制作**　用大约 37 ℃的温水溶解酵母后，加入面包粉，慢速搅拌 3 min，快速 3 min 即可。在室温条件下发酵 8～12 h。发酵到面团膨胀，中间有些塌陷的样子。

❸ **主面团的搅拌**　面包粉、酵母、面包改良剂、盐、糖计量后，倒入和面机，慢速搅拌 3 min 后，加入酸面团和水慢速搅拌成团后，加入橄榄油改慢速搅拌至橄榄油完全融入面团中即可。

❹ **面团发酵**　室温发酵 90 min，翻面一次，继续发酵 90 min 使酵母菌大量增殖。

❺ **整形**　用刮板分成 16 份，放在撒了面粉的案板上，用刮板整形成扁平的椭圆形即可。

❻ **装盘**　烤盘均匀地撒一层面粉后，放入整形好的面包，留出 3 倍左右的空间。

❼ **最后醒发**　放入 38 ℃、相对湿度 75%醒发箱醒发 60～90 min，使其体积增大 2 倍以上。

❽ **划出纹路**　用刀片在面包表面顺长成 60°划 3 刀，表面撒少量的面粉。

❾ **成熟**　220 ℃，入炉通蒸汽 3 s，烘烤 30 min 左右。

（三）工艺操作要点

(1) 加水量要足，约为面粉量的 70%。

(2) 夏季要控制好酸面团的发酵程度，可以将其放入冷藏箱过夜发酵。

(3) 面团较稀软，所以成型时台面撒面粉防止粘连。

(4) 面包从醒发箱拿出放置 2 min 后再划口，使面包表面干燥一点，划出的纹路更漂亮。

(5) 烘烤时烤箱内一定要通蒸汽，调节烤箱内的湿度。

（四）成品要求

色泽棕黄色，形状呈长椭圆。口感：皮酥脆，面包瓤柔软，带有淡淡的酸味和橄榄油的香味。

实例 3　维也纳面包

维也纳面包(Vienna bread)是 1840 年由出生于维也纳的奥地利驻巴黎官员因为吃腻了公定价格的品质低劣的面包，于是就从匈牙利买进面粉，让相识的面包房单独为其制作的一种面包，这便是维也纳面包的由来。这种当时在法国很少见的半硬质面包，表面划几道斜纹，烤熟后形成了特殊的外观。维也纳面包采用一次发酵法制作而成，是一种具有良好的香味的硬质面包，同时有较薄、脆及金黄色的外皮。它与其他硬质面包的区别是配方内含有奶粉，奶粉中含有乳糖成分，可增加面包外表色泽。在制作方面，面团基础发酵的时间较短，故酵母用量应略微提高。维也纳面包内部组织与一般白面包不同，其内部组织多孔、颗粒较为粗糙，在烘烤时需用较长的时间，以使外表和中心部位完全熟透，这样才能得到良好的香味。维也纳面包整形时面团一定要卷紧，否则因整形过松，会影响面包良好的形态和内部结构，故发酵和整形是制作维也纳面包最重要的两个步骤。维也纳面包如图 4-26 所示。

图 4-26　维也纳面包

（一）原料及配方

维也纳面包的原料及配方如表4-21所示。

表4-21　维也纳面包的原料及配方

原　　料	烘焙百分比/(%)	实际用量/g
面包粉	100	1000
酵母	1.3	13
面包改良剂	0.5	5
盐	2	20
糖	3	30
麦芽糖浆	1	10
鸡蛋	4	40
水	58	580
黄油	3	30
合计	172.8	1728

（二）制作方法

❶ **面团搅拌**　面包粉、酵母、面包改良剂、盐、糖计量后，倒入和面机，慢速搅拌3 min后，加鸡蛋、麦芽糖浆、水搅拌至成团后，快速搅拌至面筋形成，加入黄油改慢速搅拌至黄油完全融入面团中后，继续搅打至面筋完全扩展阶段即可。

❷ **面团发酵**　27 ℃、相对湿度80%发酵60 min。

❸ **面包成型**　分割成150 g的剂子，搓圆，盖保鲜膜中间醒发20 min后，将圆形面团压平，从两侧向中心折叠，再用手掌搓成中间粗两头尖的橄榄形。

❹ **最后醒发**　放入38 ℃、相对湿度80%醒发箱中最后醒发60 min左右，使其体积增大2倍以上。

❺ **烤前装饰**　用刀片在表面顺长成60°划2刀。

❻ **成熟**　210 ℃/200 ℃，入炉通蒸汽5 s，烘烤20 min左右。

（三）工艺操作要点

(1) 整形时面团一定要卷紧，否则因折卷过松，烘烤后容易变形。

(2) 面包从醒发箱拿出后，放置2 min，使面包表面干燥一点，划出的纹路更漂亮。

(3) 入炉烘烤时前10 min要确保烤箱中有足够的蒸汽，可以隔几分钟通几秒蒸汽，以调节烤箱内的湿度。

（四）成品要求

色泽金黄色，呈梭形，内部气孔均匀，表皮酥脆，面包芯柔软。

实例4　芝麻棒

芝麻棒面包的配方非常简单，与法式长棍面包配方没什么区别，是在细条状的面包表面蘸上芝麻，高温烘烤制成的一款香脆可口的面包棒，既可作为主食，也可以当零食食用。芝麻棒如图4-27所示。

（一）原料及配方

芝麻棒的原料及配方如表4-22所示。

图 4-27　芝麻棒

表 4-22　芝麻棒的原料及配方

原　料	烘焙百分比/(%)	实际用量/g
面包粉	100	500
酵母	1.3	6.5
面包改良剂	0.5	2.5
盐	2	10
糖	3	15
水	58	290
黄油	3	15
合计	167.8	839

（二）制作方法

❶ **面团搅拌**　面包粉、酵母、面包改良剂、盐、糖倒入和面机中拌匀后，加水搅拌成团，快速搅拌至面筋扩展，加入黄油搅拌至面筋完全扩展。

❷ **面团发酵**　面团收圆，27 ℃发酵 40 min。

❸ **面包成型**　将面团擀压成 1 cm 厚的圆皮后，用轮刀切成 1.5 cm 宽的长条，表面刷上水后，蘸上芝麻，用手掌搓成麻花形。

❹ **最后醒发**　放入 38 ℃、相对湿度 80%的醒发箱中最后醒发 20 min 左右，使其体积增大 1 倍。

❺ **成熟**　220 ℃，入炉通蒸汽 5 s，烘烤 15 min 左右。

（三）工艺操作要点

(1) 面团的加水量不宜太高，面团硬一些，更容易定型。

(2) 面包醒发至五成即可，不宜醒发太充分。

(3) 烘烤至面包表面呈金黄色，芝麻略有变色即可。

（四）成品要求

色泽金黄，形状规则，内部气孔均匀，表皮酥脆，芝麻香味浓郁。

任务六　松质面包的制作

任务描述

熟悉松质面包的起酥原理及操作要点，学会松质面包的制作工艺及烘烤方法，重点学习松质面包的起酥方法，熟悉松质面包发酵的特点。通过学习牛角面包、丹麦杏仁面包、丹麦酥卷、丹麦吐司面包、丹麦果酱面包和丹麦牛肉派，掌握松质面包制作的方法及相关理论。

任务目标

掌握松质面包制作的一般工艺流程和制作原理，学会牛角面包、丹麦杏仁面包、丹麦酥卷、丹麦吐司面包、丹麦果酱面包和丹麦牛肉派的制作方法。学会起酥的制作工艺，培养起酥面包品种变化的创新思路和方法。

一、松质面包的特点

松质面包又称起酥面包、丹麦面包，是采用发酵面团包裹奶油或人造奶油等固体油脂，经过反复压片、折叠，再加工成型，经醒发、烘烤而制成的口感酥松、层次分明的特色面包。松质面包表皮酥脆、内部松软、入口即化、奶香浓郁，肥而不腻，较常见的有牛角面包、丹麦果酱面包、风车面包。

松质面包的加工工艺较烦琐，一是分割压延后的面团需放入冰箱冷冻 2～3 h 后再进行包酥起酥操作；二是成型后的面包应放入 1～3 ℃冷藏柜中发酵 12～24 h，然后再放入 30～32 ℃醒发箱醒发。

二、松质面包的制作原理

松质面包利用油脂的润滑性和隔离性使面团产生清晰的层次，既有一定韧性又有一定酥松性的发酵面团作皮，加入片状起酥油或黄油，经过擀、叠、卷等起酥方法形成酥性结构。成熟时，油脂的流散和水分的气化使坯皮中形成空隙，使制品分层。

三、松质面包的选料要求

❶ 面粉　制作松质面包的面粉应选择次高筋粉，因为松质面包在制作过程中需要反复折叠和冷藏处理，面团受机械加工比常规面包要多，故应选择筋力较高的面粉。但全部使用高筋粉又会造成筋力过大不利于包油和反复压片、折叠，故通常在高筋粉中掺入少量的低筋粉，以降低筋力，适当提高面团的延伸性。

❷ 油脂　黄油是松质面包的主要原料。在欧洲制作松质面包一般都使用黄油，但黄油价格昂贵，成本较高，且天然黄油的熔点较低，操作时需经常冷冻降温，操作起来比较烦琐。目前多数国家都使用人造黄油，或将黄油和人造黄油混合使用。片状起酥油是目前使用较多的油脂，其熔点较高，起酥性好，可塑性较好，便于起酥操作，烘烤后面包酥层胀发大，层次分明，产品质量好。

四、松质面包的制作工艺流程及操作要点

（一）松质面包的制作工艺流程

松质面包的制作工艺流程如图 4-28 所示。

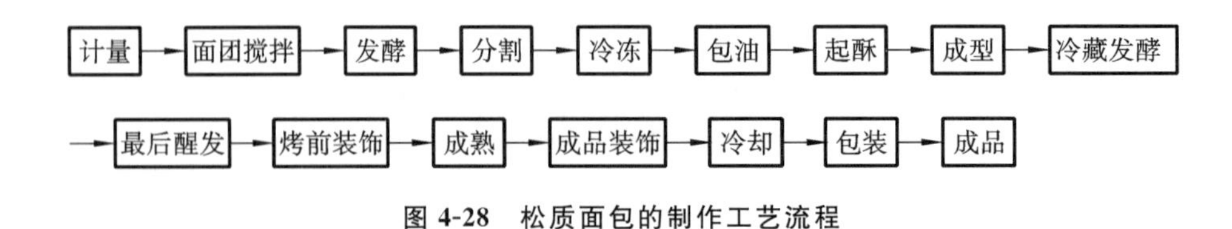

图 4-28　松质面包的制作工艺流程

（二）松质面包制作的操作要点

❶ 面团搅拌　松质面包的面团搅拌到面筋开始扩展阶段即可，因为面团还要经过很多次的压延、折叠。若面团搅拌过度，则面筋容易拉断，影响面包的烘焙品质。面团的搅拌温度应控制在 18～20 ℃，夏季可以使用冰水或碎冰。若面团温度过高，则面团发酵较快，面筋容易变脆，影响后期操作。

❷ 面团冷冻　搅拌好的面团松弛 15～20 min 后，分割成 1500～2000 g 面团，擀压成 1 cm 的长方形面片，装入密封袋中，放入－10 ℃或－20 ℃冰箱中冷冻 2～3 h，当面团硬度适当时取出进行包油起酥操作。面团冷冻后若不能及时处理，也可以放置到第 2 天再操作。但使用时必须事先将面团转放于 5 ℃的冷藏冰箱中解冻，使面团恢复适当硬度后再进行操作。如果直接放在室温解冻，会造成面团内外硬度不均匀，发酵速度不统一，使操作困难、品质不佳。

良好的冷冻冷藏设备是制作高品质松质面包的保障，因为松质面包面团较软，不经过冷冻或冷藏无法整形。即使再稀软的面团，经过数小时的冷冻后，面团自然会变硬，可塑性增大，加工性能提高。若只有冷藏柜，温度在 0 ℃时，面团提早分割即可。反之，冷冻库温度若为－20 ℃，面团分割后再松弛 15 min 后放入。若无冷冻冷藏设备时，可适当降低配方中糖和油脂的添加比例，减少水的用量，以增大面团的硬度。面团搅拌时多用或全部用冰水，控制面团温度在 18～20 ℃之间。搅拌好的面团松弛 15～20 min 后即可进行包油操作，起酥操作中间再松弛 15～20 min，以降低面团的韧性。

❸ 包油　把冷冻后的面团取出，将片状起酥油或黄油包入面团内，并将面团四周接口捏紧，使面团均匀地包裹住整块油脂。包油的方法有对折包油法、对角包油法、十字包油法和三折包油法等。裹入用的油脂硬度应与面团软硬度一致，否则油脂过硬会戳破面皮，油脂过软则会在擀压时堆积在面团的边缘，造成油脂分布不均匀，严重影响制品的品质。冬天温度较低时如果油脂太硬，可用少量面粉与油脂一起，用手反复搓擦均匀或用搅拌机搅拌至不含颗粒，其硬度与面团硬度保持一致。夏天时必须选择熔点高、可塑性强的人造黄油或黄油。

❹ 折叠　面团包入油脂之后，先用擀面棍在面团表面压或敲打几下，使面团的厚度略有降低，黄油均匀分布，然后用起酥机进行压延。面团使用起酥机进行压延时注意一次不能压得太薄，以免造成面皮破损，或油脂被挤到一端，应视面团厚度，调整面辊的间隙，由厚至薄来回进行压延。每次压延的厚度应不低于 0.7 cm，面团压薄后进行折叠，使包入面团中的油脂，经过折叠后产生很多层次。常用的折叠方法有三折法和四折法，四折法比三折法产生的层次更多。若采用三折法折三次，即三折三次，面坯层次可达 27 层。

❺ 冷藏松弛　第一次折叠后的面团置于冷藏冰箱中松弛 15 min 左右，再作第二次折叠。第二次折叠后，如果感觉面团延伸性尚好，则可以连续进行第三次折叠。如果延伸性不好无法继续折叠，则可以再次冷藏松弛。整个折叠过程最多折叠三次。

❻ 低温发酵　要制作高质量的松质面包，折叠后的面团最好在 1～3 ℃的冷藏柜中发酵 12～24 h，然后再取出整形。如果不想低温发酵这么长时间，亦可在冰箱中发酵 2 h 左右。如果不经过低温发酵松弛，则无法得到合格的松质面包。冷藏温度要严格控制在 1～3 ℃。如果温度低于 0 ℃，酵母多被冻成休眠状态，面团无法发酵。如果温度高于 3 ℃，面团发酵太快，均不能制作出合格品种的松质面包。

❼ 整形　面团经过三次折叠操作后就可进行整形。首先按照产品式样要求将面坯擀成一定的

厚度，切割造型或包馅。一般包馅的松质面包面皮厚度为0.3～0.4 cm。整形发酵后在烘烤前放馅的松质面包厚度为0.7～0.8 cm之间，丹麦吐司面包的厚度平均为1～1.2 cm。

⑧ **最后醒发**　松质面包的醒发温度一般为30～32 ℃，相对湿度为65%～70%。因为松质面包裹入了大量的油脂，若温度太高会使面团内的油脂熔化，破坏了面包的组织结构和层次；若湿度太高，面包坯醒发时易变形扁平。因此，面团内裹入油脂的熔点越低，则醒发温度要求低于油脂熔点1～2 ℃。醒发时间一般控制在达到成品体积的2/3左右为宜。如果醒发到产品体积，面团内部膨胀过度，出炉后面包容易收缩变形。一般小型松质面包的最后醒发时间为45～60 min，大型的丹麦吐司面包因体积大，回温较慢，需要60～90 min。但如果是经整形冷冻一夜以上的松质面包，因面团温度低、回温较慢，若要烘烤时必须先由冷冻库移入冷藏库放置4～6 h，放置常温下充分回温后，再进行最后醒发为佳，不能将冷冻未退冰的面团直接放入有温度的醒发室内进行最后醒发，这样会使松质面包产生内外发酵不一，影响品质。醒发后的面包坯在入炉前再刷一次蛋液，以增加面包的表面光泽。

⑨ **烘烤**　小型松质面包烘烤温度一般为190～200 ℃，烘烤时间10～15 min。体积较大的丹麦吐司面包烘烤温度稍低，一般为170 ℃左右，时间30 min左右。

五、制作实例

实例1　牛角面包

牛角面包 (croissant)又称可颂面包、新月面包和羊角面包，是欧洲人最常见的早餐和点心面包。牛角面包外层酥酥的，里面软软的，充满着奶油香气，吃起来酥软可口，但也富含高热量。牛角面包如图4-29所示。

图4-29　牛角面包

（一）原料及配方

牛角面包的原料及配方如表4-23所示。

表4-23　牛角面包的原料及配方

原　料	烘焙百分比/(%)	实际用量/g
面包粉	70	700
低筋粉	30	300
盐	2	20
酵母	1.4	14
面包改良剂	0.3	3
糖	4	40
牛奶	53	530
鸡蛋	5	50

续表

原　料	烘焙百分比/(%)	实际用量/g
发酵黄油	10	100
片状起酥油	55	550
合计	230.7	2307

(二) 制作方法

❶ **计量**　将各种原料按配方中的用量称量好。

❷ **搅拌**　面包粉、低筋粉、酵母、面包改良剂、盐、糖计量后，倒入和面机，慢速搅拌 3 min 后，加水搅拌至成团，快速搅拌至面筋形成(约 4 min)，加入发酵黄油改慢速搅拌至发酵黄油完全融入面团中后，继续搅打至面筋扩展阶段即可。

❸ **面团发酵**　发酵 40 min，使酵母菌大量增殖。

❹ **冷冻**　擀成长方形的面皮后，冷冻 60 min，便于起酥。

❺ **起酥**　冷冻过的面皮，包入片状起酥油后，三折 2 次后继续冷冻 20 min；再三折 1 次。

❻ **成型**　擀成 0.3 cm 厚的长方形面皮，切成底为 10 cm，高为 14 cm 的等腰三角形，在底边的中间切一小口，然后将切口拉开后，用双手将面团卷起，卷到边缘处时将面坯尖端轻轻拉薄，并抹上蛋液，以边卷边拉的方式将面皮卷紧卷实。

❼ **低温发酵**　1～3 ℃冰箱冷藏发酵，刷蛋液。

❽ **醒发**　32 ℃、相对湿度 75%～80%醒发 50 min 左右，使其体积增大一倍，刷蛋液。

❾ **成熟**　上火 200 ℃，下火 190 ℃，烘烤 15 min。

(三) 工艺操作要点

(1) 调节好水温，使搅拌好的面团温度控制在 28 ℃左右。

(2) 面团搅拌要适度，达到面筋完全扩展阶段即可。

(3) 面团擀成薄片后，冷冻使其与发酵黄油的硬度一样。

(4) 起酥后的面坯放冰箱冷冻后再成型。

(5) 烤箱的温度要适中，烘烤时间不宜过长。

(四) 成品要求

色泽棕黄色，层次均匀，形态美观，奶香浓郁，口感细腻、湿润。

实例 2　丹麦杏仁面包

丹麦杏仁面包是在甜的松质面包表面撒上一层杏仁片，烘烤至金黄色后，表面再撒一层糖粉制成的条状起酥面包。丹麦杏仁面包如图 4-30 所示。

图 4-30　丹麦杏仁面包

（一）原料及配方

丹麦杏仁面包的原料及配方如表4-24所示。

表4-24　丹麦杏仁面包的原料及配方

原　料	烘焙百分比/(%)	实际用量/g
面包粉	70	700
低筋粉	30	300
盐	1	10
酵母	1.2	12
面包改良剂	0.5	5
糖	14	140
奶粉	4	40
鸡蛋	8	80
水	52	520
发酵黄油	10	100
片状起酥油	50	500
合计	240.7	2407

注：杏仁片适量。

（二）制作方法

❶ **计量**　将各种原料按配方中的用量称量好。

❷ **搅拌**　面包粉、低筋粉、酵母、面包改良剂、盐、糖计量后，倒入和面机，慢速搅拌3 min后，加水搅拌至成团，快速搅拌至面筋形成(约4 min)，加入发酵黄油改慢速搅拌至发酵黄油完全融入面团中后，继续搅打至面筋扩展阶段即可。

❸ **面团发酵**　发酵40 min，使酵母菌大量增殖。

❹ **冷冻**　擀成长方形的面皮后，冷冻60 min，便于起酥。

❺ **起酥**　冷冻过的面皮，包入片状起酥油后，三折2次后继续冷冻20 min；再三折1次。

❻ **成型**　擀成0.6 cm厚的长方形面皮，切成15 cm×6 cm的长方形面坯。

❼ **低温发酵**　3 ℃低温发酵5 h后，改32 ℃发酵至体积增大2倍即可。

❽ **装饰**　发酵好的面包表面刷蛋液，撒上一层杏仁片。

❾ **成熟**　200 ℃/190 ℃，烘烤15 min。

（三）工艺操作要点

(1) 调节好水温，使搅拌好的面团温度控制在28 ℃左右。

(2) 面团搅拌要适度，达到面筋完全扩展阶段即可。

(3) 面团擀成薄片后，冷冻使其与发酵黄油的硬度一样。

(4) 起酥后的面坯放冰箱冷冻后再成型。

(5) 烤箱的温度要适中，烘烤时间不宜过长。

（四）成品要求

色泽棕黄色，层次均匀，形态美观，奶香浓郁，口感细腻、酥软。

实例3　丹麦酥卷

丹麦酥卷层次分明，可根据个人喜好添加不同的馅料。外酥里嫩，香甜可口，是一款十分受欢迎

的烘焙产品。丹麦酥卷如图 4-31 所示。

图 4-31 丹麦酥卷

（一）原料及配方

丹麦酥卷的原料及配方如表 4-25 所示。

表 4-25 丹麦酥卷的原料及配方

原 料	烘焙百分比/(%)	实际用量/g
面包粉	70	1050
低筋粉	30	450
鲜酵母	2	30
盐	1.4	21
面包改良剂	0.3	4.5
糖	4	60
黄油	10	150
奶粉	5	75
鸡蛋	10	150
水	50	750
片状起酥油	50	750
合计	232.7	3490.5

（二）制作方法

❶ **计量** 将各种原料按配方中的用量称量好。

❷ **搅拌** 全部原料放入搅拌缸，低速搅拌成团，中速搅拌至面团光滑。面团温度 18～20 ℃。

❸ **面团松弛** 时间 10～15 min，进行分割。

❹ **分割面团** 每块 1500 g。

❺ **冷冻** 擀成长方形的面皮后，套入塑胶袋，至－10 ℃冷库中冷冻 2～3 h。

❻ **起酥** 冷冻过的面皮，包入片状起酥油后，三折 2 次后继续冷冻 20 min；再三折 1 次。

❼ **成型** 擀成 0.4 cm 厚的长方形面皮，再用轮刀将面团分割成长 24 cm、宽 10 cm 的三角形。在三角形面团表面刷蛋液，一手提起面团底部，另一手卷面团，以边拉边卷的方式，使面团卷得结实，形成双尖形。

❽ **醒发** 醒发箱温度 30～32 ℃，相对湿度 65%～70%，醒发 45～60 min，使其体积增大 2～3 倍，刷蛋液。

❾ **成熟**　炉温 200 ℃，烘烤时间为 8～12 min。

（三）工艺操作要点

（1）调节好水温，使搅拌好的面团温度控制在 20 ℃左右。

（2）面团搅拌要适度，达到面筋完全扩展阶段即可。

（3）烤箱的温度要适中，烘烤时间不宜过长。

（4）可按需要内部加入水蜜桃、奶油、克林姆等馅料。

（四）成品要求

层次均匀，形态美观。

实例 4　丹麦吐司面包

丹麦吐司面包口感酥松，层次分明，较其他吐司面包热量较高，在欧洲国家非常流行，如图 4-32 所示。

图 4-32　丹麦吐司面包

（一）原料及配方

丹麦吐司面包的原料及配方如表 4-26 所示。

表 4-26　丹麦吐司面包的原料及配方

原　料	烘焙百分比/(%)	实际用量/g
高筋粉	70	1050
低筋粉	30	450
鲜酵母	6	90
盐	0.5	7.5
面包改良剂	1.5	22.5
糖	12	180
黄油	6	90
奶粉	2	30
鸡蛋	12	180
水	46	690
片状起酥油	50	750
合计	236	3540

（二）制作方法

❶ **计量**　将各种原料按配方中的用量称量好。

❷ **搅拌** 除了油以外的原料放入搅拌缸，低速搅拌成团，加入油脂低速混匀，中速搅拌至面团光滑。面团温度 26 ℃。

❸ **面团松弛** 时间 15 min，进行分割。

❹ **分割面团** 每块 1500 g。

❺ **冷冻** 擀成长方形的面皮后，套入塑胶袋，至－10 ℃冷库中冷冻 2～3 h。

❻ **起酥** 冷冻过的面皮，包入片状起酥油后，三折两次后继续冷冻 20 min；再三折一次。

❼ **成型** 擀成 1 cm 厚的长方形面皮，再用轮刀将面团分割成长 14 cm、宽 10 cm 的长方形，每块再切两刀成 3 条。将三根条状面团以编辫子的方式编成辫子形，接头捏紧，双手将面坯稍微拉长，两端折向中间，两头相接，整齐相叠，轻微压紧，接头朝下放入面包模中。

❽ **醒发** 醒发箱温度 32 ℃，相对湿度 70%，醒发 120 min，使其体积增大 2～3 倍。

❾ **成熟** 炉温 170 ℃，烘烤时间约为 30 min。

（三）工艺操作要点

(1) 调节好水温，使搅拌好的面团温度控制在 20 ℃左右。

(2) 3 次三折，擀面要用力均匀。

(3) 醒发箱的温度湿度要适宜，体积为原来体积的 2～3 倍。

（四）成品要求

颜色亮丽有光泽，口感松软，奶香十足。

实例 5 丹麦果酱面包

丹麦果酱面包，是在丹麦面包的基础上，做出不同的造型，加入各式果酱，酥软的面包配合酸甜可口的果酱，是一款非常受欢迎的点心，如图 4-33 所示。

图 4-33 丹麦果酱面包

（一）原料及配方

丹麦果酱面包的原料及配方如表 4-27 所示。

表 4-27 丹麦果酱面包的原料及配方

原料	烘焙百分比/(%)	实际用量/g
高筋粉	70	1400
低筋粉	30	600
即发活性干酵母	3	60
面包改良剂	0.3	6
盐	1	20

续表

原　　料	烘焙百分比/(%)	实际用量/g
糖	15	300
黄油	8	160
奶粉	4	80
鸡蛋	10	200
水	50	1000
片状起酥油	50	1000
合计	241.3	4826

注:馅料未列入。

(二) 制作方法

❶ **计量**　将各种原料按配方中的用量称量好。

❷ **搅拌**　将所有干性原料放入搅拌缸搅拌均匀后,加入鸡蛋和水搅拌成团,中速搅拌至面团光滑。改慢速加黄油至融入后,中速搅拌至面筋扩展即可,面团温度控制在18～20 ℃。

❸ **面团松弛**　面团取出后收圆,盖保鲜膜松弛15 min,进行分割。

❹ **分割面团**　每块1500 g。

❺ **冷冻**　擀成长方形的面皮后,套入塑胶袋,至−10 ℃冷库中冷冻2～3 h。

❻ **起酥**　冷冻过的面皮,包入片状起酥油后,三折两次后继续冷冻20 min;再三折一次。

❼ **成型**　擀成0.4 cm厚的长方形面皮,再用轮刀将面团的2/3分割成长10 cm×10 cm的正方形,1/3分割成12 cm×9 cm的长方形。在1/2的方形面团中间放草莓酱,然后将两个对角折向中间,另两角不动,形状似菱形。另1/2方形面团中间放苹果酱,将四个对角折向中间盖住馅料。长方形面团表面刷水,放香蕉馅,将两边对折,接口处稍微相叠,做成枕形,接头朝下放置,用刀在表面轻轻横切2～3刀裂口。

❽ **醒发**　醒发箱温度30～32 ℃,相对湿度65%～70%,醒发45～60 min,使其体积增大1倍,刷少许蛋液。

❾ **成熟**　炉温200 ℃,烘烤时间为8～12 min。

(三) 工艺操作要点

(1) 调节好水温,使搅拌好的面团温度控制在20 ℃左右。

(2) 馅料不要过满,整形时需细心。

(3) 醒发箱的温度、湿度要适宜,体积为原来体积的1倍。

(四) 成品要求

造型独特,色泽棕黄色,层次均匀,果香浓郁。

实例6　丹麦牛肉派

丹麦牛肉派,加入了牛肉洋葱馅的丹麦面包,咸鲜可口,浓浓的牛肉香与淡淡的奶香混合入口,带来味觉的全新体验。丹麦牛肉派如图4-34所示。

(一) 原料及配方

丹麦牛肉派的原料及配方如表4-28所示。

Note

图 4-34　丹麦牛肉派

表 4-28　丹麦牛肉派的原料及配方

原　　料	烘焙百分比/(%)	实际用量/g
高筋粉	80	1360
低筋粉	20	340
鲜酵母	6	102
面包改良剂	0.1	1.7
盐	1.7	28.9
糖	3	51
黄油	10	170
牛奶	44	748
水	8	136
片状起酥油	50	850
合计	222.8	3787.6

注：馅料未列入。

（二）制作方法

❶ **计量**　将各种原料按配方中的用量称量好。

❷ **搅拌**　全部原料放入搅拌缸，低速搅拌成团，中速搅拌至面团光滑。面团温度 18～20 ℃。

❸ **面团松弛**　时间 10～15 min，然后进行分割。

❹ **分割面团**　每块 1500 g。

❺ **冷冻**　擀成长方形的面皮后，套入塑胶袋，至－10 ℃冷库中冷冻 2～3 h。

❻ **起酥**　冷冻过的面皮，包入片状起酥油后，三折两次后继续冷冻 20 min；再三折一次。

❼ **成型**　擀成 0.3 cm 厚的长方形面皮。将圆形铁板放于面团上方，再用轮刀沿铁板边缘将面团分割成圆形。在圆形面团表面涂上蛋液，把馅料放置于面团中央，再将其对折，中间部分将接口处捏紧，并放入槽型的模具中。

❽ **醒发**　醒发箱温度 30～32 ℃，相对湿度 65%～70%，醒发 45～60 min，使其体积增大 1 倍，刷少许蛋液后，撒上少许马苏里拉奶酪。

❾ **成熟**　炉温 200 ℃，烘烤时间为 10～15 min。

（三）工艺操作要点

(1) 调节好水温，使搅拌好的面团温度控制在 22 ℃左右。

(2) 馅料不要过多，放在模具内容易溢出。

(3) 醒发箱的温度、湿度不宜过高，体积增到原来体积的1倍即可。

(四) 成品要求

色泽棕黄色，层次均匀，香气四溢。

任务七　调理面包的制作

任务描述

熟悉调理面包的制作原理及操作要点，学会调理面包的制作工艺及烘烤方法，通过学习火腿玉米面包、肉松火腿辫子面包、火腿奶酪三明治、红薯百叶面包、香芋面包卷和洋葱培根比萨，熟悉调理面包的配方、制作工艺、成型方法和烘烤工艺。

任务目标

学会火腿玉米面包、肉松火腿辫子面包、火腿奶酪三明治、红薯百叶面包、香芋面包卷和洋葱培根比萨的制作方法；学会各类调理面包品种变化的创新思路和方法。

一、调理面包的特点

调理面包是指烤制成熟前或后在面包坯表面或内部添加黄油、人造黄油、蛋白、可可、果酱等的面包，不包括加入新鲜水果、蔬菜以及肉制品等食品。

最早，法国人研制出了三明治以后，各式各样的调理面包相继出现。先将烤制好的吐司面包切成片，一面抹一层黄油，入炉烤干，然后中间夹入蔬菜、肉饼或火腿、各种酱料等制作而成。随着不断更新，调理面包又具有操作简单、携带方便的特点，口味、造型更加多样化，越来越受到人们的青睐。现在的调理面包，大都用烤制好的面包，中间用刀划开加入各种蔬菜、馅料、肉饼。为了调节口味还可以在馅料中间挤入沙司、沙拉酱等，表面也可以挤一些沙拉酱或撒一些碎奶酪，也可以直接将馅料包入面包直接烤制。面坯可有多种选择，如牛角面包、全麦面包、法式面包、吐司面包等，中间馅料可根据个人喜好、口味不同选择，常见的一般放入生菜、洋葱圈、番茄、酸黄瓜片、火腿片或煎好的鸡蛋等。此外还有海鲜馅料，如虾、鱼肉、鱼籽酱等；肉馅如猪肉饼、牛肉饼等。还可以把几种不同的原料混合加入面包中。调理面包是运用甜面包或白吐司面包的配方面团制成的，经最后发酵后在烘烤前，在面团表面添加各种调制好的料理，然后进炉烘烤成熟。调理面包最大的特色是涵盖了中国人特有的口味和品尝价值，它有色、香、味俱全的美誉，尤其是趁热食用味道最佳，完全符合国人的饮食习惯。现在原料的摄取范围十分广泛，凡蔬菜、葱屑、火腿、碎肉以及鱼酱、肉酱、玉米罐头等食品，都是制作调理面包的好材料。品评标准：一款好的调理面包除了具有一般面包所应有的组织柔软、细腻的特点外，还应该特别表现出色、香、味俱全的特点。适用油脂特色：为了不掩盖面包原料的味道，制作调理面包所用油脂风味应较为清淡，不仅起到拌入空气的作用，同时也能让味道得到充分的体现。

二、比萨饼的特点

比萨饼是意大利最著名的一种发酵面饼，它是由发酵的面团，棍压成约0.3 cm厚的面饼，放在比萨烤盘中，表面涂抹不同的酱料后，用马苏里拉奶酪、果蔬和肉类进行装饰后，进炉高温烘烤后趁热食用的一种半发酵食品。刚出炉的比萨饼，色泽鲜艳、香味扑鼻、口感外焦里嫩，是深受世界各国

人民喜爱的一种焙烤食品。

比萨面团是用高筋粉、水、盐、酵母以及少许油脂混合而成的，经过适当的发酵后就可以整形或将面团分割成预定的大小，滚圆后用塑胶袋装好放入冰箱内。将面团取出放在烤盘内用手指或擀面棍压成厚度一致的面饼，铺上一层一层由鲜美番茄混合纯天然香料制成的风味浓郁的比萨酱料，再撒上柔软的100％甲级马苏里拉奶酪，放上海鲜、意式香肠、加拿大腌肉、火腿、五香肉粒、蘑菇、青椒、菠萝等经过精心挑选的新鲜馅料，最后放进烤炉在260 ℃下烘烤5～7 min，一个美味的比萨饼出炉了，出炉即食，风味最佳。

上等的比萨饼必须具备四个特质：新鲜饼皮、上等奶酪、顶级比萨酱和新鲜的馅料。比萨饼底一定要每天现做，面粉一般用春冬两季的甲级小麦研磨而成，这样做成的饼底才会外层香脆、内层松软。比萨饼属于半发酵制品，因此面坯在成型后，只需经过短时间的最后醒发即可入炉烘烤。比萨饼的烘烤温度较高，一般在220～260 ℃，时间为5～15 min。

三、制作比萨饼的特殊原料

❶ 马苏里拉奶酪　马苏里拉又称马祖里拉、莫索里拉等，马苏里拉奶酪烘烤后可以产生一定的黏性，并拉出很长的丝，所以又称为拉丝奶酪。马苏里拉奶酪起源于意大利南部坎帕尼亚和那布勒斯地区产的一种淡味奶酪，传统的马苏里拉奶酪是用水牛奶制作的，不过后来演变为用普通牛奶来制作。纯正的马苏里拉奶酪是决定比萨饼品质的关键，正宗的比萨饼一般都选用富含蛋白质、维生素、矿物质和钙质及低热量的马苏里拉奶酪。

❷ 比萨草叶　比萨草叶又称阿里根努、牛至，源自古希腊语，意为“山之欢愉”。比萨草叶香味独特，味道较浓烈，意大利人认为比萨草叶具有杀菌、帮助消化和兴奋的作用。自从古罗马早期以来，比萨草叶一直被用来烹饪蔬菜、肉和鱼等，非常适合搭配番茄、蛋类和乳酪等材料，是制作比萨酱时不可或缺的材料。

四、制作实例

实例1　火腿玉米面包

火腿玉米面包是将火腿丁、玉米粒、马苏里拉奶酪和沙拉酱放在面包表面，烘烤制成的香味浓郁、色泽艳丽的面包。成品既有面包的香甜，又有火腿玉米馅的鲜美，口感丰富而又独特，营养丰富，如图4-35所示。

图4-35　火腿玉米面包

（一）原料及配方

火腿玉米面包的原料及配方如表4-29所示。

表 4-29　火腿玉米面包的原料及配方

原料(面包)	烘焙百分比/(%)	实际用量/g	原料(馅料)	用量/g
高筋粉	100	1000	玉米粒	100
酵母	1.2	12	火腿丁	20
面包改良剂	0.5	5	沙拉酱	15
盐	1	10	马苏里拉奶酪丝	50
鸡蛋	8	80		
糖	14	140		
冰水	54	540		
黄油	8	80		
合计	186.7	1867	合计	185

（二）制作方法

❶ **计量**　将各种原料按配方中的用量称量好。

❷ **搅拌**　所有干性原料倒入和面机中拌匀后，加鸡蛋、冰水搅拌至成团，加入黄油继续搅打至黄油融入面团，改快速搅拌至面筋完全扩展阶段，面团温度尽量控制在 28 ℃。

❸ **面团发酵**　盖上薄膜发酵 30 min，翻面后再发酵 30 min。

❹ **整形**

(1) 分割：分割成 70 g 的剂子。

(2) 搓圆：分别搓成表面光滑的圆球。

(3) 中间醒发：盖保鲜膜醒发 20 min。

(4) 成型：擀压成长椭圆形的皮，卷紧，搓成光滑长条，打单结，将长的一端塞入结中，两端相接，捏紧即可。

❺ **最后醒发**　放进 38 ℃、相对湿度 85%的醒发箱中，醒发 1～1.5 h，面包体积增大 2～3 倍即可。

❻ **烤前装饰**　表面刷蛋液后，在中心处放上火腿玉米调理馅即可。

❼ **成熟**　以上火 210 ℃、下火 170 ℃的温度烘烤 13 min 左右。

（三）工艺操作要点

(1) 控制好面团搅拌程度。

(2) 控制好发酵的时间和温度。

（四）成品要求

面包柔软香甜，并具有玉米和火腿的香味。

实例 2　肉松火腿辫子面包

肉松火腿辫子面包是在辫子面包表面装饰火腿片和肉松制成的既有火腿香味又有肉松香味的面包。其口感丰富，风味独特，如图 4-36 所示。

（一）原料及配方

肉松火腿辫子面包的原料及配方如表 4-30 所示。

图 4-36 肉松火腿辫子面包

表 4-30 肉松火腿辫子面包的原料及配方

原料(面包)	烘焙百分比/(%)	实际用量/g	原料(馅料)	用量/g
高筋粉	100	1000	肉松	300
酵母	1.2	12	火腿片	100
面包改良剂	0.5	5		
盐	1.6	16		
鸡蛋	10	100		
糖	8	80		
冰水	50	500		
黄油	10	100		
合计	181.3	1813	合计	400

(二)制作方法

❶ **计量** 将各种原料按配方中的用量称量好。

❷ **搅拌** 所有干性原料倒入和面机中拌匀后,加鸡蛋、冰水搅拌至成团,加入黄油继续搅打至黄油融入面团,改快速搅拌至面筋完全扩展阶段,面团温度尽量控制在 28 ℃。

❸ **面团发酵** 盖上薄膜发酵 30 min,翻面后再发酵 30 min。

❹ **整形** 分割成 70 g 的剂子,搓圆后,中间醒发 20 min 左右。面团擀成 0.3 cm 厚、长椭圆形的皮,顺长卷成条状,搓成均匀的长条编成三股辫子。

❺ **装盘** 烤盘刷油后,将成型的面包放入,留出 3 倍的空间。

❻ **最后醒发** 放进 38 ℃、相对湿度 85%的醒发箱中,醒发 1~1.5 h,面包体积增大 2~3 倍即可。

❼ **烤前装饰** 表面刷蛋液,装饰火腿片和肉松。

❽ **成熟** 以上火 190 ℃、下火 170 ℃的温度烘烤 18 min 左右。

(三)工艺操作要点

(1)控制好面团搅拌程度。

(2)肉松一定选择烘焙用的肉松。

(四)成品要求

面包柔软咸甜,并具有浓郁火腿和肉松的香味。

实例 3　火腿奶酪三明治

火腿奶酪三明治是将烤好的面包切开后，挤上沙拉酱，夹入火腿、奶酪、酸黄瓜和生菜。火腿奶酪三明治营养丰富，酸咸可口，很受大众欢迎，如图 4-37 所示。

图 4-37　火腿奶酪三明治

（一）原料及配方

火腿奶酪三明治的原料及配方如表 4-31 所示。

表 4-31　火腿奶酪三明治的原料及配方

原料(三明治)	烘焙百分比/(%)	实际用量/g	原料(调理馅)	用量/g
高筋粉	70	700	火腿	100
低筋粉	30	300	切达奶酪	100
酵母	1.2	12	酸黄瓜	50
面包改良剂	0.3	3	生菜	100
盐	1	10	沙拉酱	100
奶粉	4	40		
糖	8	8		
鸡蛋	10	100		
冰水	50	500		
黄油	8	80		
合计	182.5	1753	合计	450

（二）制作方法

❶ **计量**　将各种原料按配方中的用量称量好。

❷ **搅拌**　将所有干性原料放入搅拌缸搅拌均匀后，加入鸡蛋和冰水搅拌成团，中速搅拌至面团光滑。改慢速加黄油至融入后，中速搅拌至面筋扩展即可，面团温度控制在 28 ℃。

❸ **面团发酵**　盖上薄膜发酵 30 min，翻面后再发酵 30 min。

❹ **整形**　分割成 70 g 的剂子，搓圆，中间醒发 20 min 左右。擀成长椭圆形的皮，卷成橄榄状，装盘。

❺ **最后醒发**　38 ℃、相对湿度 85%条件下醒发 1～1.5 h。

❻ **烤前装饰**　表面刷蛋液即可。

❼ **成熟**　以上火 210 ℃、下火 170 ℃的温度烘烤 13 min 左右。

❽ **烤后装饰** 待面包冷却后，在中间切一刀，底部不要切断，在切面上抹沙拉酱。在面包表面也均匀涂抹一层沙拉酱后，夹入火腿、奶酪、酸黄瓜片和生菜即可。

（三）工艺操作要点

（1）控制好面团搅拌程度。

（2）面包需要冷却到室温再切割涂抹沙拉酱，否则面包温度过高会使沙拉酱熔化。

（四）成品要求

面包形态饱满，大小均匀，组织结构均匀，有弹性，味道鲜香。

实例 4 红薯百叶面包

红薯百叶面包是在面包中包入红薯馅，表面撒杏仁，经烘烤制成的特色面包，如图 4-38 所示。

图 4-38 红薯百叶面包

（一）原料及配方

红薯百叶面包的原料及配方如表 4-32 所示。

表 4-32 红薯百叶面包的原料及配方

原 料	烘焙百分比/(%)	实际用量/g
高筋粉	100	750
酵母	1.2	9
面包改良剂	0.5	3.75
奶粉	4	30
盐	1.2	9
细砂糖	10	75
鸡蛋	8	60
水	55	412.5
黄油	10	75
合计	189.9	1424.25

注：红薯、杏仁片、巧克力酱未列入。

（二）制作方法

❶ **计量** 将各种原料按配方中的用量称量好。

❷ **搅拌** 所有干性原料倒入和面机中拌匀后，加鸡蛋、水搅拌至成团，加入黄油继续搅打至黄油融入面团，改快速搅拌至面筋完全扩展阶段，面团温度尽量控制在 28 ℃。

❸ **面团发酵**　盖上薄膜常温发酵 30 min。

❹ **馅心调制**　将红薯 1000 g 洗净切片，上笼蒸熟，捣碎成泥。然后加黄油、奶粉和细砂糖搅拌至黏稠即可。

❺ **成型**　分割成 150 g 的面团，放入冷柜冷冻至一定的硬度。然后用擀面棍擀成 0.8 cm 厚的长方形面片，将红薯馅抹在面片的一边。将面片对折，盖住红薯泥，用手掌轻轻压实，将面片切成 20 cm×6 cm 的面片，再切成 2 cm 宽的三条，一端保留不切断，编成三股辫子。

❻ **最后醒发**　在 38 ℃、相对湿度 80%的条件下醒发至原体积的 3 倍左右。

❼ **成熟**　表面刷蛋液，撒上杏仁片，用裱花袋挤上巧克力酱，上火 180 ℃、下火 200 ℃烘烤 16 min 左右。

（三）工艺操作要点

(1) 控制好面团搅拌程度。

(2) 红薯要选择肉质比较细腻、纤维含量较少的品种。

(3) 烘烤时下火温度不能太高。

（四）成品要求

形态饱满、均匀，表皮金黄色，香甜适口。

实例 5　香芋面包卷

香芋面包卷是指包入香芋馅制作的发酵面包。它的特点是颜色微黄，质地松软，有浓郁香芋香气。香芋面包卷如图 4-39 所示。

图 4-39　香芋面包卷

（一）原料及配方

香芋面包卷的原料及配方如表 4-33 所示。

表 4-33　香芋面包卷的原料及配方

原　料	烘焙百分比/(%)	实际用量/g
高筋粉	100	1000
酵母	1.3	13
面包改良剂	0.5	5
盐	1	10
糖	5	50
水	52.5	525
鸡蛋	10	100

续表

原　　料	烘焙百分比/(%)	实际用量/g
砂糖	16	160
黄油	10	100
奶粉	5	50
熟香芋	50	500
香芋色香油	—	少许
合计	251.3	约 2513

注:仅列主要原料。

（二）制作方法

❶ **计量**　将各种原料按配方中的用量称量好。

❷ **制作香芋馅心**　在熟香芋中加入砂糖、黄油、奶粉、香芋色香油,充分搅拌,制成香芋馅。

❸ **面团搅拌**　将高筋粉、糖、盐、酵母、面包改良剂放入搅拌缸内,快速拌匀;改慢速后加入全蛋、水搅拌至成团后,转中速搅拌至面筋扩展;加入黄油慢速搅拌至黄油完全融入面团后,转中速搅至面筋完全扩展;完成后的面团可拉出薄膜状,面团温度尽量控制在 28 ℃。

❹ **面团发酵**　放入锡模具,排入烤盘,放进发酵箱进行最后醒发,温度 35 ℃,相对湿度 80%。醒发完成时面团是模具的八分满左右。

❺ **整形**　将香芋馅包在发酵面团里面收紧、收口成圆形。

❻ **成熟**　用裱花袋在面团表面挤上墨西哥糊即可烘烤,以上火 180 ℃、下火 220 ℃的温度烘烤约 12 min。

（三）工艺操作要点

(1) 控制好面团搅拌程度。

(2) 烘烤时烤箱一定要通蒸汽,调节烤箱内的湿度。

(3) 烘烤时下火温度不能太高。

（四）成品要求

香芋味非常甜美。

实例 6　洋葱培根比萨

洋葱培根比萨是添加了培根、洋葱和西红柿等制作的具有浓郁的培根香味的比萨,如图 4-40 所示。

图 4-40　洋葱培根比萨

（一）原料及配方

洋葱培根比萨的原料及配方如表4-34所示。

表4-34 洋葱培根比萨的原料及配方

原料（比萨面）	烘焙百分比/（%）	实际用量/g	原料（比萨酱）	用量/g
高筋粉	100	600	西红柿	300
酵母	1.3	7.8	洋葱	50
面包改良剂	0.5	3	大蒜	30
盐	2	12	黄油	20
糖	2	12	牛至叶	3
色拉油	4	24	罗勒	3
黄油	4	24	盐	5
水	50	300	糖	10
鸡蛋	10	60	黑胡椒粉	3
			番茄酱	100
合计	173.8	1042.8	合计	524

注：馅料未列入。

（二）制作方法

❶ **计量** 将各种原料按配方中的用量称量好。

❷ **搅拌** 将高筋粉、糖、盐、酵母、改良剂放入搅拌缸内，快速拌匀；改慢速后加入鸡蛋、水搅拌至成团后，转中速搅拌至面筋扩展；加入黄油慢速搅拌至黄油完全融入面团后，转中速搅至面筋完全扩展；完成后的面团可拉出薄膜状，面团温度尽量控制在28 ℃。

❸ **面团发酵** 发酵30 min，使酵母菌大量增殖。

❹ **比萨酱制作** 西红柿洗净，用开水稍微烫一下，然后剥去外皮。将剥好皮的西红柿切成小丁，洋葱切成小丁，大蒜拍碎切成末。锅烧热，放入黄油烧至熔化，放入洋葱和大蒜，翻炒1 min左右。炒出洋葱的香味，洋葱和大蒜的色泽变黄以后，放入切成丁的西红柿，大火翻炒。当看到西红柿炒出汁水以后，放进番茄酱、糖、黑胡椒粉、牛至叶、罗勒，翻炒均匀，转小火煮20 min左右，加盐调味，煮制浓稠后即可出锅。

❺ **馅料加工** 把培根、蘑菇、青椒切成片，洋葱切丝，马苏里拉奶酪刨成丝。

❻ **整形** 面团分割成200 g的剂子，搓圆，中间醒发15 min。用擀面杖把面团擀成约9寸的圆形面饼，用手掌按压，将面饼整形成中间薄四周厚的形状。比萨盘抹油，把面饼铺在比萨盘上，在面饼中间用叉子叉一些小孔，防止烤焙的时候饼底鼓起来。表面抹一层比萨酱（边缘1 cm处不抹），撒上一层马苏里拉奶酪丝后，再放上培根片、洋葱丝、青椒片、蘑菇片、玉米粒等，最后再撒一层马苏里拉奶酪丝。

❼ **最后醒发** 放入38 ℃、相对湿度为80%的醒发箱醒发15 min左右，使其三成醒发即可。

❽ **成熟** 上火230 ℃、下火220 ℃，烘烤12 min。

（三）工艺操作要点

（1）面团擀成薄片后，装盘松弛10 min后再放上各种馅料。

（2）马苏里拉奶酪要刨成丝后均匀地洒在比萨饼表面。

（3）最后醒发的程度要适中，时间不宜过长，使其达到部分醒发状态即可。

(4) 烘烤时上火温度要高,下火要低,否则面上的烤不透,底部已焦煳。

(四) 成品要求

色泽鲜艳,形态美观,香气浓郁,咸香可口。

任务八 其他类面包的制作

任务描述

熟悉油炸面包和艺术造型面包的制作原理及操作要点,学会其制作工艺及烘烤方法,熟悉油炸面包和艺术造型面包的配方、制作工艺、成型方法和烘烤工艺。

任务目标

学会甜甜圈、油炸豆沙包、油炸热狗面包、动物造型面包和花篮面包的制作方法;学会油炸面包和艺术造型面包的制作技术,提升面包制作技能。

一、油炸面包的特点

油炸面包(fried bread)又称多纳滋面包,是采用油炸成熟的一类面包的统称。油炸面包是深受国内外消费者喜爱的一种面包,其中最著名的为甜甜圈(doughnuts),又称油炸面包圈。油炸面包近年来在我国得到了广泛推广,受到消费者的普遍欢迎。与普通烘烤的面包相比,油炸面包具有口感更柔软、更湿润、入口轻盈的特点。且油炸面包比普通甜面包保鲜时间更长,不容易失水老化,口味更好。油炸面包通常有三种形状,即圆圈状、圆形(包馅)和长圆形热狗状等。

二、油炸面包的生产工艺流程及操作要点

(一) 油炸面包的制作工艺流程

油炸面包的制作工艺流程如图 4-41 所示。

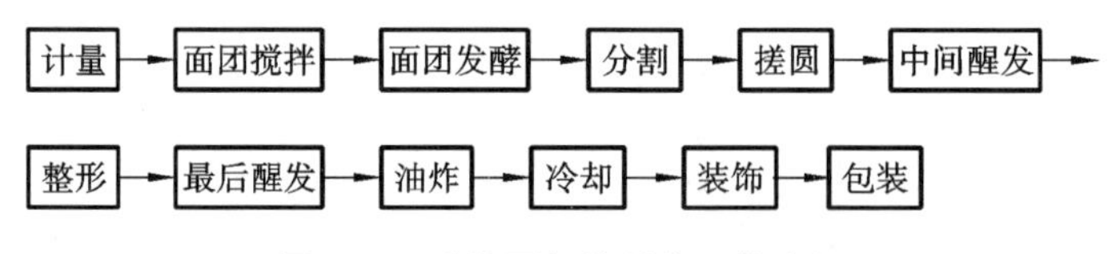

图 4-41 油炸面包的制作工艺流程

(二) 油炸面包的操作要点

❶ **面团搅拌** 油炸面包的面团需搅拌至面筋完全扩展阶段,面团温度一般控制在 26 ℃左右。如果面团温度过高,容易发酵过度,则面包太黏,易变性,油炸时需要较长的时间,吸油增多,使面包过于油腻。

❷ **面团发酵** 油炸面包的面团发酵至八成即可,不宜完全发酵。即发酵后面团体积为发酵前体积的 1 倍左右即可,此时用手指按下后有明显的指印,不需翻面。

❸ **面团整形** 油炸面包常见的有三种形状,即圆圈状、圆形(包馅)、长圆形热狗状。整形方法有两种:一种是大块的面团压成厚片,用甜甜圈的模具刻制成型;另一种是将面团分割成 30～40 g 的小剂子搓圆后,松弛 10～15 min,然后擀薄并卷成长条状,将两头接在一起即可。

④ **最后醒发**　油炸面包最后醒发温度一般为 35 ℃，相对湿度为 70%。油炸面包坯如果最后醒发温度太高，面包坯流动性好，会向四周摊开，使成品扁平，形状不好。醒发时如果相对湿度过大，面包表皮易吸水变黏，成熟时拿出易变性。另外，放入醒发箱时，应遵循从上往下入架的原则，轻拿轻放，不得震动，防止面团跑气塌陷。

⑤ **油炸**　油炸面包时油温应控制在 180 ℃左右，若油温太高，则面包表皮上色太快，容易表面颜色太深而内部不熟。若油温太低，则油炸时间较长，上色慢，面包吸油较多。炸油应选择符合食品卫生要求、发烟点较高、不易氧化、加热时产生泡沫少的食用油，如氢化植物油或含有棕榈油的植物调和油，且炸制的面包表层不油腻。面包炸制时正反面时间一般都为 1～2 min，炸好后的面包放在沥油网上沥去多余的油，最好用吸油纸吸去面包表面的油分。

三、艺术造型面包的特点

艺术造型面包主要用于展示、展览、宣传和促销等，主要以观赏为目的，因而需要有较长的保存期。艺术造型面包配方中油脂用量较多，酵母和水分较少，有时甚至不使用酵母。面包表皮较硬、有光泽，内部组织紧密结实。

艺术造型面包面团一般不要求有良好的筋力、面筋网状结构，但要求面团的组织要细腻、有较好的可塑性。面粉通常采用 50%高筋粉和 50%低筋粉混合使用，面团中油脂添加量为10%～20%，糖用量为 1%～12%，酵母的用量低于 1%，酵母用量越少的面包组织越紧实，烘烤时不易变形；增加酵母用量，面包组织变松，成品造型丰满。艺术造型面包面团一般比较硬，水的添加量一般为35%～50%。

艺术造型面包的搅拌不需要面筋很好地扩展，原料混合搅拌成团后，再用压面机将面团反复压至光滑即可。艺术造型面包成型方法多样，有立体造型、半立体造型和平面造型等。从作品的大小又可以分为大型艺术造型面包和小型艺术造型面包，如辫子面包、动物面包等。

艺术造型面包整形后置于室温下稍做醒发就可以送入烤炉烘烤，烘烤温度不宜过高，要尽量将面包烘干烘透，以降低面包的水分含量，延长面包的保质期。

四、制作实例

实例 1　甜甜圈

甜甜圈又称多纳滋、面包圈等。相传在二十世纪四十年代，美国的一位船长，他小时候非常爱吃妈妈亲手制作的炸面包，但有一天他发现炸面包的中央部分没完全炸熟，于是他的母亲便将炸面包的中央部分挖除，再重新油炸一次，发现炸面包的口味变得更加美味，于是中空的甜甜圈就此诞生。甜甜圈是以热油油炸，因此甜甜圈制作的秘诀便在于如何在短时间内让甜甜圈完全炸熟，以保持其柔软、滋润的口感。甜甜圈如图 4-42 所示。

图 4-42　甜甜圈

（一）原料及配方

甜甜圈的原料及配方如表 4-35 所示。

表 4-35　甜甜圈的原料及配方

原　料	烘焙百分比/(%)	实际用量/g
面包粉	100	600
酵母	1.3	7.8
面包改良剂	0.5	3
盐	1	6
糖	14	84
鸡蛋	5	30
牛奶	30	180
水	25	150
黄油	6	36
合计	182.8	1096.8

（二）制作方法

❶ **计量**　将各种原料按配方中的用量称量好。

❷ **搅拌**　所有干性原料倒入和面机中搅拌均匀后，加鸡蛋、牛奶和水搅拌成团，改快速搅拌至面筋形成。改慢速加黄油搅打至全部融入后，改快速搅拌至面筋完全扩展阶段。

❸ **面团发酵**　在 30 ℃、相对湿度为 70%～75%条件下发酵 40 min 左右，中途翻面一次。

❹ **成型**　甜甜圈的成型方法有两种，一种是利用甜甜圈的模具成型，另一种是手工成型。模具成型是将面团擀成 1 cm 厚的片，然后用模具刻出甜甜圈即可。手工成型是将面团分割成 40 g 的剂子，搓圆后中间醒发 15 min，将每个剂子中间用大拇指挖洞后，撑拉成圆圈状即可。

❺ **最后醒发**　35 ℃、相对湿度 70%～75%醒发 35 min 左右，使其体积增大 1 倍即可。

❻ **成熟**　油温 180 ℃，不停地翻动甜甜圈，炸 2～3 min 至面包表面金黄色即可。

❼ **装饰**　表面可以撒糖粉，也可以蘸熔化的黑巧克力后，粘上烤熟的杏仁片、熟花生或碎彩针巧克力，也可以用糖霜进行装饰。

（三）工艺操作要点

(1) 醒发箱的温度和湿度不宜太高，否则面包坯会吸水变黏，不易操作。

(2) 控制最后醒发的程度，不需要醒发太充分，为原来体积的 1～2 倍即可。醒发太充分，面包太软，从烤盘取出比较困难，易变形，油炸后易塌陷。

(3) 控制好油温，确保每面油炸时间不少于 1 min。

（四）成品要求

色泽金黄，表面光滑，形态美观，口感柔软香甜。

实例 2　油炸豆沙包

油炸豆沙包是指在面团中包入豆沙馅，然后压成小圆饼状，油炸而成的一类味道香甜、口感滋润细腻的面包，如图 4-43 所示。

（一）原料及配方

油炸豆沙包的原料及配方如表 4-36 所示。

图 4-43　油炸豆沙包

表 4-36　油炸豆沙包的原料及配方

原　　料	烘焙百分比/(%)	实际用量/g
面包粉	70	700
低筋粉	30	300
即发干酵母	1.5	15
面包改良剂	0.5	5
盐	1	10
糖	12	120
奶粉	5	50
鸡蛋	8	80
水	53	530
黄油	5	50
豆沙馅	适量	适量
合计	约 186	约 1860

（二）制作方法

❶ **计量**　将各种原料按配方中的用量称量好。

❷ **面团搅拌**　所有干性原料倒入和面机中拌匀后，加鸡蛋、水搅拌至成团，加入黄油继续搅打至黄油融入面团，改快速搅拌至面筋完全扩展阶段。

❸ **面团发酵**　在 30 ℃、相对湿度为 70%～75%条件下发酵 60 min，使酵母菌大量增殖。

❹ **整形**　面团分割成 40 g 的剂子，搓圆，中间醒发 15 min。将面团擀成中间厚边缘稍薄的皮，包上豆沙馅，收口收紧后按成圆饼状。

❺ **最后醒发**　在 33～35 ℃、相对湿度 70%～75%的条件下醒发 30 min 左右，使其体积增大 1 倍即可。

❻ **成熟**　油温 180 ℃，每面各炸制 1 min 至表面金黄色即可。

❼ **装饰**　表面可以撒糖粉，也可以蘸糖浆后撒上椰丝。

（三）工艺操作要点

(1) 控制好面团搅拌程度。

(2) 包馅后收口一定要捏紧，否则醒发后容易撑开，油炸时容易露馅。

(3) 控制好最后醒发的程度，发至七成即可。

(4) 掌握好油炸的温度和时间,入锅后不停地翻动面包,使其受热均匀,防止膨胀不均匀。

(四) 成品要求

色泽黄色,表面光滑,形态美观,口感柔软香甜。

实例3 油炸热狗面包

油炸热狗面包是将包了热狗肠的面包卷油炸制成的一类面包,如图4-44所示。

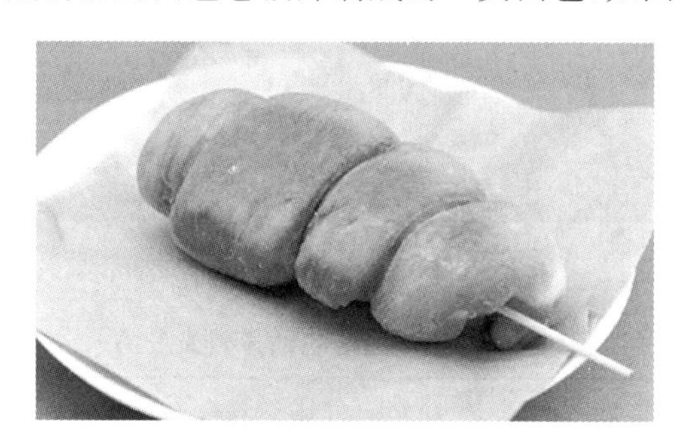

图4-44 油炸热狗面包

(一) 原料及配方

油炸热狗面包的原料及配方如表4-37所示。

表4-37 油炸热狗面包的原料及配方

原　　料	烘焙百分比/(%)	实际用量/g
面包粉	80	480
低筋粉	20	120
即发干酵母	1.3	7.8
面包改良剂	0.5	3
盐	1	6
糖	8	48
奶粉	5	30
鸡蛋	8	48
水	52	312
黄油	5	30
热狗肠	适量	适量
合计	约180.8	约1084.8

(二) 制作方法

❶ **计量**　将各种原料按配方中的用量称量好。

❷ **搅拌**　所有干性原料倒入和面机搅拌均匀,加鸡蛋和水搅拌成团,改快速搅拌至面筋形成。加入黄油慢速搅打至黄油融入面团,最后改快速搅拌至面筋完全扩展。

❸ **面团发酵**　发酵40 min,使酵母菌大量增殖。

❹ **整形**　面团分割成70 g的剂子,搓圆后中间醒发15 min。将面团擀成中间厚边缘稍薄的皮后包上热狗肠,收口收紧后装盘。

❺ **最后醒发**　放入35 ℃、相对湿度为70%～75%的醒发箱醒发45 min左右,使其体积增大1倍。

⑥ **成熟**　175 ℃油炸 3～4 min 至面包表面金黄色即可。

（三）工艺操作要点

（1）控制好面团搅拌程度。

（2）控制好发酵的温度、相对湿度和时间。

（3）掌握好油炸的温度和时间。

（四）成品要求

金黄色，表面光滑，形态美观，口感柔软香甜。

实例 4　动物造型面包

动物造型面包是将面团经切割、揉捏制成象形动物的面包，如螃蟹面包、乌龟包、龙虾面包等，如图 4-45 所示。

图 4-45　动物造型面包

（一）原料及配方

动物造型面包的原料及配方如表 4-38 所示。

表 4-38　动物造型面包的原料及配方

原　　料	烘焙百分比/(%)	实际用量/g
面包粉	60	480
低筋粉	40	320
即发干酵母	0.5	4
盐	1.5	12
糖	10	80
奶粉	5	40
鸡蛋	5	40
水	52	416
黄油	10	80
合计	184	1472

（二）制作方法

① **计量**　将各种原料按配方中的用量称量好。

② **搅拌**　所有干性原料倒入和面机搅拌均匀，加鸡蛋和水搅拌成团，改快速搅拌至面筋形成。加入黄油慢速搅打至黄油融入面团，最后改快速搅拌至面筋扩展。

③ **压面**　将面团用压面机压至光滑、有光泽。

④ **成型**

（1）螃蟹面包。将面团分割成两块面团：大面团搓成长形，小面团滚成圆形。将大面团两端擀薄，用面刀将薄片切成五条，略搓长，四条弯曲成螃蟹腿，一条尖部切开成螃蟹大夹子。小面团擀成

圆形薄片，用轮刀在表面压出条纹。将薄片状小面团盖在大面团上，用剪刀剪出眼睛部分，使用红豆装饰。

（2）乌龟面包。分别切割 60 g 面团 1 个，10 g 面团 3 个。大面团搓圆，表面包菠萝皮。小面团一个搓成一头带个圆球，另一头细细的长 15 cm 的长条，另外两个 10 g 面团搓成 10 cm 长的圆条。然后将 15 cm 长的长条放中间，两个短的弯成 C 形放两边，然后将大面团压在上面即可。

（3）龙虾面包。将面团搓成一头大一头小的长形，大端做虾头、小端做虾尾，并将前后两端各1/3处向外擀开。用面刀在尾端切一刀，并压出纹路；再将头部切割出两大四小的长条，并用手指轻微滚动细条，使其变圆；然后在粗条端部剪出裂口。虾身表面用面刀轻轻压出虾壳条纹，再把虾身整形一下，使体形浑圆。头壳部分用剪刀尖端轻轻剪成不规则纹路，最后用红豆装饰眼睛。

❺ **最后醒发** 在 35 ℃、相对湿度为 70%～75% 的条件下醒发 15 min 左右，使其体积略有增大。

❻ **成熟** 160 ℃烘烤 30 min 至面包表面金黄色即可。

（三）工艺操作要点

（1）控制好面团的硬度和发酵程度。

（2）面包造型要比例恰当。

（3）掌握好烘烤的温度和时间。

（四）成品要求

色泽金黄，表面光滑，形态逼真美观。

实例 5 花篮面包

花篮面包是用面团搓条，将其编制成花篮形，经烘烤制成的造型面包，如图 4-46 所示。

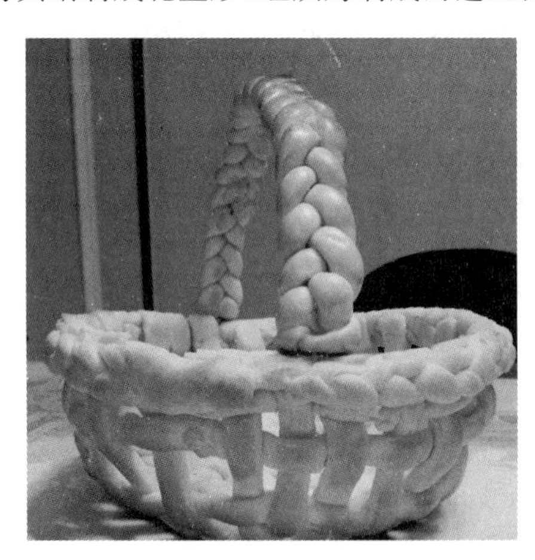

图 4-46 花篮面包

（一）原料及配方

动物造型面包的原料及配方如表 4-39 所示。

表 4-39 动物造型面包的原料及配方

原　料	烘焙百分比/(%)	实际用量/g
面包粉	50	400
低筋粉	50	400
即发干酵母	0.5	4
盐	2	16

续表

原　　料	烘焙百分比/(%)	实际用量/g
糖	5	40
水	40	320
黄油	20	160
合计	167.5	1340

注:仅列主要原料。

(二) 制作方法

❶ **计量**　将各种原料按配方中的用量称量好。

❷ **搅拌**　所有干性原料倒入和面机搅拌均匀,加水搅拌成团,改快速搅拌至面筋形成。加入黄油慢速搅打至黄油融入面团,最后改快速搅拌至面筋扩展。

❸ **压面**　将面团用压面机压至光滑、有光泽。

❹ **成型**　将面团压成厚 1 cm 的长方形面带,切成宽 0.8 cm 的长条,编织成网形。在一个不锈钢盆的表面包上锡纸,将编好的网盖在盆上,用小刀切去多余的部分。用另外两条编制花篮的底座,再取两条编制花篮的顶部,两条编制花篮的手柄。

❺ **最后醒发**　室温醒发 15 min 左右,使其体积略有增大,表面刷加糖浆的蛋液。

❻ **成熟**　160 ℃烘烤 30 min 至面包表面金黄色即可。

(三) 工艺操作要点

(1) 控制好面团的硬度和发酵程度。

(2) 面包造型要比例恰当。

(3) 掌握好烘烤的温度和时间。

(四) 成品要求

色泽金黄,表面光滑,形态美观,形似花篮。

任务九　面包的老化与质量评价

任务描述

老化是面包品质降低的主要原因,熟悉面包老化的机理,才能更好地控制面包的老化,延长面包的保质期。面包的品质鉴定方法是面包师必须掌握的知识,熟悉面包常见的质量问题及主要原因,才能更好地提高面包制作技能。

任务目标

熟悉面包老化的原因和控制措施,学会面包品质的鉴定方法,了解面包常见质量问题及主要原因。

一、面包老化

相比蛋糕、饼干和其他西点,面包的保质期相对较短。面包变质包括组织变硬变粗糙、发霉、馅

料腐败等，引起面包变质的主要原因就是面包老化。

面包老化是指面包在储藏过程中质量降低的现象，表现为表皮失去光泽、芳香消失、水分减少、瓤中淀粉凝沉、硬化掉渣、可溶性淀粉减少等。

（一）面包老化的原因

面包老化的原因包括淀粉结构改变、水分散失、香气挥发等。

❶ 淀粉结构改变 小麦面粉的淀粉颗粒主要由直链淀粉和支链淀粉所构成，在加热烘烤过程中，淀粉颗粒开始胀润，直链淀粉游离出去，当面包冷却后，这些直链淀粉便连接在一起，构成面包特有的形状及强度；而留在淀粉颗粒内的支链淀粉，在烘焙过程中慢慢地连接在一起，随着储存时间的延长，内部组织结构越来越坚固，而使组织硬化。

❷ 水分散失 在面包的冷却过程中，由于水分的挥发以及重新分布会加速面包的老化，未经包装的面包会因为水分的挥发而损失10%的重量，而包装过的面包重量损失仅为1%左右。而且即使是水分含量相近，未包装的面包吃起来口感会更干硬，这是水分子由中心部位转移到面包外皮，并且由淀粉内部转移到蛋白质中所致。

❸ 香气挥发 在面包的冷却过程中，某些香气成分很容易挥发，并导致香味的损失及改变。新鲜面包吃起来通常有甜味、咸味和少许的酸味，但是随着时间的延长，甜味和咸味会渐渐减少，而只剩下酸味，使得面包味道变差。在嗅觉方面，新鲜面包通常具有发酵的酒香味及麦香味，但是酒香味会逐渐地挥发，小麦香味也会随之减弱，剩下的面团味及淀粉味会使面包香味变差。

（二）控制面包老化的措施

❶ 改进面包配方 面包的配方组成直接影响面包的老化速率。面包水分含量越高，老化速率越低；油脂、鸡蛋、乳制品可以延缓面包老化；甜味剂可提高面包的保水性，减缓面包老化；面筋蛋白含量高，面包老化慢。

❷ 优化加工工艺 加工工艺直接影响面包的老化速度。面团搅拌时尽量提高加水量，使面筋充分扩展，使得面团柔软度增加，面包越不容易老化。发酵充分的面包体积大，内部组织柔软，不容易老化。最后醒发适度，烘烤和冷却方法得当，可使面包保留最多的水分，从而延缓面包的老化。

❸ 适宜的包装 适宜的包装可以防止面包水分散失、香气挥发，使面包质地保持柔软，延缓面包的老化。

❹ 合适的储藏温度 面包老化速度与温度有直接关系。在−6.7～10 ℃时面包的内部组织硬化速率最快，而超过35 ℃时最易影响面包的颜色及香味，因此面包的储藏温度应避免上述温度范围。面包一般在21.1～35 ℃适合储存，或者在−18 ℃以下低温冷冻。已经老化变硬的面包重新加热到48.9 ℃以上时，会恢复松软。

❺ 使用添加剂 在面包配方中增加适量的乳化剂和α-淀粉酶可延缓面包的老化。被用来抗面包老化的乳化剂有单甘油酯、双甘油酯、聚山梨糖醇酯60及硬酯酰乳酸钠。α-淀粉酶可使水分子的迁移速率变慢，所以α-淀粉酶可减缓面包在储存过程中内部组织硬化的速率。

二、面包的品质鉴定

不同国家的面包品质鉴定方法各不相同，但主要都是从面包的外观和内质两个方面进行评分。目前，国际上多数采用由美国烘焙学院设计的面包质量鉴定评分方法。该方法采用百分制，外观占30分，内质占70分，低于75分为不合格产品。

（一）面包的感官评价方法

将面包放在清洁、干燥的白瓷盘上，目测检查形态、色泽、体积、烘焙的均匀程度和表皮质地。然后用餐刀按四分法切开，观察组织结构、颗粒大小、内部颜色，然后闻面包的香气，品尝面包的口感和

滋味,逐项做出评价。

(二)面包外观评分标准

❶ **体积** 面包的体积一般用比体积或比容来表示。面包体积并不是越大越好,面包体积过大,会使组织不均匀,大气孔较多;面包体积过小,会使内部组织过于紧密,缺乏弹性,老化快。不同种类的面包,其比体积也不同,一般在4.5～6.5范围内。

❷ **表皮颜色** 面包的表皮颜色应呈金黄色、淡棕色或棕红色,色泽均匀,不应有花斑点和条纹。表皮颜色与烘焙温度、面团内糖量等有关。

❸ **外观形态** 面包的外观形态应饱满、完整,形状应与品种造型相符。

❹ **烘焙均匀程度** 烘焙良好的面包应当上色均匀,顶部颜色稍深,边壁和底部稍浅,无黑泡或明显焦斑。

❺ **表皮质地** 不同种类的面包对表皮质地的要求各不相同。软式面包的表皮较薄、柔软、光滑、无破裂。硬质面包表皮硬脆,有裂口;松质面包表皮酥松,层次清晰。

(三)面包内部评分标准

面包内部评分标准包括颗粒状况、内部颜色、香味、口味和口感、组织与结构等。

❶ **颗粒状况** 颗粒状况直接影响着面包内部组织和品质。烘焙正常的面包应该颗粒大小一致,气孔小且呈拉长形状,气孔壁薄、透明,无不规则的大孔洞。颗粒和气孔的大小与加工工艺操作有直接关系。如果面团在搅拌和发酵过程中操作得当,形成的面筋网状结构较为细腻,则烤后的面包内部颗粒和气孔也较细小,并且有弹性、柔软,面包切片时不易碎落。如果使用的面粉筋力小,搅拌和发酵不当,则形成的面筋网状结构较为粗糙、无弹性,烤好的面包气孔大,颗粒也粗糙,切片时碎块多、气孔壁厚、弹性差。大孔洞多数是由整形不当引起的,颗粒粗糙、松散则主要由面团搅拌不足所致。

❷ **内部颜色** 正常的面包内部颜色应该呈白色或乳白色,并有光泽,面包的内部颜色与原材料和加工工艺都有直接的关系。面粉加工精度高,含麸皮少,则面包内部颜色白;如果面粉加工精度低,含麸皮较多,则面包内部颜色变深。面粉筋力过小,面包网状结构不强,则气孔大、颗粒粗、内部颜色黑。配方含有大量辅料,如鸡蛋、黄油等会影响内部颜色。面包内部颜色还因加工工艺不同而有差异,如搅拌不足,面筋形成少;发酵不足或过度,造成面包颗粒大、粗糙、孔洞多、阴影多,则内部颜色变得阴暗和灰白。

❸ **香味** 面包的香味是由外皮和内部两个部分共同产生的。外表皮的香味主要是由于烘焙过程中的美拉德反应、焦糖化反应以及面粉的麦香味组成的,因此面包烘焙一定要使面包表皮产生金黄的颜色,否则焦化程度不够,面包表皮香味不足。面包内部的香味是由原料、面团发酵和烘焙三个方面共同形成的。正常的面包不应有过重的酸味,不能有霉味、油的酸败味或其他怪味。此外,香味不足主要是因为面团发酵不足而引起的,也是不正常的。

❹ **口味和口感** 不同品种的面包应具有该品种的口味和口感。软式面包应具有发酵和烘烤后的面包香味,松软适口,无异味;硬式面包应耐咀嚼,无异味;起酥面包应表皮酥脆,内质松软,口感酥香,无异味。

❺ **组织与结构** 面包的内部组织应均匀,颗粒和气孔大小一致,无大孔洞,柔软细腻,不夹生,不破碎,有弹性,疏松度好。

三、面包常见质量问题分析

(一)面包外观质量问题及原因

❶ **面包体积小** 面包体积小的原因较多,但主要原因是:面团发酵不足和持气性差,包括酵母

添加量不足，酵母活性低；糖、盐用量太多；水质硬度过高；淀粉酶作用过强；面粉筋力太强或太弱；面团搅拌不足或过度；面团温度太低；面团发酵时间过短或过长；中间醒发时间不足；最后醒发时间不足或面团结皮；烤炉太热或蒸汽不足。

❷ **面包表皮龟裂** 面包表皮龟裂的原因有：加水量太少，面团过硬；搅拌时间不足；面粉的筋度太强；发酵时间不足；面团结皮；烤箱上火温度太高；烤箱温度太低；出炉后温差大；醒发箱温度太高；发酵过度。

❸ **面包表皮颜色太浅** 面包表皮颜色太浅的原因有：面团发酵过度；烤炉上火温度不足；水质太软；面团改良剂用量太多；奶粉用量少；烤炉温度太低；醒发室温度太低，醒发时间太长；面团搅匀不适当；糖用量不足；面粉中淀粉酶活性不足。

❹ **面包表皮颜色太深** 面包表皮颜色太深的原因有：糖用量过多；醒发室温度太高；烤炉内上火温度太高；烤炉温度太高；烘烤过度；奶粉、鸡蛋用量过多；发酵时间太短；烤炉内有闪热；面团搅拌过度。

❺ **面包表皮太厚** 面包表皮太厚的原因包括：油脂用量不足；面粉中缺乏淀粉酶；糖用量太少；烘烤过度；温度太低；烤炉内湿度太低；奶粉用量太少；面粉筋度太强；面团发酵过久；面团改良剂用量太多。

❻ **面包上部形成硬壳** 面包上部形成硬壳的原因有：面团太硬；中间醒发室湿度太低；使用了刚磨出来的面粉；筋度太低；烤炉底火温度太高；面粉缺少淀粉酶；最后醒发时间不足；烤炉内缺少蒸汽。

❼ **面包表皮无光泽** 面包表皮无光泽的原因有：烤炉内缺少蒸汽；盐的用量少；使用了高压蒸汽；整形时撒粉太多；使用了过多的老面团；烤炉温度太低；最后醒发时醒发室温度太高。

❽ **面包表皮有气泡** 面包表皮有气泡的原因有：面团发酵不足；烤炉操作不当；面团太软；面团搅拌过度；面团整形时不小心；机械操作不当；醒发室湿度太大；烤炉内上火温度太高。

❾ **面包表皮有不良斑点** 面包表皮有不良斑点的原因有：原材料没有适当搅匀；最后醒发室内水蒸气凝结成水滴；烘烤前面团上有糖；奶粉没有溶解；整形时撒太多粉；烤炉的水蒸气管流出水。

（二）面包内部质量问题及原因

❶ **面包内部颗粒粗大** 面包内部颗粒粗大的原因有：面团发酵不足或过久；面团搅拌不当；面粉筋度低；中间醒发时间太长；最后醒发时间太长；最后醒发时湿度太高；烤箱温度太低；水硬度太大等。

❷ **面包组织不良** 面包组织不良的原因有：面团搅拌不当；面粉筋度低；面团太硬或太软；面团发酵不足或过久；中间醒发时间太长；整形不当；最后醒发温度太高，湿度太大和时间太长；烤箱温度太低；水硬度太大；油脂用量太少；撒粉太多。

❸ **面包内部灰白色而无光泽** 面包内部灰白色而无光泽的原因有：面粉品质差；麦芽制品用量过多；面团搅拌过头；面团发酵时间太长；最后醒发时间太长；烤箱温度太低；烤盘涂油太多。

❹ **面包风味或口感差** 面包风味或口感差的原因很多，任何一种不恰当的操作都会引起面包风味和口感较差，包括：原材料品质不好；盐的用量太少或太多；配方比例不平衡；香料使用过量；面团搅拌不正确；发酵槽不干净；面团发酵不足；面团发酵时间太长；最后醒发时间太长；撒粉太多；烤炉温度太低；面包烘烤不足；烤炉内部不干净；面包未冷却至适当温度则立即包装；使用不良的装饰材料；面包老化；使用了酸败油涂烤盘；烤盘没有充分清洗干净等。

（三）面包储存质量问题及原因

❶ **面包的储存性差，老化快、易变硬** 面包储存性差的原因有：面粉品质低劣；糖用量太少；面团的机械性损伤过度；面团发酵不足；最后醒发时间太长；烤炉温度太低；烤炉内缺少蒸汽；面包出炉后冷却过久再包装；冷却条件不良；包装不良；储藏条件不良。

Note

② 面包易于发霉　面包易于发霉的原因有：面包生产环境卫生不达标，工器具被污染，面包冷却不适当；包装材料及设备不卫生；储藏环境不良。

推荐阅读文献 4

项目小结

本项目主要介绍了面包的制作原理、生产工艺和生产方法，并重点介绍各类面包代表品种的配方、制作方法、工艺操作要点和成品要求。任务一面包生产工艺系统讲解了面包的制作工艺流程，原料的选择与预处理、计量、面团搅拌、面团发酵、成型、最后醒发、烘烤、冷却与包装各个生产环节的作用、原理、影响因素、工艺条件和技术要求等。任务二讲解了面包各类生产方法的工艺流程、操作要点和特点。任务三至任务八主要阐述了软质面包、硬质面包、脆皮面包、起酥面包、调理面包及其他类型面包的特点、分类、制作原理和制作实例。任务九介绍了面包的老化与质量评价方法，以及面包常见质量问题及原因分析。通过本项目的学习，掌握各类面包的制作工艺和方法，了解和熟悉面包原辅料的性质、作用与选料要求，学会使用相关设备和器具，具备一定的面包制作及装饰技能，能解决实际生产中遇到的一些问题，能熟练开展烘焙配方计算；熟悉各类面包品种变化和创新思路与方法。

同步测试 4

蛋糕制作工艺

项目描述

蛋糕是用鸡蛋、糖、面粉和油脂为主要原料，以牛奶、奶粉、巧克力等为辅料，经过搅拌、调制、烘烤、装饰后制成的一类质地松软、蛋香浓郁的糕点。蛋糕是西方国家甚至全世界人民非常钟爱的茶点和节日喜庆糕点，是食品工业领域销量极高的食品之一，其制作也是烹饪专业学生必修的课程之一。因此，蛋糕制作工艺的学习是西点工艺学习中非常重要的模块。蛋糕品种较多，主要包括乳沫类蛋糕、戚风蛋糕、天使蛋糕、虎皮蛋糕、油脂蛋糕、乳酪蛋糕、慕斯蛋糕和装饰蛋糕等。

项目目标

掌握各种蛋糕的制作原理，学会各类蛋糕的制作方法。本项目以乳沫类蛋糕、戚风蛋糕、天使蛋糕、虎皮蛋糕、油脂蛋糕、乳酪蛋糕、慕斯蛋糕、装饰蛋糕等品种的配方、制作工艺和参考图例为基础，通过训练，熟悉各种蛋糕的配方组成特点、制作工艺流程及操作要点，掌握影响蛋糕品质的因素；能进行操作，发现和解决生产过程中出现的相应问题。

任务一 乳沫类蛋糕的制作

任务描述

乳沫类蛋糕是一种以鸡蛋、糖、面粉为主要原料，经高速搅拌、烘烤制成的组织疏松多孔，口感柔软而富有弹性的蛋糕制品。在学习乳沫类蛋糕的制作原理、制作工艺流程和操作要点等相关理论知识的基础上，掌握乳沫类蛋糕的配方设计原理和方法，掌握乳沫类蛋糕代表品种的面糊搅拌、装模、烘烤、冷却和装饰的方法，并重点学习乳沫类蛋糕的选料要求和配方设计原理。

任务目标

掌握海绵蛋糕杯、瑞士卷、巧克力海绵蛋糕、水果海绵蛋糕等乳沫类蛋糕制作的工艺环节的操作方法与操作技能；掌握与本任务品种制作相关器具的正确使用并能独立制作成品。

一、乳沫类蛋糕的特点

乳沫类蛋糕(foam cake)，又称海绵蛋糕(sponge cake)、清蛋糕(plain cake)，是蛋糕中常见的品种之一。其制作原理是利用鸡蛋蛋白的起泡性能，通过高速搅拌使蛋液中充入大量的空气，加入面粉烘烤而成的一类膨松点心。因为其结构类似于多孔的海绵而得名。乳沫类蛋糕的主要原料依次为鸡蛋、糖、面粉，另有少量液体油，当蛋用量较少时可加入适量的化学膨松剂以辅助面糊起发，从而制作出品质较好的乳沫类蛋糕。

二、乳沫类蛋糕的膨松原理

乳沫类蛋糕是将鸡蛋、糖进行搅打，接着混入面粉后烘烤制成的膨松制品。由于蛋白是黏稠的胶体，具有起泡性。搅拌蛋液时蛋白中的球蛋白会降低蛋的表面张力，增加蛋的黏度，使打入的空气冲入蛋白内部，形成细小的气泡。这些气泡均匀地填充在蛋液内，当制品受热，气泡膨胀时，凭借蛋液胶体物质的韧性使其不至于破裂，直至蛋糕内部气泡膨胀到蛋糕凝固为止，烘烤中的蛋糕体积因此膨大。蛋白保持气体的最佳状态是在呈现最大体积之前产生的，因此，过分地搅拌蛋液会破坏蛋白胶体物质的韧性，使蛋液保持气体的能力下降。

蛋黄虽然不含有蛋白中的胶体物质，无法保留住空气，无法打发，但蛋黄的油脂内含有的卵磷脂是一种非常好的乳化剂，在单独搅拌蛋黄时可将蛋黄本身的油脂和水及拌入的空气形成乳化液，来增强其乳化作用，有助于保存搅打冲入的气体。

全蛋搅拌时，如果蛋白和蛋黄的比例超过原来的二比一时，就很难搅拌起泡，因为蛋黄的油脂会影响蛋白的胶黏性，且蛋黄少，卵磷脂不够，便无法与蛋白及拌入的空气达到乳化的状态，以致无法打发。蛋黄用量太多时，固形物相对增加，乳化作用也增加，形成的乳化液就会过于黏稠，而影响蛋糕的体积。因此，控制好蛋黄的添加量对制作成功的乳沫类蛋糕具有重要意义。

三、乳沫类蛋糕的制作工艺流程及操作要点

（一）乳沫类蛋糕的制作工艺流程

乳沫类蛋糕的制作方法有两种，分别为糖蛋法和乳化法。

❶ 糖蛋法　糖蛋法是先将蛋液和糖倒入搅拌缸中一起搅拌至其体积膨胀 3～4 倍，并呈乳白色稠糊状后筛入面粉等粉类原料，再调拌均匀的方法。其工艺流程如图 5-1 所示。

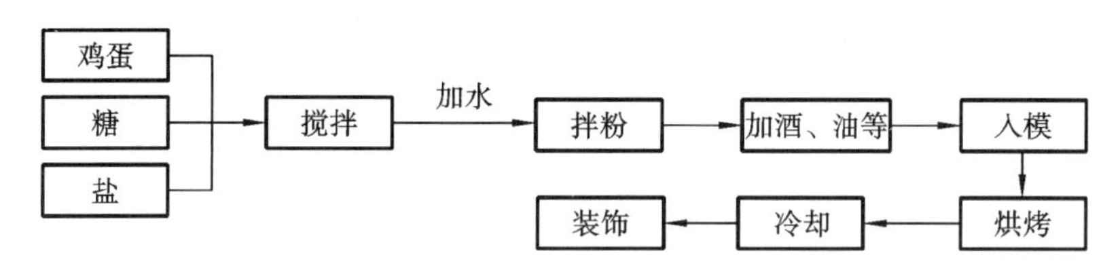

图 5-1　糖蛋法工艺流程图

❷ 乳化法　乳化法是将除了香料、酒等后加料外的所有原料，包括鸡蛋、糖、面粉、油、水、蛋糕油（SP）混合在一起，经搅拌机快速搅打至其体积膨胀 3～4 倍的搅拌方法。其工艺流程如图 5-2 所示。

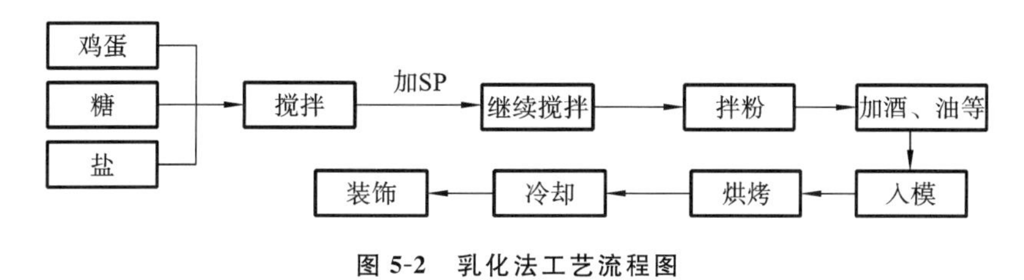

图 5-2　乳化法工艺流程图

（二）乳沫类蛋糕制作的操作要点

❶ **搅拌容器** 搅拌容器必须清洁无油。因为油会影响蛋清的打发，导致蛋糕失败品的出现。

❷ **鸡蛋选择** 尽量选用新鲜鸡蛋，在敲蛋前，最好先将鸡蛋外壳清洗干净，这样有助于提高保质期。

❸ **蛋液搅打** 打蛋液时，蛋液的温度最好保持在 22～30 ℃，具体情况要注意根据季节来灵活调整。如遇冬季气温较低时，蛋液可适当加热。将搅拌缸底下加一大盆温水，使鸡蛋温度适当升高，这样有利于蛋液快速起泡并可以防止烤熟后底下沉淀结块的糟糕情况出现。但注意温度不可过高，如超过 60 ℃时蛋清则会发生变性，从而影响起泡，因此要掌握好加热的温度。

❹ **蛋糕油的搅打** 蛋糕油一定要在快速搅拌前加入，要保证蛋糕油在快速搅拌完成后能彻底溶解，这样有助于避免蛋糕沉底变硬块，从而影响蛋糕成品口感。

❺ **液体加入时间** 当蛋液太浓稠时或配方面粉比例过高时，用慢速搅打加入部分水，如在最后加入，尽量不要一次性倒下去，这样很容易破坏蛋液的气泡，使体积下降。

❻ **适当加入淀粉** 有时为了降低面粉的筋度，使口感更佳，常在配方中加入淀粉，这时一定要将其与面粉一起过筛后再加入，否则如没有拌匀将会导致蛋糕未出炉就下陷。另外淀粉的添加也不能超过面粉比例的 1/4。

❼ **粉类原料过筛处理** 泡打粉加入时也一定要与面粉一起过筛，使其充分混合，否则会造成蛋糕表皮出现麻点和部分地方出现苦涩味。

❽ **蛋液打发终点判断** 蛋液搅打快好的时候，停机用搅拌桨轻轻挑起面糊，如感觉还有很大阻力，挑起很长的浆料带出，则还未打发到终点。相反如搅拌桨伸入挑起很轻，没有甚至只有很短的尖锋带出则说明有点过了，所以在这时要特别关注，到适中时停机则能达到理想的效果。

四、影响乳沫类蛋糕品质的因素

（一）配方设计

乳沫类蛋糕膨松的关键是配方设计，配方设计要坚持干湿平衡、强弱平衡的原则。

❶ **干湿平衡** 干性原料为水分含量低的原料，包括面粉、奶粉、膨松剂、可可粉等，湿性原料为水分含量高的原料，包括鸡蛋、牛奶、水等。干性原料需要用一定量的湿性原料润湿才能调制成面团和浆料，干性与湿性原料之间的配比是否平衡影响了面团或浆料的稠度及工艺性能。

❷ **强弱平衡** 强性原料含有高分子的蛋白质，特别是面粉中的面筋蛋白质，它们具有形成和强化制品结构的作用，如面粉、鸡蛋、牛奶等。弱性原料是低分子成分，它们不能成为制品结构的骨架，相反，弱性原料在糕点中能使产品组织柔软，具有减弱或分散制品结构的作用，如糖、膨松剂、油、乳化剂等。因此，强性和弱性原料在比例上必须平衡，才能保证制品质量。如果弱性原料过多，会使产品结构软化不牢固，易出现塌陷、变形等现象。反之，强性原料过多，会使产品结构过度牢固，组织不疏松，缺乏弹性和延伸性，体积小。

❸ **不同档次乳沫类蛋糕的配方比例** 不同档次乳沫类蛋糕的配方比例如表 5-1 所示。

表 5-1 不同档次乳沫类蛋糕的配方比例/(%)

原料	高档	中档
低筋粉	100	100
鸡蛋	180～250	100～180
糖	110	80～100
油脂	20	10～20

续表

原　　料	高　　档	中　　档
乳化剂	5	10
泡打粉	0	2～3
盐	2	2
香草粉	1.5	1.5

不同档次的乳沫类蛋糕的区别主要在于鸡蛋与面粉的添加比例的不同，比例越大则蛋糕越松软，口感越好，成本也越高。糖在乳沫类蛋糕中的用量变化不大，其用量与面粉量接近，并随着原料总量的增加略有增加。糖的增加受到两个方面因素的制约，即甜味过重以及对结构的减弱。当糖量降低至面粉量的70%以下时，由于浆料的黏度降低，持气量和吸湿性下降，将会明显影响蛋糕的膨松度、体积、滋润度和货架期。糖的用量一般为面粉量的75%～100%。当蛋、粉比高于2∶2的配方时，糖量可增加至面粉量的100%～110%。

五、乳沫类蛋糕制作实例

实例1　海绵蛋糕杯

海绵蛋糕杯指的是在乳沫类蛋糕中加入适量的杏仁片、瓜子仁或提子干等制成的杯子蛋糕，其口感松软细腻，口味香甜清新，是深受人们喜爱的一种蛋糕，如图5-3所示。

图5-3　海绵蛋糕杯

（一）原料及配方

海绵蛋糕杯的原料及配方如表5-2所示。

表5-2　海绵蛋糕杯的原料及配方

原　　料	烘焙百分比/(%)	实际用量/g
全蛋	167	500
绵白糖	77	230
低筋粉	100	300
食盐	1	3
蛋糕油	8	25
泡打粉	3	10

续表

原　　料	烘焙百分比/(%)	实际用量/g
牛奶	33	100
色拉油	27	80
提子干	适量	适量
杏仁片	适量	适量
合计	416	1248

（二）制作方法

❶ **计量**　按上述配方将所需原料计量称重。

❷ **蛋糕糊调制**

(1) 全蛋、绵白糖、盐一起加入搅拌缸，中速搅拌至糖溶化。

(2) 加入蛋糕油慢速搅拌至混合均匀。

(3) 低筋粉、泡打粉一起过筛后加入，先慢速拌匀后，再快速搅拌至面糊体积增大至两倍以上，勾起呈软尖。

(4) 慢速加入牛奶、色拉油，搅拌均匀。

(5) 最后加入提子干搅拌均匀即可。

❸ **成型**　面糊装入模具七分满，表面撒杏仁片装饰。

❹ **成熟**　面火(上火)180 ℃，底火(下火)190 ℃，烘烤 20～30 min。

制品视频

（三）工艺操作要点

(1) 选用的鸡蛋必须要新鲜，且蛋液的温度要在 22～30 ℃较好。

(2) 蛋糕油在高速搅拌前加入。

(3) 打蛋液时搅拌速度要快。

(4) 蛋糕糊做好后，必须有一定的稠度，不然提子干会沉在蛋糕糊底部。

（四）成品要求

表面呈金黄色，内部呈乳黄色，顶部平坦或略微凸起，柔软而有弹性，内无生芯，口感不黏不干，轻微湿润，蛋味甜味相对适中。

实例 2　瑞士卷

瑞士卷如图 5-4 所示。

图 5-4　瑞士卷

Note

（一）原料及配方

瑞士卷的原料及配方如表 5-3 所示。

表 5-3　瑞士卷的原料及配方

原　　料	烘焙百分比/(%)	实际用量/g
鸡蛋	250	500
绵白糖	100	200
盐	2.5	5
低筋粉	100	200
蛋糕粉	15	30
牛奶	25	50
色拉油	50	100
总计	542.5	1085

（二）制作方法

❶ **计量**　按上述配方将所需原料计量称重，备用。

❷ **蛋糕面糊的制作**

(1) 鸡蛋、绵白糖、盐一起加入搅拌缸中，水浴加热至 40 ℃，快速搅拌至体积增大 2 倍以上，蛋糕糊黏稠。

(2) 加入过筛的低筋粉慢速拌匀。

(3) 慢速加入牛奶拌匀，最后加入色拉油用橡皮刮刀拌匀即可。

❸ **成型**　将蛋糕糊装入垫好油纸的烤盘，抹平。

❹ **成熟**　上火 180 ℃，下火 150 ℃，烤约 17 min。

❺ **装盘**　出炉后迅速将蛋糕移到冷却网上，冷却后切开，卷成长卷。

❻ **装饰**　切开或进行装饰。

（三）工艺操作要点

(1) 选用的鸡蛋要新鲜，且蛋液的温度在 40 ℃左右时打发性能最好。

(2) 加入色拉油后搅拌均匀即可，不可以长时间搅拌。

(3) 卷蛋糕卷时一定要卷紧，冷却后再切片。

（四）成品要求

色泽金黄，粗细均匀，口感细腻滋润，形态美观。

实例 3　巧克力海绵蛋糕

巧克力海绵蛋糕是在蛋糕糊混入一定量的巧克力，调制而成的具有巧克力风味的一种海绵蛋糕，如图 5-5 所示。

（一）原料及配方

巧克力海绵蛋糕的原料及配方如表 5-4 所示。

图 5-5　巧克力海绵蛋糕

表 5-4　巧克力海绵蛋糕的原料及配方

原　料	烘焙百分比/(%)	实际用量/g
鸡蛋	250	500
绵白糖	100	200
蛋糕油	13	26
蛋糕粉	100	200
可可粉	10	20
小苏打	1	2
泡打粉	1.5	3
牛奶	50	100
色拉油	25	50
黄油	150	300
合计	700.5	1401

(二) 制作方法

❶ **计量**　按上述配方将所需原料计量称重,蛋糕粉和泡打粉混合过筛备用。

❷ **蛋糕糊的制作**

(1) 鸡蛋和绵白糖一起加入搅拌缸,中速搅拌至糖溶化。

(2) 蛋糕粉、可可粉、泡打粉、小苏打一起过筛拌匀,和蛋糕油一起加入。

(3) 慢速拌匀后,改为快速拌至面糊膨胀起发。

(4) 改慢速后加入牛奶、色拉油,搅拌均匀。

❸ **成熟**　将蛋糕糊倒入垫好油纸的烤盘中入炉烘烤,上火 220 ℃、下火 190 ℃,烤约 15 min。

❹ **成型**　冷却后切成长条,抹好黄油后两层叠起来。

❺ **装饰**　表面抹黄油、加水果并裱花进行装饰,切块。

(三) 工艺操作要点

(1) 选用的鸡蛋要新鲜,且蛋液的温度要在 20 ℃左右较好。

(2) 蛋糕油在高速搅拌前加入。

(四) 成品要求

色泽亮丽,粗细均匀,口感细腻滋润,形态美观。

实例 4　水果海绵蛋糕

水果海绵蛋糕和普通海绵蛋糕一样，是利用蛋白起泡性能，使蛋液中充入大量的空气，加入面粉烘烤而成的一类膨松点心，如图 5-6 所示。

图 5-6　水果海绵蛋糕

（一）原料及配方

水果海绵蛋糕的原料及配方如表 5-5 所示。

表 5-5　水果海绵蛋糕的原料及配方

原　料	烘焙百分比/(%)	实际用量/g
全蛋	250	500
绵白糖	125	250
低筋粉	100	200
盐	3	6
蛋糕油	17	33
牛奶	30	60
色拉油	50	100
朗姆酒	3	5
奶油和水果	50	100
合计	628	1254

（二）制作方法

❶ **计量**　按上述配方将所需原料计量称重。

❷ **蛋糕糊调制**

(1) 全蛋、绵白糖、盐一起加入搅拌缸，中速搅拌至糖溶化。

(2) 低筋粉过筛后，与蛋糕油一起加入后慢速拌匀，再快速搅拌至面糊变浓稠，体积增大至原来的 3 倍左右。

(3) 慢速加入牛奶、朗姆酒、色拉油，搅拌均匀。

❸ **成熟**　面糊倒入烤盘，入炉烘烤，上火 180 ℃、下火 160 ℃，烘烤 20 min。

❹ **冷却**　出炉后，倒扣在冷却网上冷却。

❺ **装饰成型**　冷却后切割成两片或三片，中间夹奶油、水果，表面抹奶油裱花，切块即成。

（三）工艺操作要点

(1) 选用的鸡蛋要新鲜，且蛋液的温度要在 20 ℃左右较好。

(2) 蛋糕油在高速搅拌前加入。

(3) 打蛋液时搅拌速度要快。

(4) 蛋糕糊做好后，必须有一定的稠度，并且尽量不要有大气泡。如果拌好的蛋糕糊不断产生很多大气泡，则说明鸡蛋的打发不到位，或者搅拌的时候消泡了，需要尽量避免这种情况。

(5) 烤的时间不要太长，否则会导致蛋糕口感发干。

（四）成品要求

内部呈乳黄色，色泽均匀一致，糕体较轻，组织细密均匀，无大气孔，柔软而有弹性，内无生芯，口感不黏不干，轻微湿润，蛋味甜味相对适中。

任务二 戚风蛋糕的制作

任务描述

戚风是"chiffon"的音译，意思是像绸子一样轻软。戚风蛋糕是采用分蛋法，即蛋黄和蛋白分开搅拌，先把蛋白部分搅拌起泡，再拌入蛋黄糊，最后加入面粉，拌匀进行烘烤的一种海绵蛋糕。其成品质地松软、柔韧性好、口感湿润，不含乳化剂，蛋糕风味突出。戚风蛋糕是深受消费者喜欢的一款蛋糕，常被用作生日蛋糕的底坯，以及制作各类卷筒蛋糕等。

任务目标

掌握戚风蛋糕的制作原理，熟悉戚风蛋糕的制作工艺流程和操作要点，学会蛋糕的烘烤方法和成熟度的检验方法。通过教师演示和学生练习训练，让学生熟练掌握各种戚风蛋糕制作方法，能独立进行操作，发现和处理解决生产过程中出现的相应问题。

一、戚风蛋糕的制作原理

戚风蛋糕的膨胀原理主要是物理膨胀作用，它通过机械搅拌，使空气充分充入坯料中，经过热空气膨胀，使坯料体积疏松膨大。

蛋白具有起泡性。当蛋液受到急速而连续的搅拌时，能使空气混入蛋液内形成细小的气泡，被均匀地包在蛋白膜内，受热后空气膨胀时，凭借胶体物质的韧性使其不至于破裂。烘烤中面糊内气泡受热膨胀使蛋糕体积因此而膨大。然而，蛋白保持气体的最佳状态是在呈现最大体积之前，因此，过分地搅拌会破坏蛋白胶体物质的韧性，使蛋液保持气体的能力下降，导致制作出的戚风蛋糕呈现坍塌、弹性差的后果。因此，掌握好蛋白的发泡程度显得非常重要。

二、戚风蛋糕的制作工艺流程及操作要点

（一）戚风蛋糕的制作工艺流程

戚风蛋糕的制作工艺流程如图 5-7 所示。

（二）戚风蛋糕制作的操作要点

(1) 选择新鲜的鸡蛋，蛋清的起发性更好，且容易分蛋。

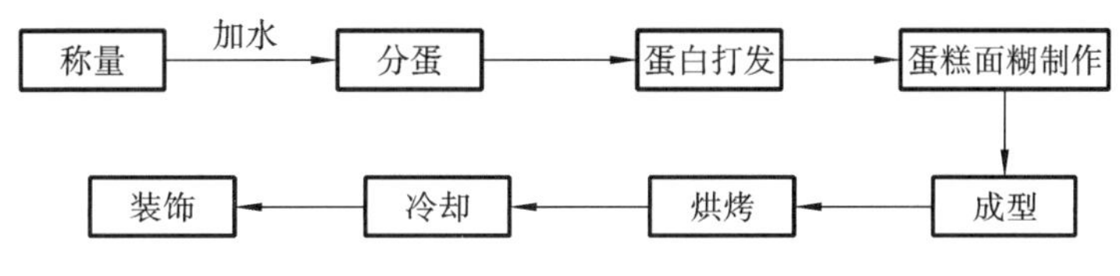

图 5-7　戚风蛋糕的制作工艺流程

(2) 蛋清和蛋黄要分清楚，蛋清中不要留蛋黄，否则蛋清不容易打发。

(3) 搅拌蛋清的工具和容器要洗干净，不能沾油，油脂有消泡作用，会破坏蛋清的发泡性。

(4) 严格控制蛋清温度，一般在 17～22 ℃起泡性较好。温度过高蛋液会变稀薄，胶黏性差，无法保住气体。温度过低、黏性较大，搅拌时不易带入空气。

(5) 加糖的时机是待蛋白搅至湿性发泡时加入，加早了蛋清的黏度大，打发速度降低。

(6) 对于不同品种的产品，蛋白的打发程度略有不同。用于杯子蛋糕和生日蛋糕的蛋糕坯蛋清打发到中性发泡，用于制作蛋糕卷的打发到湿性发泡阶段即可。

(7) 制作蛋黄面糊时一定要搅拌均匀，不能产生结块。

(8) 蛋白部分和蛋黄部分混合时搅拌要适度，不要过久和过猛，以免蛋白受油脂的影响而产生消泡现象。

(9) 烤盘垫油脂，倒入蛋糕糊后要震出大气泡。

三、蛋糕的烘烤

烘烤是蛋糕熟制的过程，也是蛋糕制作工艺的关键，要获得高质量的蛋糕制品，就必须掌握烘烤的工艺要求。蛋糕烘烤是利用烤箱内的热量，通过辐射、传导、对流的作用，而使制品成熟。经烘烤成熟的制品质量与烘烤温度和时间有密切关系。

(一) 烘烤的温度和时间

烘烤蛋糕的温度和时间与蛋糕糊的配料密切相关，比如在相同烘烤条件下，油脂蛋糕要比海绵蛋糕的温度低，时间也长一些。因为油脂蛋糕的油脂用量大，配料中各种干性原料较多，含水量少，面糊干燥、坚韧，如果烘烤温度高、时间短，就会发生内部过生、外部烤焦现象。而海绵蛋糕的油脂含量少，组织松软，易于成熟，烘烤时要求温度高一些，时间短一些。

烘烤蛋糕的温度和时间与制品的大小和厚薄有关，在相同的烘烤条件下，相同配料的蛋糕，因大小和薄厚不同，烘烤的时间和温度就不一样。例如，长方形的大蛋糕坯的烘烤温度就要低于小圆形蛋糕和花边形蛋糕，时间要长一些。蛋糕坯薄而面积大，为了保证其松软，要求烘烤温度高、时间短，否则，水分流失大，制品硬脆，难于卷成圆筒形，甚至会出现断裂现象。

根据经验，一般将蛋糕的烘烤方法分为以下三种情况。

❶ **高温短时间法**　适用于卷筒蛋糕(薄坯)，温度为 230 ℃左右，时间在 10 min 以内。

❷ **中温中时间法**　适用于一般海绵蛋糕，厚薄均匀，在 2 cm 左右，温度为 200～220 ℃，时间在 25 min 左右。

❸ **低温长时间法**　适用于一般的重油蛋糕。温度在 160～180 ℃，时间在 45 min 以上。

(二) 烘烤的基本要求和注意事项

(1) 烘烤蛋糕前应检查烤箱是否清洁，性能是否正常，根据制品的需要，调整好烤箱的温度和时间。

(2) 制品进入烤箱时要放在最佳位置，烤盘、模具码放不能过密和紧靠烤箱边缘，更不能重叠码放，否则制品受热不均，会影响成品质量。

(3) 中途尽量少动，如若要翻盘，必须做到小心轻放，保持水平。

（4）蛋糕出炉后，为防收缩太大，可将蛋糕趁热反置于铁丝网架上。同时，为保证蛋糕的外观完整，应做到冷透后再进行下一道工序（如包装、裱花等）。

四、蛋糕成熟度的检验方法

检验蛋糕成熟度的方法主要有看、摸、听和插四种。

❶ **看**　观察色泽是否达到制品要求的棕黄色，四周是否已经脱离模具，顶部是否已隆起。

❷ **摸**　用手指轻轻触摸蛋糕，表面有弹性，感觉硬实，内部呈固体状，没有流动性。

❸ **听**　用手指轻轻按压蛋糕的表面，能听到沙沙的响声。

❹ **插**　用竹签插入蛋糕的最高部位，拔出后不黏竹签。

五、戚风蛋糕制作实例

实例 1　戚风蛋糕卷

戚风蛋糕卷是一道以分蛋法制作出来的组织细腻、富有弹性、质地湿润的一款海绵蛋糕卷，如图5-8所示。

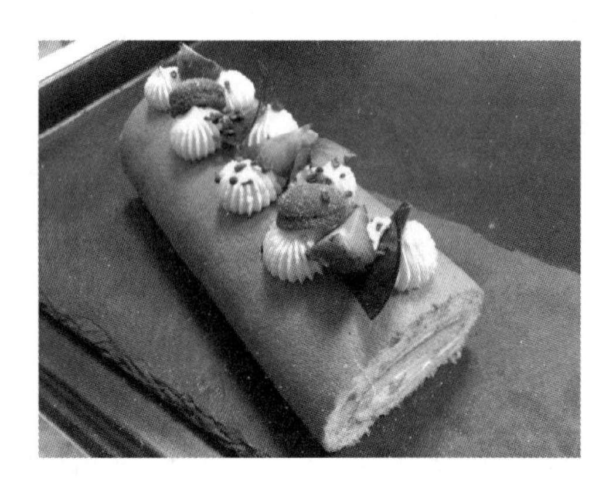

图 5-8　戚风蛋糕卷

（一）原料及配方

戚风蛋糕卷的原料及配方如表 5-6 所示。

表 5-6　戚风蛋糕卷的原料及配方

原料		烘焙百分比/(%)	实际重量/g
蛋黄部分	蛋黄	88	166
	牛奶	55	110
	黄油	15	30
	低筋粉	100	200
	绵白糖	30	60
蛋白部分	蛋白	200	400
	绵白糖	80	160
	塔塔粉	2	4
	盐	1	2
总计		571	1132

(二) 制作方法

❶ **计量**　按配方将所需原料计量称重。

❷ **蛋黄糊的制作**　将黄油水浴加热熔化,冷却至室温。蛋黄加绵白糖,拌至糖溶化。加入牛奶和熔化的黄油搅拌至均匀细腻后,加入过筛的低筋粉,翻拌至均匀即可。

❸ **蛋白膏制作**　将蛋白、塔塔粉、盐、部分绵白糖放入打蛋缸内高速搅打,当蛋白搅打至湿性发泡时加入剩余的绵白糖,继续搅打,当蛋白搅打至干性发泡、显软峰状时待用。

❹ **蛋糕面糊的制作**　现将 1/3 蛋白膏倒入蛋黄糊内搅拌均匀,再将其倒入剩余的蛋白膏内一起搅拌均匀。

❺ **成型**　将面糊倒入 8 寸蛋糕模中,装七成满抹平即可入炉烘烤。

❻ **成熟**　180 ℃/180 ℃烤约 30 min。

❼ **蛋糕冷却**　烤熟后将蛋糕模倒扣在蛋糕倒立架上冷却。

❽ **成型**　蛋糕脱模后,切成扇形块即可。

(三) 工艺操作要点

(1) 蛋清和蛋黄要分清楚,搅拌工具和容器不能沾油,以防破坏蛋清的胶黏性。

(2) 严格控制搅拌的温度,蛋清温度一般在 22 ℃左右时起泡性较好。温度过高蛋液会变稀薄,胶黏性差,无法保住气体。温度过低黏性较大,搅拌时不易带入空气。

(3) 加糖的时机是待蛋白搅至湿性发泡才能加入,加早了则蛋清的黏度大,打发速度降低。

(4) 蛋白搅打至中性发泡,显软峰状即可。搅拌时间不宜过长,时间长了,反而会破坏蛋糕糊中气泡结构,从而影响蛋糕的质量。

(5) 蛋黄面糊制作时一定要搅拌均匀,不能产生结块。

(6) 蛋白部分和蛋黄部分混合时搅拌不要过久和过猛,以免蛋白受油脂的影响而产生消泡现象。

(四) 成品要求

色泽金黄,气泡均匀,口感细腻滋润,蛋香浓郁。

实例 2　肉松戚风卷

肉松戚风卷是采用分蛋法制作而成的一种添加了肉松的海绵蛋糕。其质地松软、柔韧性好、口感滋润,不含乳化剂,肉松味非常突出,如图 5-9 所示。

图 5-9　肉松戚风卷

(一) 原料及配方

肉松戚风卷的原料及配方如表 5-7 所示。

表 5-7 肉松戚风卷的原料及配方

原料		烘焙百分比/(%)	实际重量/g
蛋黄部分	蛋黄	162	90
	牛奶	99	55
	玉米油	72	40
	低筋粉	180	100
蛋白部分	蛋白	350	194
	绵白糖	110	61
	塔塔粉	4	2
	盐	4	2
其他	肉松	100	56
	葱花	51	28
	沙拉酱	99	55
	总计	1231	683

（二）制作方法

❶ **计量** 按上述配方将所需原料计量称重。

❷ **蛋黄糊的制作** 将蛋黄和绵白糖一起拌至糖溶化，加入玉米油和牛奶搅拌至乳化。加入过筛的低筋粉翻拌至均匀。

❸ **蛋白膏制作** 将蛋白、塔塔粉、盐、部分绵白糖放入打蛋缸内高速搅打，当蛋白搅打至湿性发泡时加入剩余的绵白糖，继续搅打，当蛋白搅打至干性发泡、显软峰状时待用。

❹ **蛋糕面糊的制作** 现将 1/3 蛋白膏倒入蛋黄糊内搅拌均匀，再将其倒入剩余的蛋白膏内一起搅拌均匀，混合均匀后加入部分肉松和葱花，搅拌均匀。

❺ **成型** 将蛋糕面糊倒入垫好不粘布或油纸的烤盘中，然后抹平撒葱花、肉松即可入炉烘烤。

❻ **成熟** 上火 180 ℃、下火 150 ℃，烤约 15 min。

❼ **冷却及装饰** 烤熟后移出烤盘冷却，蛋糕表面抹沙拉酱卷成卷，切块。

（三）工艺操作要点

(1) 蛋白中不能沾蛋黄或油脂。

(2) 加糖的时机是待蛋白搅至湿性发泡才能加入。

(3) 蛋白搅打至中性发泡、显软峰状即可。

(4) 蛋黄糊制作时一定要搅拌均匀，不能产生结块。

(5) 蛋白部分和蛋黄部分混合时搅拌不要过久和过猛，以免蛋白受油脂的影响而产生消泡现象。

（四）成品要求

色泽金黄，气泡均匀，口感细腻滋润、蛋香浓郁，肉松风味突出。

实例 3 咖啡伴侣蛋糕卷

咖啡伴侣蛋糕卷是在戚风蛋糕中添加了咖啡粉制成的具有咖啡香味的一种蛋糕，其质地松软、柔韧性好、口感滋润，不含乳化剂，蛋糕与咖啡风味突出，如图 5-10 所示。

（一）原料及配方

咖啡伴侣蛋糕卷的原料及配方如表 5-8 所示。

图 5-10　咖啡伴侣蛋糕卷

表 5-8　咖啡伴侣蛋糕卷的原料及配方

原　　料	烘焙百分比/(%)	实际重量/g
全蛋	300	600
绵白糖 A	100	200
塔塔粉	4	8
食盐	2	4
绵白糖 B	35	70
蛋糕粉	100	200
泡打粉	3	6
咖啡粉	11	22
热开水	64	128
玉米油	50	100
总计	669	1338

（二）制作方法

❶ **计量**　按上述配方将所需原料计量称重，蛋糕粉和泡打粉混合过筛备用。

❷ **分蛋**　将全蛋磕入搅拌缸中，将蛋黄捞出。

❸ **蛋黄糊的制作**　用热开水冲开咖啡粉，冷却后与蛋黄、绵白糖 B、玉米油等搅拌均匀后，将蛋糕粉、泡打粉混合在一起，并过筛两次使其混合均匀后，倒入蛋黄液中。用打蛋器搅拌 4～5 min，使面粉与蛋黄搅拌均匀无结块即可。

❹ **蛋白的搅打**　将蛋白、塔塔粉放入打蛋缸内高速搅打，当蛋白搅打至湿性发泡时加入绵白糖 A，继续搅打，当蛋白搅打至中性发泡、显软峰状时待用。

❺ **蛋糕面糊的制作**　先将 1/3 蛋白膏倒入蛋黄糊内搅拌均匀，再将其倒入剩余的蛋白膏内一起搅拌均匀即可。

❻ **成型**　模具铺油纸，将蛋糕面糊倒入模具抹平即可。

❼ **成熟**　180 ℃/150 ℃烘烤 17 min 左右。

❽ **装饰**　烤熟后在盘中冷却后，在蛋糕表面抹果酱，用擀面杖卷成卷，切成厚薄均匀的块，加水果装饰即可。

（三）工艺操作要点

（1）蛋白中不能沾蛋黄或油脂。

（2）加糖的时机是待蛋白搅至湿性发泡才能加入。

（3）蛋白搅打至中性发泡、显软峰状即可。

（4）蛋黄面糊制作时一定要搅拌均匀，不能产生结块。

（5）蛋白部分和蛋黄部分混合时搅拌不要过久和过猛，以免蛋白受油脂的影响而产生消泡现象。

（四）成品要求

色泽淡雅，气泡均匀，口感细腻滋润、蛋香浓郁，咖啡风味突出。

实例4　可可戚风卷

可可戚风卷是在戚风蛋糕中添加了可可粉，制成的一款具有浓郁的可可味的美味糕点。其口感柔软细腻，风味独特的口感被推到极致，如图5-11所示。

图5-11　可可戚风卷

（一）原料及配方

可可戚风卷的原料及配方如表5-9所示。

表5-9　可可戚风卷的原料及配方

	原　料	烘焙百分比/(%)	实际重量/g
蛋白部分	蛋白	105	400
	绵白糖B	42	160
	塔塔粉	1	4
	盐	1	4
蛋黄部分	绵白糖A	18	70
	蛋糕粉	100	380
	玉米淀粉	5	20
	小苏打	1	2
	泡打粉	1	3
	牛奶	39	150
	蛋黄	53	200
	色拉油	29	110
	可可粉	4	15

续表

	原　料	烘焙百分比/(%)	实际重量/g
装饰	果酱	26	100
	合计	425	1618

（二）制作方法

❶ **计量**　按上述配方将所需原料计量称重。

❷ **分蛋**　将全蛋磕入搅拌缸中，将蛋黄捞出。

❸ **蛋黄糊的制作**　将牛奶、可可粉、绵白糖A一起加入盆中，加热到可可粉溶化，加入色拉油搅拌均匀，加入蛋黄搅拌均匀，加入过筛的蛋糕粉和玉米淀粉、小苏打，拌至均匀备用。

❹ **蛋白的打发**　将蛋白、塔塔粉、盐、部分绵白糖B一起加入搅拌缸中，拌至湿性发泡后加入剩余的绵白糖B，继续拌至干性发泡。

❺ **蛋糕面糊的制作**　将两部分混合均匀。

❻ **成型**　模具铺油纸，将蛋糕面糊倒入模具抹平即可。

❼ **成熟**　180 ℃/150 ℃烘烤 15 min。

❽ **冷却及装饰**　烤熟后在盘中冷却后，在蛋糕表面抹果酱，用擀面杖卷成卷，切成厚薄均匀的块。

（三）工艺操作要点

(1) 蛋白中不能沾蛋黄或油脂。

(2) 加糖的时机是待蛋白搅至湿性发泡才能加入。

(3) 蛋白搅打至中性发泡、显软峰状即可。

(4) 蛋黄糊制作时一定要搅拌均匀，不能产生结块。

(5) 蛋白部分和蛋黄部分混合时搅拌不要过久和过猛，以免蛋白受油脂的影响而产生消泡现象。

（四）成品要求

色泽金黄，气泡均匀，口感细腻滋润、蛋香浓郁，可可风味突出。

实例5　抹茶蛋糕卷

抹茶蛋糕卷(matcha cake)是一种适合家庭制作的常见点心，以抹茶味道为特色，蛋糕松软，制作简单，做法多样，如图5-12所示。

图5-12　抹茶蛋糕卷

（一）原料及配方

抹茶蛋糕卷的原料及配方如表5-10所示。

表5-10　抹茶蛋糕卷的原料及配方

	原　　料	烘焙百分比/(%)	实际重量/g
蛋白部分	蛋白	247	370
	绵白糖	140	210
	塔塔粉	5	7
	盐	3	5
蛋黄部分	热开水	67	100
	低筋粉	100	150
	泡打粉	3	5
	抹茶粉	13	20
	蛋黄	120	180
	色拉油	67	100
	玉米淀粉	13	20
	蜂蜜	13	20
	合计	791	1187

（二）制作方法

❶ **计量**　按上述配方将所需原料计量称重，面粉和泡打粉混合过筛备用。

❷ **分蛋**　将全蛋磕入搅拌缸中，将蛋黄捞出。

❸ **蛋黄糊的制作**　用热开水冲抹茶粉后与蛋黄、蜂蜜一起混合均匀后加入色拉油、低筋粉、玉米淀粉、泡打粉，搅拌均匀至无面粉颗粒后备用。

❹ **蛋白膏制作**　将蛋白、塔塔粉、盐放入打蛋缸内中速搅打至起泡，加入三分之二的绵白糖，继续中速拌至湿性发泡时加入剩余绵白糖，继续搅打，当蛋白搅打至干性发泡时待用。

❺ **蛋糕面糊的制作**　现将1/3蛋白膏倒入蛋黄糊内搅拌均匀，再将其倒入剩余的蛋白膏内一起搅拌均匀即可。

❻ **成型**　模具铺油纸，将蛋糕面糊倒入模具抹平即可。

❼ **成熟**　180 ℃/150 ℃烘烤15 min。

❽ **装饰**　烤熟后在盘中冷却后，在蛋糕表面抹果酱，用擀面杖卷成卷，切成厚薄均匀的块。

（三）工艺操作要点

(1) 蛋白中不能沾蛋黄或油脂。

(2) 加糖的时机是待蛋白搅至湿性发泡才能加入。

(3) 蛋白搅打至干性发泡。

(4) 蛋黄面糊制作时一定要搅拌均匀，不能产生结块。

(5) 蛋白部分和蛋黄部分混合时搅拌不要过久和过猛，以免蛋白受油脂的影响而产生消泡现象。

（四）成品要求

色泽翠绿，气泡均匀，口感细腻滋润、蛋香浓郁，抹茶风味突出。

任务三　天使蛋糕的制作

任务描述

天使蛋糕属于高糖高液蛋糕，曾流行于美国，它是采用蛋清打发制作而成的一种海绵蛋糕。天使蛋糕与其他蛋糕有所不同，它拥有棉花般的质地和颜色，是由硬性发泡的鸡蛋清、白糖和白面粉制成的，一般不含油脂，靠鸡蛋清的泡沫支撑蛋糕，因此口味和材质都非常的轻，但口感稍显粗糙，略带蛋腥味，组织松软。因糕体呈白色，容易着色，常用来做各种彩色蛋糕。本任务主要学习天使蛋糕的制作工艺、制作方法。

任务目标

通过本任务的学习，掌握天使蛋糕的制作原理及蛋糕的烘烤方法，熟悉天使蛋糕面糊的搅拌方法、制作工艺流程及操作要点，学会天使蛋糕的制作方法。

一、天使蛋糕的制作原理

蛋清搅拌时利用蛋白中的球蛋白降低蛋的表面张力，增加蛋的黏度，使充入的空气形成泡沫，再利用黏蛋白经机械搅拌而变性，在泡沫表面凝固成薄膜。不断的机械搅拌使球蛋白不断地增加泡沫，黏蛋白产生强韧的薄膜，气泡的空气就不会外泄，再加入其他材料经烘烤而膨大，就形成蛋糕的体积及组织。

二、天使蛋糕面糊的搅拌方法

天使蛋糕面糊的搅拌方法可以分为传统搅拌法和混合搅拌法两种。

（一）传统搅拌法

传统的天使蛋糕配方中不含油脂及额外水分，且配方中糖分为两部分，一部分与蛋清一起加入搅打成蛋白糊，剩余部分与面粉一起拌入蛋白糊中。

（二）混合搅拌法

现代蛋糕多使用蛋糕专用粉制作，面糊吸水能力大大提高，较之传统天使蛋糕，配方中不仅添加了水，部分品种还添加了油脂，因此面糊搅拌方法与传统法略有差别，采用的是混合调制法，即除去搅打蛋白糊部分原料外，剩余各项原料混合搅拌成面糊，再与蛋白糊混合即可。

三、天使蛋糕的制作工艺流程及操作要点

（一）天使蛋糕的制作工艺流程

天使蛋糕的制作工艺流程如图 5-13 所示。

（二）操作要点

❶ **计量**　按上述配方将所需原料计量称重，将蛋糕粉过筛备用。

❷ **蛋白膏的制作**　将蛋白放入搅拌缸内中速搅拌至起泡，然后加入塔塔粉、盐和三分之二的绵白糖继续中速搅打，当蛋白搅打至湿性发泡时，即勾起时有弹性挺立但尾端稍弯曲时待用。

❸ **蛋糕面糊的制作**　把过筛好的蛋糕粉和剩余的绵白糖加进打好的蛋白膏中搅拌均匀即可。

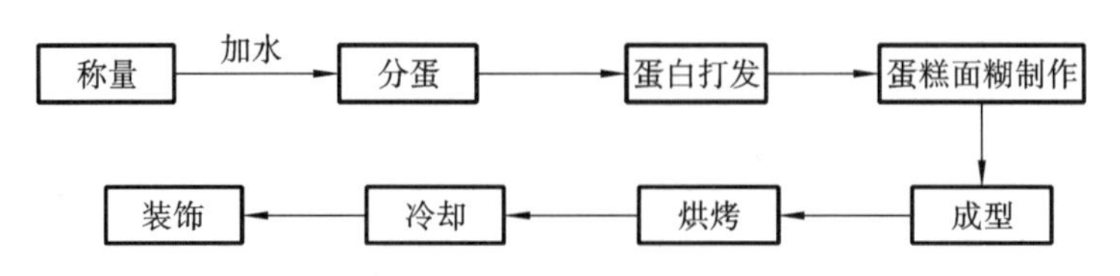

图 5-13　天使蛋糕的制作工艺流程

❹ **成型**　模具铺油纸，将蛋糕面糊倒入模具抹平即可。

❺ **成熟**　面火 220 ℃，底火 180 ℃，烘烤 20 min。

四、制作实例

实例 1　原味天使蛋糕

原味天使蛋糕如图 5-14 所示。

图 5-14　天使蛋糕

（一）原料及配方

天使蛋糕的原料及配方如表 5-11 所示。

表 5-11　天使蛋糕的原料及配方

原　　料	烘焙百分比/(%)	实际重量/g
蛋白	280	420
蛋糕粉	65	97.5
玉米淀粉	35	52.5
绵白糖	220	330
盐	4	6
塔塔粉	4	6
椰蓉	6	9
合计	614	921

（二）制作方法

❶ **计量**　按上述配方将所需原料计量称重，将蛋糕粉过筛备用。

❷ **蛋白膏的制作**　将鸡蛋中的蛋白分出后，放入搅拌缸内中速搅拌至起泡，然后加入塔塔粉、盐和三分之二的绵白糖继续中速搅打，当蛋白搅打至湿性发泡，即勾起时有弹性且挺立，但尾端稍弯曲时待用。

❸ **蛋糕面糊的制作**　把过筛好的蛋糕粉、玉米淀粉和剩余的绵白糖加进打好的蛋白膏中，搅拌

均匀即可。

❹ **成型**　装入圈型模具的七成满，将蛋糕面糊抹平即可。

❺ **成熟**　上火 170 ℃、下火 160 ℃，烘烤 20 min 左右。

❻ **冷却**　蛋糕烤熟后倒扣在蛋糕散热架上冷却。

❼ **切分**　脱模后的蛋糕均分成八块后，表面挤上草莓果酱或香橙酱即可。

（三）工艺操作要点

（1）可以将葡萄干、蜜豆等加入蛋白膏中以减少糖的用量。

（2）蛋白中不能掺入蛋黄或者油脂，否则蛋白起泡性会受到影响。

（3）蛋白要打发至湿性发泡，注意鉴别其打发程度。

（4）加盐的量要控制好，盐也可以让蛋糕色泽更洁白。

（四）成品要求

口感绵软柔韧，色泽诱人，不含油脂。

实例 2　红豆天使蛋糕卷

红豆天使蛋糕卷是在原味天使蛋糕的基础上，加入红豆，使天使蛋糕的口感更清香甜润，如图5-15所示。

图 5-15　红豆天使蛋糕卷

（一）原料及配方

红豆天使蛋糕卷的原料及配方如表 5-12 所示。

表 5-12　红豆天使蛋糕卷的原料及配方

原　料	烘焙百分比/（%）	实际重量/g
蛋白	281	450
蛋糕粉	100	160
绵白糖	200	320
盐	4	6
塔塔粉	4	7
红豆	31	50
合计	620	993

（二）制作方法

❶ **计量** 按上述配方将所需原料计量称重，将蛋糕粉过筛备用。

❷ **蛋白膏的制作** 将蛋白分出后放入搅拌缸内中速搅拌至起泡，然后加入塔塔粉、盐和三分之二的绵白糖继续中速搅打，当蛋白搅打至湿性发泡，即勾起时有弹性挺立但尾端稍弯曲时待用。

❸ **蛋糕面糊的制作** 把过筛好的蛋糕粉、剩余的绵白糖和红豆搅匀加进打好的蛋白膏里再次搅拌均匀即可。

❹ **成型** 模具铺油纸，将蛋糕面糊倒入模具抹平即可。

❺ **成熟** 180 ℃/160 ℃烘烤 20 min 左右。

❻ **切分** 烤熟后移出烤盘冷却后，表面涂抹果酱后，借助擀面杖将蛋糕卷成卷后切块即可。

（三）工艺操作要点

(1) 由于蛋白膏中会加入红豆，所以要适当减少糖的用量。

(2) 蛋白中不能掺入蛋黄或者油脂，否则蛋白可能会打发不起来。

(3) 蛋白要打发至湿性发泡阶段，注意鉴别蛋白的硬度。

(4) 加盐的量要控制好，盐可以让天使蛋糕色泽更洁白。

（四）成品要求

口感绵软柔韧，色泽洁白，口感细腻。

任务四 虎皮蛋糕的制作

任务描述

虎皮蛋糕是戚风蛋糕的一种，虎皮蛋糕是将蛋黄打发后加入淀粉制成的一种营养价值高、形似虎皮，口感香软细腻，香味浓郁的一种蛋糕。

任务目标

通过本任务的学习，了解虎皮蛋糕的选料要求，掌握虎皮蛋糕的制作工艺流程及操作要点，学会虎皮蛋糕的制作方法。

一、虎皮蛋糕的选料要求

❶ **蛋黄** 选择新鲜鸡蛋的蛋黄部分，鸡蛋最好不要冷藏。

❷ **玉米淀粉** 又称玉蜀黍淀粉，是以玉米为原料制成的淀粉。玉米淀粉比面粉更白，吸湿性强。

❸ **色拉油** 可以使虎皮蛋糕坯质量提高，质地松软，细腻滋润，孔洞细小，延长保存期。

❹ **糖** 选择纯度高、易溶解的绵白糖或细砂糖。在虎皮蛋糕制作中起到增加制品甜味，提高营养价值，增加蛋黄糊的黏度以帮助蛋黄的起发，增加蛋糕的烘焙颜色等作用。

❺ **蜂蜜** 蜂蜜作为古老的美容健康佳品，加入蛋糕中既增加了甜味与香味，也提高了蛋糕的营养价值。

二、虎皮蛋糕的制作工艺流程及操作要点

（一）虎皮蛋糕的制作工艺流程

虎皮蛋糕的制作工艺流程如图 5-16 所示。

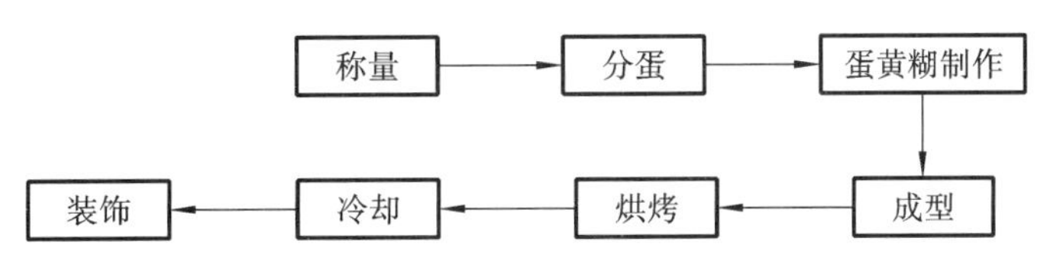

图 5-16　虎皮蛋糕制作工艺流程

（二）操作要点

❶ **烤制温度**　制作时要烤出虎皮花纹，蛋黄一定要打发好，并且用 220 ℃的高温烘烤，使蛋黄受热变性收缩，才能出现虎皮花纹。

❷ **烤制时间**　由于烤制温度较高，所以所需时间较短，一定注意观察，一旦上色至自己喜欢的颜色就要及时取出来。

❸ **烤盘的选择**　尽量用平底的烤盘来制作，有些烤盘的底部有很明显的凹凸，会影响虎皮效果的形成。

三、制作实例

虎皮蛋糕卷

虎皮蛋糕卷是将虎皮蛋糕包裹在戚风蛋糕卷外，制成的口感柔软细腻，香味浓郁、营养丰富、形似虎皮的一种特殊风味的蛋糕，如图 5-17 所示。

图 5-17　虎皮蛋糕卷

（一）原料及配方

虎皮蛋糕卷的原料及配方如表 5-13 所示。

表 5-13　虎皮蛋糕卷的原料及配方

原　　料	烘焙百分比/(%)	实际用量/g
蛋黄	600	450
玉米淀粉	100	75
色拉油	13	10
细砂糖	240	180

续表

原　　料	烘焙百分比/(%)	实际用量/g
蜂蜜	20	15
果酱	13	10
合计	986	740

（二）制作方法

❶ **计量**　按上述配方将所需原料计量称重。

❷ **搅拌**　将蛋黄、细砂糖和蜂蜜一起倒入搅拌缸中，中速搅至糖溶化后，改快速搅拌至浓稠，体积增大。加入玉米淀粉慢速搅拌均匀成团后，加入色拉油拌匀即可。

❸ **装模**　烤盘上铺油纸后，将虎皮面糊倒入盘内抹平待烤。

❹ **烘烤**　230 ℃/140 ℃烘烤 5 min，关掉面火继续烤 3～5 min 至蛋糕成熟。

❺ **成型**　将烘烤好的虎皮蛋糕面向下扣在一张干净的油纸上，去掉本来的油纸后，抹上果酱，将戚风蛋糕卷放在上面将其卷起，用光刀切成厚约 1.5 cm 的片状，装盘即成。

（三）工艺操作要点

(1) 蛋糕糊打好后一定要用慢速搅拌一会儿，以赶走内部的大气泡。

(2) 出炉后马上将蛋糕放在凉架上冷却，表皮向上，这样不会让水汽弄湿表皮，也不会有凉架的烙印。

(3) 散热 3～4 min 后，蛋糕摸上去还有余温就可以操作了，不必等到完全冷却才卷，否则蛋糕容易裂开。

（四）成品要求

一层黄色的如虎纹般的纹路、香香软软、口感细腻滋润、蛋香浓郁。

任务五　油脂蛋糕的制作

任务描述

油脂蛋糕(butter cake)又称为黄油蛋糕、面糊类蛋糕，是以黄油、糖、鸡蛋和面粉为主要原料制成的一种油香浓郁的蛋糕。油脂蛋糕成品顶部平坦或略微突起，表皮呈金黄色，内部气孔细小而均匀，质地酥散、细腻、滋润，香甜适口、口感深香有回味。相比海绵蛋糕，油脂蛋糕的结构相对紧密，弹性和柔软度不如海绵蛋糕，但其口感更酥散、滋润，具有浓郁的奶油香味，保存期也更长。

任务目标

通过本任务的学习，了解油脂蛋糕的分类及特点，掌握油脂蛋糕的制作工艺流程及操作要点，学会各类油脂蛋糕的制作方法。

一、油脂蛋糕的分类及特点

油脂的充气性和起酥性是形成油脂蛋糕组织与口感特征的主要原因。根据油脂用量的多少，油脂蛋糕可以分为重油蛋糕和轻油蛋糕。重油蛋糕组织紧密，颗粒细小，口感更细腻滋润；轻油蛋糕组织疏松，颗粒较粗糙。蛋对油脂蛋糕质量也起重要作用，用量一般略高于油脂量，等于或低于面粉量。糖的用量与油脂用量接近。

二、油脂蛋糕的制作原理

制作油脂蛋糕时，油脂在机械搅拌过程中会拌入大量的空气，并产生气泡。加入蛋液继续搅拌时，油蛋糊中的气泡会继续增多。这些面糊中的气泡在烘烤时会受热膨胀，从而使油脂蛋糕体积膨大，呈现质地松软的口感。

三、油脂蛋糕的制作工艺及操作要点

油脂蛋糕的搅拌方法常用的有三类，即糖油搅拌法、粉油搅拌法和分开搅拌法。

（一）糖油搅拌法

糖油搅拌法是调制油脂类面糊时最常用的搅拌方法，是将配方中的油脂和糖先搅拌至起发后，再加入其他原料的一种搅拌方法。糖油搅拌法可以使水性原料和油性原料很好地乳化，所以可以添加较高比例的水和鸡蛋，使得烘烤出来的蛋糕体积较大，组织更松软。

❶ 糖油搅拌法的工艺流程　糖油搅拌法的工艺流程如图 5-18 所示。

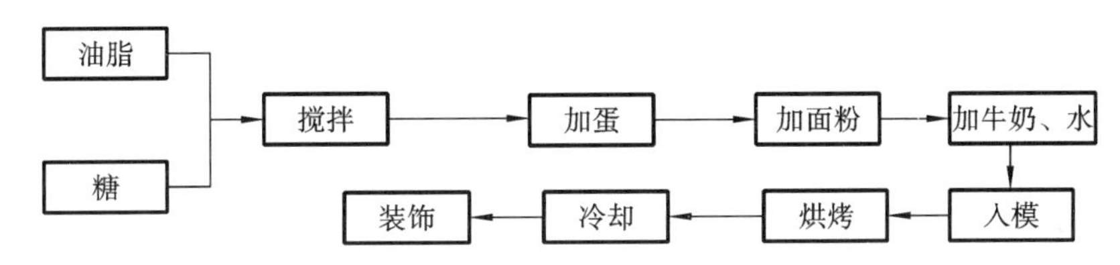

图 5-18　糖油搅拌法的工艺流程

❷ 糖油搅拌法的操作要点

（1）将奶油或其他油脂（最佳温度为 21 ℃）放于搅拌缸中，用桨状搅拌器以低速将油脂慢慢搅拌至呈柔软状态。

（2）加入糖、盐及调味料，并以中速搅拌至松软且呈绒毛状，8～10 min。

（3）将蛋液分次加入，并以中速搅拌，每次加入蛋时，需先将蛋搅拌至完全被吸收才加入下一批蛋液，此阶段约需 5 min。

（4）刮下缸边的材料继续搅拌，以确保缸内及周围的材料均匀混合。

（5）过筛的面粉材料与液体材料交替加入（交替加入的原因是面糊不能吸收所有的液体，除非适量的面粉加入以帮助吸收）。

（二）粉油搅拌法

粉油搅拌法是指在调制油脂类面糊时，先将配方中的油脂和面粉放入搅拌机中搅拌至起发后，再加入其他原料的一种搅拌方法。粉油搅拌法适用于油脂含量较高的产品，一般油脂用量要高于60%。采用粉油搅拌法制作的产品体积较小，但组织非常柔软细腻，口感较好。

❶ 粉油搅拌法的工艺流程　粉油搅拌法的工艺流程如图 5-19 所示。

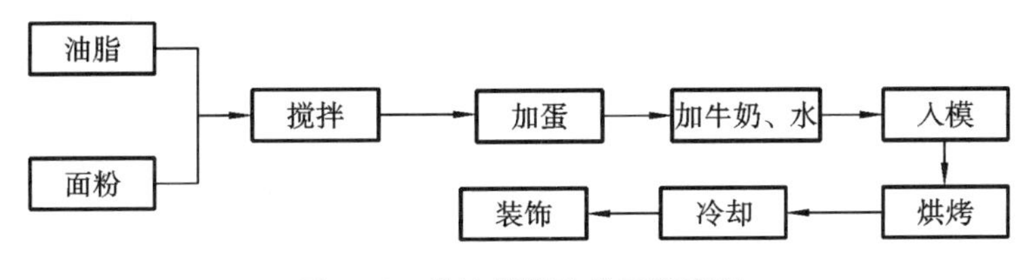

图 5-19　粉油搅拌法的工艺流程

❷ 粉油搅拌法的操作要点

（1）将油脂放于搅拌缸内，用桨状搅拌器以中速将油脂搅拌至软，再加入过筛的面粉与发粉，改以低速搅拌数下（1～2 min），再用高速搅拌至呈松发状，此阶段需 8～10 min（过程中应停机刮缸，使所有材料充分混合均匀）。

（2）将糖与盐加入已打发的粉油中，以中速搅拌 3 min，并于过程中停机刮缸，使缸内所有材料充分混合均匀。

（3）再将蛋分 2～3 次加入上述材料中，继续以中速拌匀（每次加蛋时，应停机刮缸），此阶段约需 5 min。最后再将配方中的奶水以低速拌匀，面糊取出缸后，需再用橡皮刮刀或手彻底搅拌均匀即成。

（三）分开搅拌法

❶ 分开搅拌法的工艺流程 分开搅拌法的工艺流程如图 5-20 所示。

分开搅拌法是将配方中糖和鸡蛋放在一起打发后，再将油脂和面粉放入一起搅拌起发，然后再将两种浆料混合在一起的一种搅拌方法。分开搅拌法适用于油脂含量较低的产品，通过鸡蛋的发泡性能来使蛋糕膨松。分开搅拌法由于操作工序相对复杂，因而使用较少。

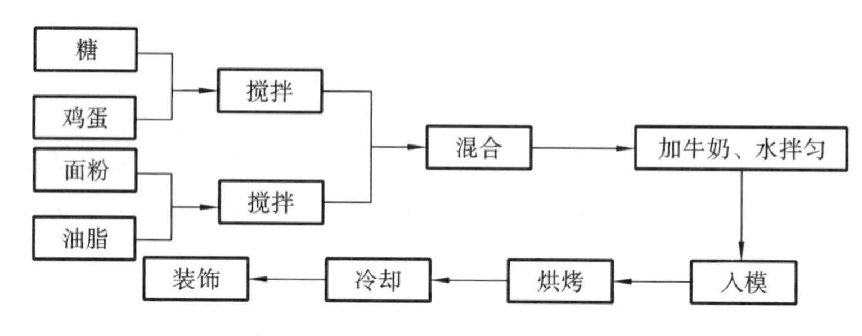

图 5-20 分开搅拌法的工艺流程

❷ 分开搅拌法的操作要点

（1）将油脂放于搅拌缸内，用桨状搅拌器以中速将油脂搅拌至软，再加入过筛的面粉与发粉，改以低速搅拌数下（1～2 min），再用高速搅拌至呈松发状，此阶段需 8～10 min（过程中应停机刮缸，使所有材料充分混合均匀）。

（2）将糖与鸡蛋放入另一搅拌缸中快速打发。

（3）再将上述打发的原料混合在一起，慢速拌匀（每次加蛋时，应停机刮缸），最后再将配方中的奶水以低速拌匀，面糊取出缸后，需再用橡皮刮刀或手彻底搅拌均匀即成。

四、油脂蛋糕的装模

油脂蛋糕面糊一般不能直接倒入烤盘中烘烤，否则难以从烤盘中取出，所以烤盘需涂油、垫纸或撒粉。而油脂蛋糕一般不直接倒在大烤盘中烘烤，而是装入各种形状的模具中。

❶ 正确选择模具 常用模具的材料是不锈钢、马口铁、金属铝，其形状有圆形、长方形、桃心形、花边形等，还有高边和低边之分，选用模具时要根据制品的特点及需要灵活掌握，如蛋糊中油脂含量较高，制品不易成熟，选择模具时不宜过大。相反，海绵蛋糕的蛋糊中油脂成分少，组织松软，容易成熟，选择模具的范围比较广泛。

❷ 注意蛋糕糊的定量标准 蛋糕糊的填充量是由模具的大小和蛋糕的规格决定的，蛋糕糊的填充量一般应以模具的七到八成满为宜。因为蛋糕类制品在成熟过程中体积继续增大，如果量太多，加热后容易使蛋糕糊溢出模具，影响制品的外形美观，造成蛋糕糊的浪费。相反，模具中蛋糊量太少，制品成熟过程中坯料因水分挥发过多，也会影响蛋糕成品美观度和松软度。

❸ 防止出现粘模现象 海绵蛋糕糊在入模前，只需在模中刷一层油或垫一张纸。油脂蛋糕的

模具一般使用液体植物油涂刷后，再扑上一层薄面粉，这样有利于产品脱模，或者涂抹固态油脂，如黄油。而一些小型的金属蛋糕模、多连蛋糕模、连体烤盘等可在装入面糊前先放入烤炉中预热，再趁热刷油，填入面糊，也有良好的脱模效果。

❹ 抹平　面糊倒入烤盘或烤模后应将表面刮平整，这样才能保证烘烤后的蛋糕厚薄一致，尤其对于蛋糕薄坯而言尤为重要。装好面糊的烤盘与烤模在操作台上敲震一下，使面糊中大的空气泡溢出，可促进蛋糕内部组织均匀。

五、油脂蛋糕的烘烤工艺

烘烤是决定油脂蛋糕品质的重要环节，烘烤不仅使蛋糕成熟，而且形成了蛋糕金黄的色泽、诱人的香味、膨松的组织和松软的口感。常见油脂蛋糕的烘烤工艺参数（温度和时间）如表 5-14 所示。

表 5-14　油脂蛋糕的烘烤工艺参数

蛋糕形状及大小	温度/℃	时间/min
小模型蛋糕	190	10～15
纸杯蛋糕	180	15～20
薄片蛋糕	上火 180，下火 160	25～30
长方形蛋糕	170	45～50
空心烤盘蛋糕	上火 170，下火 190	25～40

油脂蛋糕含油量高，水分含量相对海绵蛋糕较低，所以面糊较干稠，因此烘烤时炉温不宜过高，否则蛋糕表面容易结皮焦煳，而内部还没有成熟，有时会造成蛋糕开裂和冒漏的现象。

六、油脂蛋糕出炉后的处理

❶ 出炉　油脂蛋糕出炉后应继续在烤盘内放置 10 min 以后再取出，如果趁热取出则蛋糕较软，容易变形塌陷。

❷ 装饰　油脂蛋糕的装饰须在蛋糕完全冷却后进行。

❸ 储藏　油脂蛋糕需要用塑料包装盒包装后冷藏。

七、影响油脂蛋糕品质的因素

❶ 油的用量和质量　一般油脂用量越多，产品的口感也越好，即油脂的数量决定了油脂蛋糕的档次。但油脂含量也不能太高，油脂太高一方面会导致蛋糕的热量过高，另一方面会造成蛋糕塌陷，影响美观。轻油脂蛋糕中油脂用量为面粉的 30%～60%，重油脂蛋糕为 60%～100%。

油脂质量直接决定了油脂蛋糕的品质。制作油脂蛋糕的油脂应当具有良好的充气性和可塑性，良好的充气性使得面糊在搅拌时吸入的空气量较多，而良好的可塑性使得油脂能更好地保存气体。兼具好的可塑性和充气性的油脂包括黄油、人造黄油、氢化油和起酥油等。优质的黄油具有特有的香味、无异味，其颜色为均匀一致的微有光泽的淡黄色。内部组织无食盐结晶，断面无空隙，无水分，稠度及延展性适宜。

❷ 糖的用量和细度　配方中糖用量高于面粉的蛋糕称为高成分油脂蛋糕，糖用量低于面粉用量的称为低成分油脂蛋糕。糖用量越多时，配方中需要更多的鸡蛋和水分来溶解糖，因而蛋糕含水量越高，蛋糕越柔软。糖的细度对油脂的充气性能有直接影响，糖的颗粒越小，油脂包裹的空气越多。因此制作油脂蛋糕时最佳选择为糖粉，其次为绵白糖，一般不使用白砂糖。

❸ 化学膨松剂　在制作油脂蛋糕类制品时，有时也加入一些化学膨松剂，如泡打粉等。

❹ **面筋筋度** 制作油脂蛋糕应选择由软质白小麦磨制而成的低筋粉，通常蛋白质含量为7%～9%，湿面筋含量在24%以下。低筋粉是筋度较低、较白的面粉，是西点制作的基本材料。

❺ **温度** 温度的高低直接影响油脂的硬度和打发性。温度过高，油脂太软，易打发，但很容易由于摩擦生热而使油脂熔化，反而使蛋糕体积减小。而当温度较低时，油脂的硬度大，不易打发，需要的搅拌时间较长。一般在20～25 ℃的室温条件下，将黄油软化1～2 h后进行搅拌，搅拌好的面糊温度控制在22 ℃比较适宜。面糊温度过高，在装模时较稀软，烤出的蛋糕体积小，组织粗糙，颜色深，且蛋糕松散干燥。当面糊温度较低时，面糊黏稠，流动性差，烤出的蛋糕体积较小，组织过于紧密。

❻ **搅拌工艺** 对于不同配方和性质的油脂蛋糕，应选择适宜的搅拌方法。轻油脂蛋糕一般选择糖油搅拌法，而重油脂蛋糕一般选择粉油搅拌法。

面糊的搅拌程度对油脂蛋糕的质量有直接的影响，而面糊的密度直接反映了蛋糕糊的搅拌程度。在面糊的搅拌过程中，不断充入空气使面糊的密度越来越小，成品蛋糕的体积也越来越大。如果搅拌不足，则面糊中充入的空气少，面糊的密度较大，制得的成品蛋糕体积小，内部组织紧密，口感不够疏松。而当搅拌过度时，面糊的密度较小，成品体积大，但是内部的孔洞较多较大，组织不够细腻，影响成品的口感。

❼ **烘烤工艺** 烘烤工艺是决定蛋糕质量的关键因素，"三分做，七分烤"，烘烤不仅可以使蛋糕成熟，体积膨胀，还可以形成蛋糕的色、香、味、形、口感和营养。蛋糕的烘烤主要是控制炉温和时间，要根据产品的配方及模具的形状、大小、厚薄来确定烘烤的工艺。在相同尺寸的模具条件下，油脂蛋糕烘烤的温度要低于海绵蛋糕。这是因为油脂蛋糕中水分含量少，面糊较稠，加热时传热没有海绵蛋糕快，如果炉温高容易使其外焦内生，甚至造成表面过早结皮，内部继续受热膨胀而从顶部爆裂出来，影响油脂蛋糕的外形和口感。

八、制作实例

实例1 玛芬蛋糕

玛芬蛋糕(muffin cake)又称小松饼、英式松饼，是最具代表性的一种油脂类蛋糕。玛芬蛋糕口感细腻松软，香气浓郁，制作方法简单。在其面糊中可以通过添加蜜豆、葡萄干、蔓越莓干、核桃、杏仁片和巧克力丁等，来制成不同口味的玛芬蛋糕。玛芬蛋糕如图5-21所示。

图5-21 玛芬蛋糕

(一) 原料及配方

玛芬蛋糕的原料及配方如表5-15所示。

表 5-15　玛芬蛋糕的原料及配方

原　　料	烘焙百分比/(%)	实际用量/g
黄油	100	500
糖粉	80	500
鸡蛋	100	500
蛋糕粉	100	500
泡打粉	3	15
蜜豆	30	150
合计	413	2165

注:葡萄干未列入。

（二）制作方法

❶ **计量**　按上述配方将所需原料计量称重,蛋糕粉和泡打粉混合过筛备用。

❷ **搅拌**　采用糖油搅拌法。先将糖粉、黄油放入搅拌缸中快速搅打至发白呈绒毛状,然后分批缓缓加入鸡蛋快速搅打至起发。改慢速后加入蛋糕粉和泡打粉搅打均匀后,加入葡萄干拌匀即可。

❸ **成型**　模具刷油拍粉,用裱花袋将蛋糕糊装入模具的八成满即可。

❹ **成熟**　180 ℃/180 ℃,烘烤 20～25 min。

（三）工艺操作要点

(1) 黄油、鸡蛋温度应在 20 ℃以上回温,使黄油软化容易起发,鸡蛋具有较好的起泡性。

(2) 鸡蛋要分次加入,使其与黄油很好地乳化,混合均匀。

(3) 蛋糕粉和泡打粉要先混匀过筛,加入蛋糊后混合均匀即可,防止起筋。

(4) 模具只装八成满即可,然后要轻震模具,排出多余的空气,达到模具均匀状态后再烘烤。

（四）成品要求

色泽棕黄色,气泡均匀,口感细腻、湿润。

实例 2　磅蛋糕

磅蛋糕又称奶油蛋糕,是一种最基础的重油脂蛋糕。最早欧洲在制作奶油蛋糕时,使用 1 磅的黄油、1 磅的糖、1 磅的鸡蛋和 1 磅的面粉,且搅拌后装模量也是 1 磅,因而人们称其为磅蛋糕,如图 5-22 所示。

图 5-22　磅蛋糕

（一）原料及配方

磅蛋糕的原料及配方如表5-16所示。

表5-16　磅蛋糕的原料及配方

原　料	烘焙百分比/(%)	实际用量/g
黄油	100	500
糖粉	100	500
鸡蛋	100	500
蛋糕粉	100	500
泡打粉	3	15
香草粉	0.8	4
合计	403.8	2019

（二）制作方法

❶ **计量**　按上述配方将所需原料计量称重，蛋糕粉、泡打粉和香草粉混合过筛备用。

❷ **搅拌**　采用糖油搅拌法。先将糖粉、黄油放入搅拌缸中快速搅打至发白呈绒毛状，然后分批缓缓加入鸡蛋快速搅打至起发，改慢速后加入蛋糕粉和泡打粉搅打均匀即可。

❸ **成型**　长方形模具刷油拍粉，将蛋糕糊装入模具的八成满即可。

❹ **成熟**　170 ℃/160 ℃烘烤40～45 min。

❺ **冷却及装饰**　蛋糕出炉冷却后，可以切成片，也可以在表面装饰糖霜或巧克力后再切片。

（三）工艺操作要点

(1) 黄油、鸡蛋温度应在室温下回温，使黄油软化容易起发，鸡蛋具有较好的起泡性。

(2) 鸡蛋要分批加入，通过高速搅拌使其与黄油很好地乳化，形成均匀的膏状。

(3) 面粉加入蛋糕糊后慢速搅拌均匀即可，防止起筋。

(4) 搅拌好的蛋糕糊要尽快装模烘烤，放的时间长了面粉容易生筋。

（四）成品要求

色泽棕黄色，气泡均匀，口感细腻、湿润。

实例3　巧克力黄油蛋糕

巧克力黄油蛋糕(chocolate butter cake)，是用黑巧克力、黄油、鸡蛋和面粉制成的具有浓郁巧克力风味、口感细腻滋润的一种油脂蛋糕，如图5-23所示。

图5-23　巧克力黄油蛋糕

（一）原料及配方

巧克力黄油蛋糕的原料及配方如表 5-17 所示。

表 5-17　巧克力黄油蛋糕的原料及配方

原　　料	烘焙百分比/(%)	实际用量/g
黄油	80	400
糖粉	110	550
鸡蛋	60	300
蛋糕粉	100	500
泡打粉	3	15
牛奶	40	200
食盐	2	10
原味黑巧克力	35	175
合计	430	2150

（二）制作方法

❶ **计量**　按上述配方将所需原料计量称重，蛋糕粉和泡打粉混合过筛备用。

❷ **巧克力熔化**　巧克力在 50 ℃水浴中隔水熔化备用。

❸ **搅拌**　采用糖油搅拌法，先将黄油、糖粉和食盐放入搅拌缸中快速搅打至发白呈绒毛状，加入熔化的巧克力拌匀，然后分批缓缓加入鸡蛋和牛奶快速搅打至起发，改慢速后加入蛋糕粉和泡打粉搅打均匀即可。

❹ **成型**　将蛋糕糊装入模具中，装七到八成满即可。

❺ **成熟**　185 ℃/180 ℃烘烤 50～60 min。

（三）工艺操作要点

(1) 黄油应在室温下软化，糖和油搅拌时需时常停机刮缸，使油脂充分地搅拌松发。

(2) 巧克力隔水熔化的温度不宜太高，一般不超过 60 ℃。

(3) 鸡蛋要分批加入，每加一次蛋液后，要等搅拌至蛋液与油脂充分乳化融合后再加下一批。

(4) 面粉与泡打粉一定要过筛混匀，否则泡打粉分布不均匀，则蛋糕中会有大孔洞。

(5) 搅拌好的蛋糕糊要尽快装模烘烤，放的时间长了面粉容易生筋。

（四）成品要求

黑巧克力色，形态饱满，顶部略鼓起，巧克力风味浓郁，内部气泡均匀，口感细腻湿润。

任务六　乳酪蛋糕的制作

任务描述

本任务主要学习乳酪蛋糕的制作工艺、制作方法。通过学习轻乳酪蛋糕、意大利酸奶乳酪蛋糕、提拉米苏、酸奶冻乳酪蛋糕的品种实例，让学生掌握乳酪蛋糕配方组成特点、原料选配要求、工艺流程与条件；掌握乳酪蛋糕面糊的搅拌、装模、烘焙、成型等工艺环节的操作方法，掌握乳酪蛋糕设备、

器具的正确使用，并在实践操作基础上重点学习乳酪蛋糕的制作原理。

任务目标

通过本任务的学习，掌握乳酪蛋糕的配方特点和制作原料的要求，掌握乳酪蛋糕实例及其他代表品种的制作。

一、乳酪蛋糕的分类及特点

乳酪蛋糕(cheese cake)，又称奶酪蛋糕、芝士蛋糕，是欧美国家婚礼上必备的一种糕点，象征着“甜蜜的爱情”。乳酪蛋糕营养丰富，奶香浓郁，口感细腻顺滑，近年来在世界各国都非常流行。

乳酪蛋糕按奶酪含量的不同可以分为轻乳酪蛋糕和重乳酪蛋糕。重乳酪蛋糕中乳酪含量非常高，是面粉的10～20倍，味道浓重而强烈，在欧洲所谓的“cheese cake”都是指重乳酪蛋糕。其中以德国的乳酪蛋糕最具代表性，基本是用纯乳酪制作的。轻乳酪蛋糕也被称为日式乳酪蛋糕，是在日本改进并兴起的，奶油奶酪比重比较小的乳酪蛋糕。改进后的配方中添加了少量的低筋粉，并且里面鸡蛋的用量明显增加。其口感已接近蛋糕，且成本也低了许多。

乳酪蛋糕按制作方法的不同可分为烤制型和冻制型两种。烤制的乳酪蛋糕通常由奶油奶酪、糖、鸡蛋、牛奶或鲜奶油等原料经长时间烘烤而成。冻制的乳酪蛋糕需要加入凝固剂使其在冰箱内低温冷藏凝固后食用，其中最具代表性的是意大利的提拉米苏，其入口清凉爽滑，类似冰淇淋和蛋糕之间的口感。冻乳酪蛋糕由于不用烤制，可以加些酒或果泥等来调味调色，使得成品的外观更加整齐，颜色更漂亮，香味更浓郁。

二、乳酪蛋糕的制作原理

一般来说，乳酪蛋糕的面层比其他蛋糕的面层稍微硬一点，依据所用干酪和具体做法的不同，乳酪蛋糕的外观和口味可以有很多变化。有的乳酪蛋糕质地很密，有的比较蓬松，有的利用吉利丁片/粉制作而成，有的则利用蛋黄或蛋白稍经处理后制成等，总之这种蛋糕做法百变，风味百变，颜色也更加亮丽诱人。

三、乳酪蛋糕的选料要求

❶ **奶油奶酪** 乳酪蛋糕的主要原料就是奶酪。奶酪是牛奶经浓缩、发酵制成的一种营养丰富的奶制品。奶酪品种繁多，口味也各式各样，但在西点中使用最多的是奶油奶酪(cream cheese)。奶油奶酪是一种未成熟的全脂奶酪，色泽洁白，质地细腻，口感微酸，非常适合用来制作乳酪蛋糕。

❷ **绵白糖** 制作乳酪蛋糕一般采用绵白糖。因为绵白糖质地绵软、细腻，结晶颗粒细小，并在生产过程中喷入了2.5%左右的转化糖浆，因而在制作乳酪蛋糕时更容易溶解，且不易结晶。

❸ **鸡蛋** 乳酪蛋糕制作中的重要原料之一，在乳酪蛋糕中起发泡和乳化等作用，同时具有提高营养价值、改善色泽、保持柔软性的作用。

❹ **淡奶油** 也叫稀奶油，是从牛奶中提炼出来的动物奶油，脂肪含量一般在30%～36%，打发后成固体状。在冻乳酪蛋糕中起润滑、膨松和增加香味的作用。

❺ **酸奶** 以牛奶为原料，经过巴氏杀菌后添加乳酸菌发酵制成的具有酸味和特殊香味的一种牛奶制品。在乳酪蛋糕制作中被用于制作酸奶乳酪蛋糕。不仅能够增加蛋糕的风味，提高食用者的食欲，而且具有很好的保健功能。

❻ **玉米淀粉** 又称玉蜀黍淀粉，是以玉米为原料制成的淀粉，其色泽比面粉更白，吸湿性强。在乳酪蛋糕中常加入适量的玉米淀粉，以降低面粉的筋性。

❼ **饼干底** 因为乳酪蛋糕口感比较扎实细腻，一般都需要配一层饼干底或蛋糕片做底，一来可

以起到隔垫的作用，方便拿取和切分，二来也起到了跟奶酪相搭配丰富口感的作用。饼干底常用消化饼干做原料，奥利奥巧克力饼干也可以。蛋糕片通常选用戚风蛋糕片即可。

四、制作实例

实例 1　轻乳酪蛋糕

轻乳酪蛋糕中奶油奶酪比重较小，配方中添加了少量低筋粉，并且鸡蛋的用量明显增加。其口感已有点接近蛋糕，但比蛋糕更细腻、软润，且带有奶酪的香味，是深受年轻人喜欢的一种糕点，如图 5-24 所示。

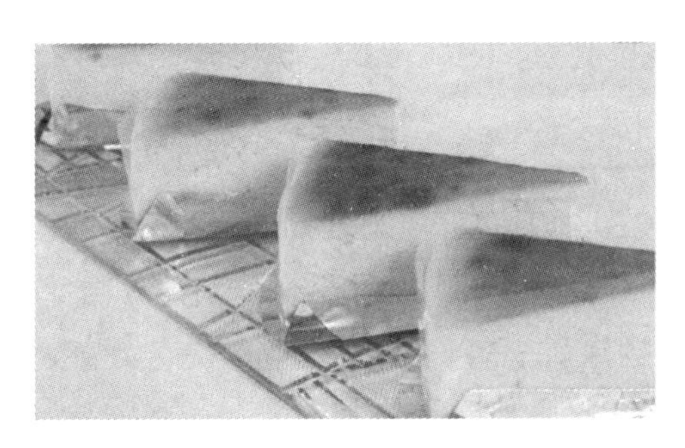

图 5-24　轻乳酪蛋糕

（一）原料及配方

轻乳酪蛋糕的原料及配方如表 5-18 所示。

表 5-18　轻乳酪蛋糕的原料及配方

	原　料	烘焙百分比/(%)	实际重量/g
奶酪部分	奶油奶酪	500	300
	黄油	170	102
	牛奶	500	300
	玉米淀粉	55	33
	低筋粉	100	60
	蛋黄	250	150
蛋白部分	蛋白	500	300
	塔塔粉	10	6
	绵白糖	320	192
	合计	2405	1443

（二）制作程序

❶ **计量**　按上述配方将所需原料计量称重，面粉和泡打粉混合过筛备用。

❷ **奶油奶酪糊的搅拌**　奶油奶酪、黄油、牛奶一起加入搅拌缸里拌匀，逐步加入蛋黄，搅拌均匀。玉米淀粉、低筋粉过筛后，拌匀，再加入牛奶搅匀。

❸ **蛋白打发**　蛋白加入塔塔粉中速搅拌至湿性发泡后，加绵白糖打发至中性发泡。

❹ **混合**　将蛋白部分与奶油奶酪部分材料混合，拌匀即可。

❺ **装模**　模具垫入 1 cm 厚的蛋糕底，装入蛋糕糊，八成满即可。

❻ **水浴烘烤**　烤盘加水再放入烤模，再放入 150 ℃/120 ℃的烤箱烘烤 40～60 min。

⑦ **冷却脱模** 烘烤结束后将模具取出，用尖刀将蛋糕与烤模刮开，放置 15 min 后脱模。凉透后，在表面涂刷一层果胶。

（三）工艺操作要点

(1) 搅打奶油奶酪时，要反复用橡皮刮刀将搅拌缸内壁上黏附的物料刮下，这样才能使物料搅拌均匀，不会有颗粒黏附在缸壁上。

(2) 牛奶和蛋黄要分次加入，每一次加入时要等蛋黄充分搅拌融合后才可以加下一批。

(3) 蛋白的打发同戚风蛋糕的制作，蛋白打发到中性发泡即可。

(4) 垫在模具中的蛋糕底大小与模具底部大小相同，厚度在 1 cm 左右。

(5) 蛋白部分和蛋黄部分混合时搅拌不要过久和过猛，以免蛋白受油脂的影响而产生消泡现象。

（四）成品要求

色泽表面棕红色，侧面淡黄色，外观整齐美观，内部组织均匀，口感细腻滋润、香味浓郁。

实例 2 意大利酸奶乳酪蛋糕

意大利酸奶乳酪蛋糕是一种添加了酸奶的重乳酪蛋糕，既具有酸奶的酸味，又具有浓郁的奶酪风味，口感细腻软化，冷藏后口感更佳，如图 5-25 所示。

图 5-25 意大利酸奶乳酪蛋糕

（一）原料及配方

意大利酸奶乳酪蛋糕的原料及配方如表 5-19 所示。

表 5-19 意大利酸奶乳酪蛋糕的原料及配方

	原 料	烘焙百分比/(%)	实际重量/g
蛋糕糊	奶油奶酪	100	250
	糖粉	32	80
	鸡蛋	40	100
	玉米淀粉	6	15
	柠檬汁	4	10
	牛奶	32	80
饼干底	消化饼干	40	100
	黄油	6	15
合计		260	650

（二）制作方法

❶ **计量**　按上述配方将所需原料计量称重。

❷ **制作饼干底**　消化饼干压成屑，与熔化的黄油拌匀成团。6 寸蛋糕模具刷熔化的黄油后，将拌好的饼干屑与黄油压入模具，放入冰箱冷藏备用。

❸ **蛋糕糊搅拌**　奶油奶酪室温软化后，加糖粉放入搅拌缸中搅拌至顺滑无颗粒的状态，分批加入鸡蛋拌匀。加入柠檬汁和牛奶，搅打均匀。倒入玉米淀粉，搅打均匀。

❹ **装模**　将蛋糕糊倒入提前垫好底的模具中，装入八成满即可。

❺ **隔水烘烤**　在烤盘里倒入热水，热水高度最好没过蛋糕糊高度的一半。如果是活底蛋糕模，需要在蛋糕模底部包一层锡纸，防止底部进水。放入 160 ℃的烤箱中烘烤约 45 min，烤箱面火升温至 200 ℃，烤至蛋糕表面上色即可取出。

❻ **冷却**　烤好后放冰箱冷藏 4 h 以后，脱模并切块食用。

（三）工艺操作要点

(1) 将黄油熔化后再与饼干屑拌匀，否则很难将其拌均匀。

(2) 在加入玉米淀粉后要充分搅拌保证无颗粒存在。

(3) 隔水烘烤：在烤盘中加入深约 2 cm 的水，再将装有面糊的模具放入水中。

（四）成品要求

蛋糕表面呈现漂亮的烘焙色，外观整齐美观，内部组织均匀，香味浓郁。

实例 3　提拉米苏

提拉米苏(tiramisu)是起源于意大利威尼斯西北方一带的一种咖啡酒味的甜点，其原意是指用浓缩咖啡糖水浸泡过的蛋糕。提拉米苏因含有浓缩咖啡，具有提神兴奋的作用，同时提拉米苏使用了新鲜的马斯卡彭奶酪，因而口感细腻爽滑，味道浓郁。提拉米苏是以手指饼干为支撑，配合浓郁咖啡和酒增加其香味，中间添加奶酪、蛋、鲜奶油与糖的柔软奶酪糊，表面以可可粉为主要装饰材料的一种乳酪慕斯蛋糕。提拉米苏的口感非常浓郁细滑，配方很简单，却将奶酪、咖啡和酒的香味糅合在一起，使得提拉米苏既具有奶酪和淡奶油的幼滑香浓、咖啡的甘苦，又具有酒香的醇美和可可粉的醇厚。由于提拉米苏独特的风味和幼滑的口感，使其在世界各国流行，经久不衰。提拉米苏如图 5-26 所示。

图 5-26　提拉米苏

（一）原料及配方

提拉米苏的原料及配方如表 5-20 所示。

表 5-20 提拉米苏的原料及配方

原　　料	烘焙百分比/(%)	实际重量/g
手指饼干	50	100
马斯卡彭奶酪	100	200
绵白糖	20	40
蛋黄	20	40
蛋清	20	40
咖啡甜酒	25	50
淡奶油	30	60
吉利丁	2.5	5
无糖可可粉	10	20
意大利香浓咖啡	40	80
柠檬汁	—	适量
合计	317.5	约 635

（二）制作方法

❶ **制作饼干层**　将 2/3 的咖啡甜酒与意大利香浓咖啡混合后，将手指饼干放入其中浸一下取出，在模具底部摆放一层。

❷ **蛋黄糊制作**　吉利丁用冷水浸泡至软，蛋黄加一半的绵白糖隔水加热搅拌至浓稠发白后，加入泡软的吉利丁使其混合均匀。

❸ **奶酪糊的搅拌**　将蛋白加入柠檬汁搅打至湿性发泡后，加入剩余的一半绵白糖搅打至中性发泡；淡奶油单独搅打至湿性发泡。马斯卡彭奶酪用打蛋器搅打顺滑，拌入蛋黄糊后，加入打发的蛋清和淡奶油搅拌均匀。

❹ **装模**　在摆放了手指饼干的模具底部倒入一半奶酪糊后，放上饼干，再倒入剩余的马斯卡彭奶酪。

❺ **冷藏**　用保鲜膜封口后，放入冷藏室中使其凝固。

❻ **装饰**　用撒粉的模具在其表面撒上少许无糖可可粉，即可食用。

（三）工艺操作要点

（1）隔水加热蛋黄时温度不宜太高，一般在 80～90 ℃，否则蛋黄会凝固形成蛋花。

（2）淡奶油搅拌速度不宜太快，一般使用中速即可。

（3）饼干浸泡的时间不宜太久，否则饼干泡软了就会影响其口感。

（4）从冰箱里拿出来后，用电吹风在蛋糕模周围吹一圈，或用热毛巾捂一下就可以轻松脱模了。

（四）成品要求

形态美观，色泽和谐。入口细腻滑爽，口味香醇浓厚。

实例 4　酸奶冻乳酪蛋糕

酸奶冻乳酪蛋糕属于凝冻类乳酪蛋糕的一种，是在打发的淡奶油中，加入酸奶、奶酪调味，加入熔化的吉利丁，经冷却后凝成一种凝冻式的乳酪蛋糕。其特点是口感细腻，略带酸味和奶酪的醇香，可根据不同喜好调节酸奶和奶酪的添加量。酸奶冻乳酸蛋糕如图 5-27 所示。

（一）原料及配方

酸奶冻乳酪蛋糕的原料及配方如表 5-21 所示。

图 5-27　酸奶冻乳酪蛋糕

表 5-21　酸奶冻乳酪蛋糕的原料及配方

原　　料	烘焙百分比/(%)	实际重量/g
奶油奶酪	100	200
绵白糖	40	80
黄油	25	50
吉利丁	5	10
蛋黄	8	16
酸奶	50	100
柠檬汁	10	20
淡奶油	100	200
曲奇饼干	50	100
合计	388	776

(二) 制作方法

❶ **制作饼干底**　曲奇饼干压成屑,与熔化的黄油拌匀成团。模具刷熔化的黄油后,将拌好的饼干屑与黄油压入模具底部,放入冰箱冻硬备用。

❷ **吉利丁的熔化**　吉利丁放入适量冷水中泡软,然后放入不锈钢调味盅内加入 30 mL 水,隔水加热使其熔化。

❸ **搅打奶油奶酪**　在搅拌机内将奶油奶酪和绵白糖搅打至白色膏状,充分搅拌,按顺序依次加入蛋黄、酸奶、柠檬汁搅拌均匀。

❹ **淡奶油打发**　将淡奶油搅打到六分发的程度,用搅拌器挂起奶油后可以往下掉的程度即可。

❺ **浆料混合**　将打发的奶油一点一点地加入奶油奶酪中,用小铲子缓缓混合均匀后,加入溶好的吉利丁水,用小铲搅拌至黏稠状态。

❻ **成型**　从冰箱中取出模具,倒入乳酪糊,再放入冰箱冷冻 1 h 以上至定型。

❼ **装饰**　将冷冻定型后的冻乳酪蛋糕取出,脱模后进行表面装饰。

(三) 工艺操作要点

(1) 在饼干屑中加入黄油时一定要先将黄油熔化,否则很难拌均匀。

(2) 奶酪在室温条件下软化一段时间,搅打起来更容易。

(3) 脱模时用喷火枪加热模具边缘即可快速脱模。

（四）成品要求

形态美观，色泽和谐。入口细腻滑爽，口味香醇浓厚。

任务七 慕斯蛋糕的制作

任务描述

慕斯蛋糕是一种以吉利丁作为凝固材料的奶冻甜点，口感细腻，入口即化。本任务主要学习慕斯蛋糕的制作工艺和方法，熟悉慕斯蛋糕的搅拌方法，并在本任务实践操作基础上重点学习慕斯蛋糕的制作原理。掌握慕斯制作工艺流程与操作要点，以及慕斯蛋糕的装模、冷冻、装饰等操作技法，并能自己设计慕斯蛋糕的配方及制作工艺。

任务目标

本任务以草莓慕斯、巧克力慕斯、芒果慕斯蛋糕等品种的配方、制作工艺和参考图例为基础，通过训练，熟悉各种慕斯蛋糕的配方组成特点、制作工艺流程及操作要点，掌握影响蛋糕品质的因素，此外，能独立进行操作，发现和处理解决生产过程中出现的相应问题。

一、慕斯蛋糕简介

慕斯(mousse)是一种冷冻式的甜点，可以直接吃，也可以作蛋糕夹层。慕斯通常是将奶油打发后，加入凝固剂经冷冻后制成的一种气凝胶状的糕点。慕斯是从法语音译过来的，最早出现在美食之都法国巴黎，是甜点大师们在奶油中加入起稳定作用及改善结构、口感和风味的各种辅料，使之外形、色泽、结构、口味变化丰富。慕斯的质地比布丁和巴伐琳(bavarian)更柔软，产品入口即化。慕斯与巴伐琳和巴伐露(bavarois)最大的不同点是配方中的蛋白、蛋黄、鲜奶油都需要单独与糖打发，随后再混入一起拌匀，所以质地比较松软。慕斯所使用的胶冻原料是吉利丁或鱼胶粉，因此需要低温存放。慕斯的口感是冰淇淋与布丁相结合的那种感觉，细腻、爽滑、柔软、入口即化。

慕斯蛋糕(mousse cake)就是在蛋糕上加上慕斯浆料，经冷冻制成的风味独特，造型精美，口感清凉爽滑的一类蛋糕。慕斯蛋糕具有口味纯正、自然清新、不油腻、口感细腻的特点，因此适合各种年龄层次的人；慕斯外形装饰具有层次清晰、色彩协调、主题明确、精致美观的特点，又兼有冰淇淋甜品的口感风味。

二、慕斯的制作原理

慕斯是以牛奶、吉利丁、绵白糖、鸡蛋、淡奶油和植脂奶油为基本原料，以打发的鲜奶油和蛋白为主要填充材料，制成的胶冻类甜品。慕斯可以说是一种气凝胶状的结构，其制作原理是将奶油和蛋白等打发，使其充入大量的气泡，再通过添加吉利丁、明胶和鱼胶粉等增稠剂使其凝结形成稳定的气凝胶结构，经过冷冻后使其形成冻。其不必烘烤即可直接食用，夏季要低温冷藏，冬季无须冷藏可保存3～5天。

三、慕斯的分类

（一）按成型方法分类

慕斯按照成型方法不同可以分为杯装类和切块类两种。

❶ **杯装类**　指将慕斯浆料装入玻璃杯、塑料杯等透明的容器中，所形成的杯状慕斯蛋糕。

❷ **切块类**　指利用慕斯圈等较大的模具冷冻成型后，用刀切成各种形状的慕斯蛋糕。

（二）按口味不同分类

慕斯按照口味不同可以分为水果慕斯、巧克力慕斯、坚果慕斯、奶酪慕斯、茶类慕斯、塔派慕斯和水果果冻类慕斯等多种口味。

❶ **水果慕斯**　利用一些新鲜水果、果酱、果汁或果粒果酱为主要原料制成的具有水果口味的慕斯。一般情况下软质水果用得比较多，如芒果、草莓、香蕉、水蜜桃等。将软质水果打成浆料或整粒添入馅料中，表面可以用果酱和新鲜水果装饰，使得浓浓的奶油香味和清新香甜的水果香搭配在一起，使得水果慕斯口味纯正、自然清新，是深受儿童和女士们喜爱的一种甜点。

❷ **巧克力慕斯**　巧克力慕斯是将巧克力添加在慕斯馅料中，形成的一种具有浓厚沉郁的巧克力香味与口感细腻软滑的一种特色慕斯。巧克力慕斯表面一般涂抹一层软质巧克力酱作为装饰，或是用巧克力喷枪在表面喷上巧克力颗粒，再插上巧克力插件，整体以巧克力为主。

❸ **坚果慕斯**　坚果慕斯是指将一些熟的果仁经过粉碎，或是将坚果酱添加在慕斯中形成的一种特殊的果仁味慕斯，其中还可以配合一些整粒的果仁作为夹心，表面用巧克力装饰件和果仁搭配形成带有各种果仁口味的一种慕斯。常用的果仁原料有板栗、榛子、核桃和开心果。在坚果慕斯中，最具代表性的作品应该是蒙布朗，它是以板栗泥为主要原料，搭配朗姆酒制成的一种具有特殊香味的慕斯。蒙布朗是以欧洲阿尔卑斯山的俊秀山峰"白朗峰"命名，其外形就是照着白朗峰的样子去做的，将栗子奶油一条一条地挤在慕斯蛋糕上，就像下了白雪的白朗峰。这道美味的法国糕点既高贵又受大众欢迎。

❹ **奶酪慕斯**　将各种不同口味、不同类型的奶酪加入慕斯中，形成的一种具有特殊奶酪香味的甜点。奶酪慕斯中最具代表性的产品是提拉米苏。提拉米苏是以手指饼干为支撑，配合浓郁咖啡和酒增加其香味，中间添加奶酪、蛋、鲜奶油与糖的柔软奶酪糊，表面以可可粉为主要装饰材料的一种乳酪慕斯。其口感细滑爽滑，浓浓的奶酪香味配合了酒的醇香，夹杂了淡淡的咖啡香，是一款令人回味无穷的美味甜品。

❺ **茶类慕斯**　茶类慕斯是添加了各种不同口味的茶叶而制成的一类茶香浓郁的慕斯。最初的茶类慕斯是将茶叶放入牛奶中煮，将茶味完全散发出来后捞出，再加入鲜奶油等材料做成的慕斯。近年来的做法是直接将各种茶粉添加到慕斯糊中，如大家非常熟悉的抹茶慕斯，在市场中的普及度很高。

❻ **塔派慕斯**　塔派慕斯是将慕斯或各种馅料、甜点浆料充实于可食用的器皿中。此名字源于古罗马时代派美点心，是盘状点心的一种，其借助于塔、派的外形使慕斯添加在其中，让塔、派作为一个外壳容器。塔派慕斯口味基本上没有任何规定，任何一种口味都适合，塔、派在外形上会比较容易变化，从而使慕斯的外观上也有了一定的变化空间。塔、派的基本做法相同，在饼干用面团或派类面团制成的盘状台子中挤入奶油，再点缀时令水果和一些巧克力装饰件即可。看起来非常简单，但想要做好也要费一番功夫。

四、慕斯蛋糕的选料要求

❶ **鲜奶油**　鲜奶油主要是指可以打发起泡、形成均匀浓稠的泡沫的液体奶油，主要包括植脂奶油和淡奶油。鲜奶油除了赋予慕斯芬芳浓郁的乳香味以外，还起到填充慕斯使其膨大的作用，并使慕斯具有良好的弹性。一般情况下，鲜奶油的风味直接影响着慕斯的口感和口味，因此最好选择淡奶油，这是因为淡奶油没有甜味，而奶香味更浓郁。另一方面淡奶油的泡沫更加细腻，使得慕斯的口感更香滑细腻，清新醇正。

❷ **蛋白**　蛋白也可以作为慕斯的填充材料，但其泡沫的稳定性不如鲜奶油，因而现在已经较少

使用。蛋白是一种韧性材料，打发加入慕斯中虽然也有可塑性，但其气泡会随着温度及时间的变化而渐渐地消失，并出现表面干裂、内部塌陷等现象，因而现在的慕斯里很少用蛋白，而使用鲜奶油。

❸ 吉利丁 吉利丁是一种从动物的骨皮里提炼出来的有机化合物胶体。吉利丁具有强大的吸水特性和凝固功能。慕斯没有面粉或其他淀粉来做凝固材料，主要就是靠吉利丁的吸水特性来凝结成固体。吉利丁从外观上来看分为片状、粉状、颗粒状三种类型。由于吉利丁是一种干性材料，在使用之前必须在水中浸泡，待干性的胶质软化成糊状再使用。如果不用水浸泡，会出现熔化不均匀的现象，容易有颗粒粘在沿边上。同时需注意，泡吉利丁的水温度必须低于 28 ℃，因为在 28 ℃的时候吉利丁就会开始慢慢地熔化。

❹ 牛奶 牛奶是慕斯的主要原料，其作用包括：①是慕斯中水分的主要来源；②牛奶中含有很丰富的蛋白质、乳糖等成分，可以使慕斯的口感更为爽口、质地更加细致润滑；③提高慕斯的营养价值。如果用水代替牛奶，虽然同样可行，但在风味、口感上远不如牛奶，特别是用水做的慕斯，冷冻后内部会形成冰晶体，会影响整个慕斯的口感和风味。

❺ 糖 糖是慕斯蛋糕的主要原料之一，其作用包括：①增加慕斯蛋糕的甜度。②赋予慕斯蛋糕很好的弹性。糖在温水加热后会形成葡萄糖和果糖，分布在慕斯中可使其变得细腻柔软，同时也具有了像布丁一样良好的弹性。③糖具有很好的保湿作用。糖的吸湿性很强，使慕斯内的水分不至于很快地流失掉，因此糖的用量越多，慕斯的保质期也越长，稳定性就越好。④糖还可以促成慕斯呈现良好的光泽，尤其在切片中，切面的光泽度可诱人食欲。

❻ 蛋黄 蛋黄是慕斯蛋糕的重要材料之一，具有较好的凝聚力和乳化作用，可使慕斯蛋糕质地保持稳定。蛋黄用于制作慕斯时要加热到 80～90 ℃，这主要是因为生的蛋黄中有大量的细菌，加热可以灭菌。但要注意的是加热温度不能超过 100 ℃，温度过高会使蛋黄形成蛋花状，影响整个慕斯的口感。

❼ 蛋糕坯 慕斯蛋糕是由牛奶和胶质凝结而成，必须借助夹层蛋糕或饼干的力量，来衬托成型，与派皮和派馅的相互结合是同样的原理。在慕斯中加入蛋糕坯，一方面可以消除油腻感，另一方面利用蛋糕坯的吸湿性将酒和奶的香味吸附在蛋糕内，保存在慕斯体中，让慕斯更为芬芳可口。此外，慕斯的水分含量较高，夹在慕斯中的蛋糕坯应当选择水分含量较低的较为适宜。通常会选用乳化海绵蛋糕坯，而很少使用戚风蛋糕，因为戚风蛋糕水分含量较高，支撑不住慕斯的重量，且两者水分含量都大，会使戚风蛋糕吸水形成烂糊状。如果慕斯蛋糕的模具高为 5 cm，那么海绵蛋糕坯的高度为 1 cm 左右比较适宜。

五、慕斯蛋糕的制作工艺流程及操作要点

（一）慕斯蛋糕的制作工艺流程

慕斯蛋糕的制作工艺流程如图 5-28 所示。

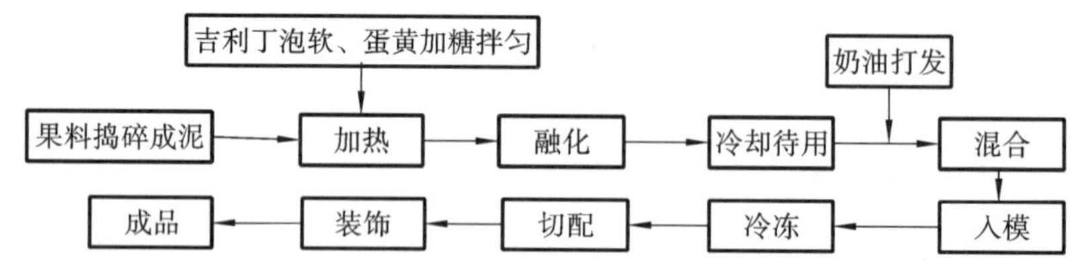

图 5-28 慕斯蛋糕的制作工艺流程

（二）操作要点

（1）淡奶油或植脂奶油一般打到六成发即可，不能过度搅拌，防止过硬不易拌匀，且蛋糕口感不够细腻。

(2) 隔水加热蛋黄时温度不宜太高，一般在80～90 ℃，否则蛋黄会凝固形成蛋花。

(3) 在慕斯中加入鲜奶油时的温度一般为30～40 ℃，温度太低，会使酱料太稠、太干，失去细腻嫩滑的口感；温度太高则鲜奶油熔化，使得浆料太稀。浆料太稀是没有办法直接补救的，只有重新调配方，完全冷透以后再加打发的鲜奶油，将两者调和至适宜的稠度。浆料太稠、太干则可以采取隔水加热的方法，搅拌到适宜的稀稠度就可以离火了。

(4) 慕斯馅制作完成后要尽快装模，防止凝结。

(5) 慕斯做好后放入冰箱冷冻成型。

(6) 慕斯从冰箱里拿出来后，用电吹风或火枪在蛋糕模周围吹一圈，或用热毛巾捂一下就可以轻松脱模。

六、制作实例

实例1　草莓慕斯蛋糕

草莓慕斯蛋糕是用草莓果粒果酱和牛奶混合加热，加入泡软的吉利丁熔化后，与纯白巧克力混合，并加入打发的淡奶油经冷冻制成的具有浓郁草莓香味，酸甜适口、细腻爽滑的甜品，如图5-29所示。

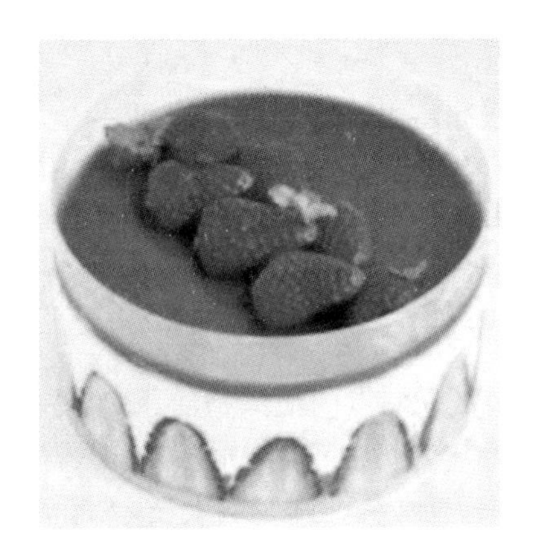

图5-29　草莓慕斯蛋糕

(一) 原料及配方

草莓慕斯蛋糕的原料及配方如表5-22所示。

表5-22　草莓慕斯蛋糕的原料及配方

原　　料		烘焙百分比/(%)	实际重量/g
垫底	海绵蛋糕坯	—	2片
慕斯糊	草莓果粒果酱	70	105
	牛奶	50	75
	纯白巧克力	110	165
	吉利丁	5	7.5
	淡奶油	100	150
合计		335	502.5

续表

原　料		烘焙百分比/(%)	实际重量/g
装饰原料	草莓果粒果酱	—	100
	草莓	—	50
	巧克力插件	—	5 个
	薄荷叶	—	适量

（二）制作方法

❶ **原料准备**　将海绵蛋糕切成 1 cm 左右厚的片；吉利丁加入 30 mL 的冷水浸泡至软。

❷ **淡奶油的打发**　将淡奶油打至六成发左右备用。

❸ **草莓慕斯糊的调制**　将草莓果粒果酱和牛奶倒入双层盆混匀后隔水加热，加入泡好的吉利丁搅拌至完全熔化后，加入切碎的纯白巧克力拌匀，熔化至无颗粒状。停火冷却至 40 ℃左右，加入打发的淡奶油拌匀即可。

❹ **装模**　慕斯圈用油纸包住底部放在不锈钢盘中，放入与其大小相同的海绵蛋糕片。将调好的草莓慕斯糊装入裱花袋中，挤入慕斯圈模中至 1/2 处，再放入第二片海绵蛋糕，倒入剩余的慕斯糊，用抹刀抹平表面。

❺ **冷冻**　将不锈钢盘端平放入冰箱中冷冻。

❻ **脱模**　取出冷却好的慕斯，用火枪将慕斯圈模周围烧热，待慕斯边缘略熔化时脱模。

❼ **装饰**　将脱好模的慕斯放在网架上淋上一层草莓果粒果酱，用抹刀将草莓果粒果酱抹平，在表面装饰上草莓、巧克力插件及薄荷叶即可。

（三）工艺操作要点

（1）淡奶油不要搅打得太硬，稍微软一点的泡沫奶油，更容易保持慕斯膏体的细腻软滑。

（2）浆料需冷却到 40 ℃左右再与淡奶油混合，如果温度太高易使淡奶油熔化，浆料太稀，不易成型，失去慕斯的泡沫状口感。如果温度太低，则浆料太稠，太干，会使慕斯失去细腻嫩滑的口感。

（3）慕斯冷冻成型后使用前放入冷藏室解冻口感更佳，冷藏保质期可以达到 3 天。

（四）成品要求

形态美观，色泽鲜艳，口味纯正、不油腻、口感细腻。

实例 2　巧克力慕斯蛋糕

巧克力慕斯蛋糕是最常见的一种慕斯蛋糕，是将巧克力熔化后拌入慕斯糊中制成的具有巧克力香味的一种蛋糕，是深受人们喜爱的一种甜品，如图 5-30 所示。

图 5-30　巧克力慕斯蛋糕

（一）原料及配方

巧克力慕斯蛋糕的原料及配方如表 5-23 所示。

表 5-23　巧克力慕斯蛋糕的原料及配方

原　　料		烘焙百分比/(%)	实际重量/g
垫底材料	巧克力海绵蛋糕坯	—	2 片
慕斯糊	巧克力	40	120
	牛奶	80	240
	吉利丁	5	15
	淡奶油	100	300
	蛋黄	30	90
	绵白糖	30	90
	合计	285	855
装饰原料	软巧克力酱	—	100
	巧克力插件	—	3 个
	马克龙	—	2 个
	(或)打发奶油	—	少量

（二）制作方法

❶ **原料准备**　将巧克力海绵蛋糕坯切成 1 cm 左右厚的片；吉利片加入 30 mL 的冷水中浸泡至软，巧克力切碎。

❷ **淡奶油的打发**　将淡奶油打至六成发左右。

❸ **巧克力慕斯糊的调制**　牛奶倒入双层盆中隔水加热，加入泡好的吉利丁搅拌至完全熔化，将蛋黄和绵白糖搅拌均匀后加入，继续加热至 80 ℃左右。离火后加入切碎的巧克力拌匀，熔化至无颗粒状。冷却至 40 ℃左右时，加入打发的淡奶油拌匀即可。

❹ **装模**　慕斯圈用油纸包住底部放在不锈钢盘中，放入与其大小相同的巧克力海绵蛋糕片。将调好的巧克力慕斯糊装入裱花袋中，挤入慕斯圈模中至 1/2 处，再放入第二片蛋糕坯，倒入剩余的巧克力慕斯糊，用抹刀抹平表面。

❺ **冷冻**　将不锈钢盘端平放入冰箱中冷冻。

❻ **脱模**　取出冷却好的慕斯，用火枪将慕斯圈模周围烧热，待慕斯边缘略熔化时脱模。

❼ **装饰**　将脱好模的慕斯蛋糕放在网架上淋上一层软巧克力酱，用抹刀将其抹平，在侧面贴上巧克力片，表面装饰巧克力插件及打发奶油或马卡龙即可。

（三）工艺操作要点

(1) 淡奶油不要搅打得太硬，稍微软一点的泡沫奶油，更容易保持慕斯膏体的细腻软滑。

(2) 巧克力混合物在没有完全冷却的时候是比较稀的状态，必须冷藏到浓稠才能和打发后的鲜奶油混合。但冷藏的时间不要太长，否则巧克力混合物会凝固。如果混合物凝固了，可以隔水加热并搅拌，使它熔化到合适的浓稠程度。

(3) 慕斯冷冻成型后使用前放入冷藏室解冻口感更佳，冷藏保质期可以达到 3 天。

（四）成品要求

形态美观，色泽和谐，口味纯正、不油腻、口感细腻。

实例 3 芒果慕斯蛋糕

添加了芒果泥的慕斯蛋糕色泽亮丽，具有芒果和鲜奶油的清香，口味自然柔和、口感细腻软滑。芒果慕斯蛋糕如图 5-31 所示。

图 5-31 芒果慕斯蛋糕

（一）原料及配方

芒果慕斯蛋糕的原料及配方如表 5-24 所示。

表 5-24 芒果慕斯蛋糕的原料及配方

原料		烘焙百分比/(%)	实际用量/g
垫底材料	海绵蛋糕坯		2 片
慕斯糊	牛奶	50	100
	吉利丁	5	10
	蛋黄	15	30
	芒果泥	100	200
	淡奶油	100	200
	绵白糖	15	30
合计		285	570
装饰原料	芒果		2 个
	草莓		3 个

（二）制作方法

❶ **原料准备** 将海绵蛋糕切成 1 cm 左右厚的片；吉利丁加入 30 mL 的冷水浸泡至软，将芒果去皮，切下芒果肉放入搅拌机中打成果泥。

❷ **淡奶油的打发** 将淡奶油打至六成发左右。

❸ **慕斯糊的调制** 先将牛奶和泡软的吉利丁倒入双层盆中，隔水加热至完全熔化。加入搅拌至发白的蛋黄，搅拌加热至 80～90 ℃停火。加入芒果泥搅拌均匀，冷却至 40 ℃左右加入打发的淡奶油，拌匀即可。

❹ **装模** 8 寸圆形慕斯圈用油纸包住底部放在不锈钢盘中，放入与其大小相同的海绵蛋糕片。将调好的慕斯糊装入裱花袋中，挤入慕斯圈模中至六成满处，再放入第二片蛋糕坯，倒入剩余的慕斯糊，用抹刀抹平表面。

❺ **冷冻** 将不锈钢盘端平放入冰箱中冷冻。

❻ **脱模** 取出冷却好的慕斯，用火枪将慕斯圈模周围烧热，待慕斯边缘略熔化时脱模。

❼ **装饰** 用芒果和吉利丁进行淋面凝固后，放上切好的芒果、草莓块进行点缀即可。

（三）工艺操作要点

（1）选择果肉细腻，成熟度适中的芒果进行制作。

（2）芒果泥也可以用芒果果酱代替，其加糖量要适度调整。

（3）装饰好的芒果慕斯蛋糕冷藏保存，保存时间不宜太长。

（四）成品要求

色泽鲜艳，形态美观，具有芒果和鲜奶油的柔和香味，口感细腻软滑，入口即化。

任务八 装饰蛋糕的制作

任务描述

学习蛋糕装饰的目的、装饰种类和方法，熟悉各类装饰蛋糕的搅拌方法、裱花方法和装饰方法，并在本任务实践操作训练的基础上，重点学习植脂鲜奶油装饰蛋糕、淡奶油裱花蛋糕、巧克力装饰蛋糕和翻糖装饰蛋糕的制作工艺和方法。

任务目标

通过本任务的学习，掌握装饰蛋糕代表品种的制作原理。本任务以植脂鲜奶油装饰蛋糕、淡奶油裱花蛋糕、巧克力装饰蛋糕、翻糖蛋糕等品种的配方、制作工艺和参考图例为基础，通过训练，熟悉几种装饰蛋糕的配方组成特点、制作工艺流程及操作要点，掌握影响装饰蛋糕品质的因素。能独立进行操作，发现和处理解决生产过程中出现的相应问题。

一、装饰蛋糕的简介

装饰蛋糕是非常重要的西点种类，在西方饮食文化里占据重要地位，也是西点品种变化的主要手段，如今很多千姿百态、丰富多彩的西点品种正是源于这种装饰。它主要通过对蛋糕装饰的主题、形式、结构等内容的设计，运用涂抹、裱型、构图、淋挂、捏塑等工艺，充分体现装饰蛋糕的原料美、形式美与内容美，给人以美的享受。蛋糕的装饰是蛋糕制作工艺的最终环节，通过装饰点缀，不但增加蛋糕的风味特点，提高成品的营养价值和质量，更重要的是给人们带来美的享受，增进食欲。另外蛋糕装饰还起到保护蛋糕的作用，通过涂抹奶油、淋巧克力和包覆翻糖皮，使蛋糕不易失水干燥，延长了保质期。

二、蛋糕常用的装饰材料

蛋糕的装饰材料按用途分可分为两大类，一是在蛋糕表面涂抹或中间夹心的软质原料；二是可以捏塑造型、点缀用的硬质材料。原料的选择多以美观、淡雅、营养丰富为特点。常用的蛋糕装饰材料如下。

（1）奶油制品。淡奶油、植脂奶油和黄油等。

（2）巧克力制品。巧克力、奶油巧克力、翻糖巧克力、巧克力针和巧克力碎皮等。

（3）糖制品。蛋白奶油、糖粉、糖浆、翻糖等。

（4）新鲜水果及罐头制品。草莓、菠萝、猕猴桃，红、绿、黑樱桃罐头及黄桃罐头等。

（5）其他装饰材料。各种结力冻、果酱、果仁等。

三、几种常见蛋糕装饰材料的调制方法

（一）鲜奶油

鲜奶油主要包括动物性鲜奶油、植物性鲜奶油和合成性鲜奶油三种。鲜奶油是目前国内外最流行的一种蛋糕装饰材料。无论用于夹心，还是表面装饰，都是最适口又易于成型的材料。由于鲜奶油价格较高，一般用于高级点心和蛋糕的装饰中。

❶ 鲜奶油的调制方法 淡奶油一般冷藏保存，可以直接倒入搅拌桶内，慢速搅拌至稀软状，再用中速搅拌至具有一定的硬度，达到需要的可塑性即可，此时体积比原始体积增大了 3～4 倍。最后再改慢速搅拌半分钟，使奶油变得细腻光滑，呈细白状即可。

植脂奶油一般冷冻保存，在打发前需在冰箱中冷藏解冻，不用全部化开，有三分之二解冻即可。其打发方法同淡奶油。

❷ 鲜奶油的使用特性

（1）一次性不可搅拌过多，最好在 1 h 内用完，否则溶解后，会失去光泽，也逐渐稀软、毛糙，不易操作。

（2）搅拌有剩余，可存于冰箱内冷冻，待下次使用时解冻搅拌即可。

（3）搅拌的最佳温度在 0～5 ℃，环境温度 20 ℃左右。

（二）黄油

黄油也是常用的装饰材料，由于凝固点较高，有时因凝固较快而影响操作，所以调制时尤其要注意的是温度。

❶ 黄油膏的调制方法 将黄油室温软化后，倒入搅拌缸内，用中速搅拌至光滑，颜色为乳白色时，可加入甜味材料（如糖浆、糖粉等）继续搅拌至可塑性，体积增大 2～3 倍，颜色为乳白色，光滑细腻状，软硬度适中。

❷ 黄油膏的使用特性

（1）由于黄油很容易凝固，特别是在气温较低时，所以使用时最好能采取一定保温措施，例如提高室温，隔水加热等。

（2）一般黄油与糖浆的比例为 10∶8。

（3）若要添加色素，不能像鲜奶油那样直接添加，最好先将色素用水化开后，加入奶油调拌均匀。

（三）巧克力

巧克力是以可可粉、糖、油脂、牛奶、香料等多种材料，经过均质机乳化调制而成的，通常以熔点的高低来判断巧克力质地的硬、软、稀。而以其所含的成分及调配比例，来区分出各等级巧克力。高品质的巧克力质地细而滑，吃起来硬而脆，表面富有光泽，入口即化，香醇美味。

❶ 巧克力奶油膏的调制方法 将巧克力熔化后加入黄油膏中，搅拌均匀即可使用，可用于裱花。

❷ 巧克力淋酱（甘纳许）的调制方法 ①黑巧克力淋酱配方：黑巧克力 200 g，淡奶油 200 g，麦芽糖 20 g。②白巧克力淋酱配方：白巧克力 300 g，淡奶油 180 g。

制作时将巧克力先切碎后，放入双层盆中隔水搅拌加热，水温控制在 50～60 ℃（不要超过 60 ℃），否则巧克力的组织状态会被破坏，失去原有的光泽和细腻感。等巧克力完全溶解后，加入麦芽糖和淡奶油拌匀即可。加入淡奶油后搅拌幅度要小，防止起泡，影响巧克力淋酱的组织状态。

❸ 巧克力的使用特性

（1）硬质巧克力可刨成巧克力屑直接铺在蛋糕表面及四周，或熔化后直接涂抹于蛋糕表面。

（2）巧克力溶解的方法是隔水加热法，溶解的最佳温度为 50 ℃，否则，巧克力会失去可塑性。

（3）巧克力与奶油膏的比例一般为 0.41，可依情况调节比率。

（四）翻糖

翻糖音译自"fondant"，常用于蛋糕和西点的表面装饰，是一种工艺性很强的蛋糕。它不同于我们平时所吃的忌廉或奶油蛋糕，是以翻糖为主要材料来代替常见的鲜奶油，覆盖在蛋糕体上，再以各种糖塑的花朵、动物等作装饰，做出来的蛋糕如同装饰品一般精致、华丽。因为它比鲜奶油装饰的蛋糕保存时间长，而且漂亮、立体，容易成型，在造型上发挥空间比较大。翻糖蛋糕的糕体必须采用美式蛋糕的制作方法，运用新鲜鸡蛋、进口奶油与鲜奶等最天然的食材，甚至会添加健康的新鲜水果或白兰地腌渍过的蔬果干——扎实细致且层次丰富的口感，配以口味多样、醇厚的夹心；无论甜甜的果香，或浓浓的巧克力风韵，都让人回味无穷！所以是国外较流行的一种蛋糕，也是婚礼和纪念日时最常使用的蛋糕。

❶ **翻糖的配方**　翻糖的原料及配方如表 5-25 所示。

表 5-25　翻糖的原料及配方

原　　料	烘焙百分比/（%）	实际用量/g
凉水	6	60
吉利丁	2	20
液体葡萄糖	2	20
甘油	12.5	125
糖粉	100	1000
合计	122.5	1225

❷ **翻糖的调制方法**

（1）吉利丁用冷水泡软，放入双层盆中，在水浴中隔水加热至熔化。加入葡萄糖和甘油，搅拌均匀，形成流动的黏稠液体。

（2）将已过筛的糖粉倒入大碗中，在中间挖窝，慢慢地倒入混合好的液体，其间不断搅拌，混合均匀。

（3）将混合好的原料倒在撒了糖粉的案板上，揉搓至顺滑，如果糖膏变得太过黏稠的话，可以再撒一些糖粉。揉搓好的糖膏可以直接使用，或者用保鲜膜裹紧，放入保鲜袋中储存，用时再取出来。

四、蛋糕装饰的类型

❶ **简易装饰**　简易装饰属于用一种装饰料进行的一次性装饰，操作较简单、快速。如在制品面上撒糖粉，摆放一粒或数粒果干或果仁，或在制品表面裹附一层巧克力等。仅使用馅料的装饰也属于简易装饰的范畴。

❷ **图案装饰**　这是最常用的装饰类型，一般需使用两种以上的装饰料，并通常具有两次或两次以上的装饰工序，操作较复杂，带有较强的技术性。如在制品表面抹上奶膏、糖霜等再进行裱花、描绘、拼摆、挤撒或粘边等。

❸ **造型装饰**　造型装饰属于高级装饰，技术性要求很高。装饰时，或将制品做成多层体、房屋、船、马车等立体模型，再做进一步装饰；或事先用糖制品、巧克力等做成平面或立体的小模型，再摆放在经初步装饰的制品（如蛋糕）上。这类装饰主要用在传统高档的节日喜庆蛋糕和展品上。

五、蛋糕装饰的方法

蛋糕装饰的方法较多，但最常用的方法有涂抹、淋挂、挤裱、包裹、捏塑和点缀等。

❶ **涂抹** 涂抹是装饰工艺的第一阶段，一般方法是先将一个完整的蛋糕坯分成若干层，然后借助工具以涂抹的方法，将装饰材料涂抹在每一层中间及外表，使表面均匀铺满装饰材料，以便对蛋糕进一步装饰。

❷ **淋挂** 淋挂是用较硬的材料，经过适当温度熔化成稠状液体后，直接淋在蛋糕的外表上，冷却后表面凝固，平坦、光滑。具有不粘手的效果，如脆皮巧克力蛋糕等。

❸ **挤裱** 挤是将各种装饰用的糊状材料，装入带有裱花嘴的裱花袋中，用手施力，挤出花形和花纹，是蛋糕装饰技巧中的重要环节。

❹ **包裹** 包裹是将翻糖皮擀薄后，包裹在蛋糕的表面，是翻糖蛋糕制作成功与否的第一步。

❺ **捏塑** 捏塑是将可塑性好的材料，如翻糖，用手工制成形象逼真、活泼可爱的动物、人物、花卉等制品，捏塑原料应具有可食性。

❻ **点缀** 点缀是把各种不同的再制品和干鲜制品，按照不同的造型需要，准确摆放在蛋糕表面适当位置上以充分体现制品的艺术造型。

六、蛋糕装饰的技巧

蛋糕装饰要注意色彩搭配，造型完美，图案构思巧妙，具有丰富的营养价值。

❶ **蛋糕的色彩搭配** 好的色彩选择和搭配不仅给人以美的享受，还能增加人的食欲，所以在蛋糕的装饰中具有非常重要的作用。例如婚礼蛋糕一般以白色为基调，显得纯洁淡雅；而在制作儿童生日蛋糕时，又多配以不同的颜色，使蛋糕显得活泼而富有生机；在制作巧克力蛋糕时又多以巧克力本色为基调进行装饰，从而使蛋糕显得庄重、高贵、典雅。总而言之，蛋糕的装饰要采用明快、低彩、雅洁、冷暖含蓄相结合为主体的色调，局部的点缀以高明度色彩的花、叶、图案来烘托，以达到文雅、恬静、赏心悦目的效果。

❷ **蛋糕的形状、大小** 小的装饰型蛋糕，不仅在色彩上有要求，在形状、大小上也有要求。现如今有一种向小的发展趋势，小而精致，小而可爱，小而诱人。形状有长方形、梭子形、圆柱形、三角形等，变化多样。

❸ **图案构思** 一个好的装饰蛋糕是一幅美丽的图画，具有较好的韵律和节奏感。所谓韵律，是指造型中画面诸因素的节奏，在裱花师感情的协调下达到和谐。所谓节奏，是指构图中形象要素通过长短、强弱变化，有规律地交替组合。每一个装饰蛋糕一定要有明确的主题，即中心思想，如教师节装饰蛋糕设计中，红花代表学生，绿叶代表教师，书本代表教师的辛勤耕耘。主题表达的方法一般有以下五个原则：①要有主宾的配合；②要有层次的结合；③要有疏密和均齐；④要反复地配合；⑤要饱满。

❹ **熟练使用各种工具** 要熟悉各种工具的使用方法和用途。对裱花嘴、压花的工具及翻糖模具等用途应了如指掌，随心所欲地运用于装饰中。

❺ **蛋糕的成型** 蛋糕的成型主要有两种：一是蛋糊装入模具内，经烘烤成熟而成；二是整盘成熟的蛋糕坯，通过夹心、卷制、裱挤、切割而成，如夹心蛋糕、卷筒蛋糕等。卷筒蛋糕应卷紧、卷实，并且有 20 min 以上定型时间。

七、制作实例

实例 1　植脂鲜奶油装饰蛋糕

植物性鲜奶油，又称植脂奶油，是大部分蛋糕房制作蛋糕的首选，它既便宜，打发后又稳定，裱花清晰。植脂鲜奶油装饰蛋糕是指在蛋糕坯上涂抹打发的植脂鲜奶油霜，裱花后，用各种水果、巧克力插件、果酱等进行装饰而使外形美观，并具有一定艺术观赏性的蛋糕，如图 5-32 所示。

图 5-32　植脂鲜奶油装饰蛋糕

（一）原料及配方

植脂鲜奶油装饰蛋糕的原料及配方如表 5-26 所示。

表 5-26　植脂鲜奶油装饰蛋糕的原料及配方

原　　料	用量（水果装饰蛋糕）	用量（香橙果膏装饰蛋糕）	用量（玫瑰花蛋糕）
8 寸戚风蛋糕底坯	1 个	1 个	1 个
植脂鲜奶油	300 mL	300 mL	500 mL
黄桃罐头	1 听	1 听	—
草莓	100 g	100 g	—
青提	50 g	—	—
火龙果	—	1 个	—
香橙果膏	—	300 g	—
红色素	—	—	适量
绿色素	—	—	适量

（二）制作方法

❶ **准备工作**　准备好所有的原料和器具，并洗净备用。

❷ **植脂鲜奶油的打发**　将解冻的植脂鲜奶油倒入打蛋机中，先慢速搅拌 1 min，后中速搅拌 5～6 min，至原来体积的 3 倍左右，形成色泽洁白、可塑性强的鲜奶油膏体。最后改慢速搅打半分钟使其变得细腻。

❸ **蛋糕坯修整**　将 8 寸的蛋糕坯脱模后，用刀修理平正后，一分为三片，厚薄一致，上层切面朝上。

❹ **夹馅**　将蛋糕坯放在转台中央，每层中间夹一层奶油膏，厚约 0.5 cm，撒上什锦果粒。

❺ **涂面**　食指放在抹刀面中间，大拇指握住抹刀与手柄交界处，其余手指从另一侧握住手柄。取 1 片蛋糕放在裱花转台上，用抹刀挑一些打发好的鲜奶油放在蛋糕片中央。用手腕晃动抹刀，并转动裱花台，让鲜奶油均匀地平铺在蛋糕片上。放上第二片蛋糕片，重复鲜奶油抹开过程。放上最后一片蛋糕片，放上较多的奶油。手持抹刀，抹刀与蛋糕平面成 45°角。边晃动手腕，使抹刀左右摇动，边转动裱花台。用抹刀将鲜奶膏均匀涂满蛋糕坯表面和四周，要求刮面平整，抹光。

❻ **装饰**

（1）水果装饰蛋糕。用八齿裱花嘴在蛋糕周围挤 12 个奶油圈，中间用青提和草莓进行装饰，插上巧克力插件即可。

(2) 香橙果膏装饰蛋糕。将香橙果膏装入裱花袋中,在蛋糕表面和侧面均匀地挤一层,用抹刀轻轻抹平。在表面挤上一些奶油霜垫底后,将水果切成各种形状插在奶油霜上,最后插上巧克力插件即可。

(3) 玫瑰花蛋糕。用一个大碗装适量奶油霜,加入红色素搅匀,装入安装了玫瑰花嘴的裱花袋,在裱花拖上裱玫瑰花,用剪刀取下平放在蛋糕上,做数朵装饰好后,再用一个小碗调绿色素,用树叶裱花嘴挤上叶子,最后插上巧克力插件即可。

⑦ **刷胶** 在水果表面刷镜面果胶,防止水果氧化及失水。

(三) 工艺操作要点

(1) 掌握好奶油的搅打程度,当搅打到出现清晰、硬挺的纹路,提起打蛋头,会拉出硬挺的小尖角,说明已经打发好了。

(2) 抹奶油应平整,抹奶油的数量视具体情况而定,夹心可多可少,蛋糕表面厚度一般在 1 cm 左右。

(3) 挤奶油时裱花袋与蛋糕成 45°角,挤注时用力要均匀。

(4) 小裱花蛋糕图案要清爽,裱花饱满,色清淡,立体感强。

(四) 成品要求

蛋糕表面光滑平整,色彩淡雅,图案饱满匀称,花朵逼真,口感细腻爽滑,口味纯正清新。

实例 2 淡奶油裱花蛋糕

淡奶油是从鲜奶中离心分离出来的动物性鲜奶油,用其制作的蛋糕相比植脂奶油更健康,口感更细腻,香味更纯正。但淡奶油的打发性能不如植脂奶油好,一是不易打发,二是打发后稍一受热就容易化掉,裱出的花纹不清晰,不能裱较复杂的花型。淡奶油裱花蛋糕如图 5-33 所示。

图 5-33 淡奶油裱花蛋糕

(一) 原料及配方

淡奶油裱花蛋糕的原料及配方如表 5-27 所示。

表 5-27 淡奶油裱花蛋糕的原料及配方

原料	实际用量
8 寸戚风蛋糕底坯	1 个
淡奶油	500 g
砂糖	50 g
草莓	100 g
蓝莓	30 g
薄荷叶	5 片

（二）制作方法

❶ **调制奶油膏** 将砂糖加水烧开，放入少量柠檬酸，熬至108 ℃，冷却备用。

❷ **淡奶油的打发** 将淡奶油软化后，投入搅拌机慢速搅拌，一边冲入冷却的糖浆，边冲边搅拌，直至淡奶油全部熔化，糖浆全部融合，形成体积膨松、光滑细腻、可塑性强的奶油膏。

❸ **涂面、装饰** 将奶油膏的2/3涂抹在底坯上，抹平、抹光洁，然后切去四边，开成100个长方形小块，将剩余的奶油膏装入裱花袋，分别在每一小块上裱挤图案，即可装盘。

（三）工艺操作要点

(1) 当天气较热的时候，打发好的动物性鲜奶油非常容易化，请在开足冷气的空调房里打发并装裱蛋糕。

(2) 淡奶油打发好后不能久放，要立刻使用。

(3) 切蛋糕时刀口要整齐，厚薄要均匀。

(4) 奶油膏抹面厚薄均匀，切忌露底，要抹平、抹光。

（四）成品要求

造型完美，图案构思巧妙，注意表面的光洁度。

实例3 巧克力装饰蛋糕

巧克力装饰蛋糕（图5-34）包括巧克力淋面蛋糕、巧克力脆皮蛋糕和巧克力碎屑蛋糕三类。巧克力淋面蛋糕以可可戚风蛋糕为坯，表面淋巧克力甘纳许，再裱饰花纹，口感糕坯绵软，巧克力涂层软而细腻，宜在4 ℃左右储藏。巧克力脆皮蛋糕，以可可海绵蛋糕为坯，可可奶油浆夹馅，表面淋上熔化的巧克力，口感细腻松软，巧克力涂层入口即化，保质期较巧克力攀司蛋糕为长。巧克力碎屑蛋糕以可可清蛋糕为坯夹以可可奶油浆料，表面涂淋奶油巧克力浆，简单裱花，并饰以巧克力碎屑，或巧克力加可可粉制成的酥豆。图案简洁大方，糕坯松软，奶油巧克力味特浓。

图5-34 巧克力装饰蛋糕

（一）原料及配方

❶ **原料及配方** 巧克力装饰蛋糕的原料及配方如表5-28所示。

表5-28 巧克力装饰蛋糕的原料及配方

原　　料	用量（巧克力淋面蛋糕）	用量（巧克力脆皮蛋糕）	用量（巧克力碎屑蛋糕）
8寸蛋糕坯	1个	1个	1个
黑巧克力	300 g	500 g	500 g

续表

原　　料	用量(巧克力淋面蛋糕)	用量(巧克力脆皮蛋糕)	用量(巧克力碎屑蛋糕)
白巧克力	—	100 g	—
淡奶油	500 mL	200 mL	500 mL
草莓	100 g	100 g	—
巧克力插件	1个	1个	1个
黑樱桃罐头	—	—	1听

❷ **设备**　烤箱、搅拌机。

❸ **工具**　电子秤、转台、量杯、蛋糕模、裱花袋、裱花嘴、抹刀、锯齿刀、小刀、打蛋器、双层盆、巧克力刨刀等。

（二）制作方法

❶ **准备工作**　准备好所有的原料和器具，并洗净备用。

❷ **淡奶油的打发**　将部分淡奶油倒入打蛋机中，先慢速 1 min，后中速搅拌 5～6 min，至原来体积的 3 倍左右，形成色泽洁白、可塑性强的淡奶油膏体。最后改慢速搅打半分钟使其变得细腻。

❸ **蛋糕坯修整**　将 8 寸的蛋糕坯脱模后，用刀修理平整后，一分为三片。厚薄一致，上层切面朝上。

❹ **夹馅**　取 1 片蛋糕放在裱花转台上，用抹刀挑一些打发好的鲜奶油放在蛋糕片中央。食指放在抹刀面中间，大拇指握住抹刀与手柄交界处，其余手指从另一侧握住手柄。用手腕晃动抹刀，并转动裱花台，让鲜奶油均匀地平铺在蛋糕片上。放上第二片蛋糕片，重复鲜奶油抹开过程，放上最后一片蛋糕片。

❺ **涂面**　在蛋糕表面放上较多的奶油，手持抹刀，抹刀与蛋糕平面成 45°角，边晃动手腕，使抹刀左右摇动，边转动裱花台。用抹刀将淡奶膏均匀涂满蛋糕坯表面和四周，要求刮面平整，抹光。

❻ **装饰**

(1) 巧克力淋酱蛋糕。将巧克力先切碎后，放入双层盆中隔水搅拌加热，水温控制在 50 ℃以下。不要超过 50 ℃，否则巧克力的组织状态会被破坏，失去原有的光泽和细腻感。等巧克力完全溶解后，加入麦芽糖和淡奶油拌匀即可。加入淡奶油后搅拌幅度要小，防止起泡，影响巧克力淋酱的组织状态。将 8 寸巧克力戚风蛋糕放在底下铺了油纸的冷却网上，将巧克力淋酱淋在蛋糕表面，轻轻震动冷却网，使多余的淋酱自然流淌平整，放置冷却凝固后，装饰草莓和巧克力插件。

(2) 巧克力脆皮蛋糕。将黑巧克力和白巧克力分别切碎后，隔水熔化调温。将 8 寸巧克力海绵蛋糕放在底下铺了油纸的冷却网上，将熔化的黑巧克力淋在蛋糕表面，轻轻震动冷却网，使多余的黑巧克力自然流淌平整，放置冷却凝固。将熔化的白巧克力装入裱花袋中，在蛋糕表面画上花纹，并写上字，最后装饰巧克力插件即可。

(3) 巧克力碎屑蛋糕(黑森林蛋糕)。沿蛋糕边缘挤 10 个奶油圈，每个圈内放 1 个黑樱桃。黑巧克力刨成屑，在蛋糕的外缘蘸上巧克力屑，并在蛋糕的中心倒入剩余的巧克力屑。注意不要洒在奶油圈上，最后插上巧克力插件即可。

❼ **刷胶**　在水果表面刷镜面果胶，防止水果氧化及失水。

（三）工艺操作要点

(1) 巧克力的溶解最佳温度是 40 ℃左右，水浴温度不要超过 50 ℃，否则巧克力会发砂而不光洁。

（2）淋巧克力酱要光滑，使鲜奶不露底。

（3）刨巧克力屑尽量使其完整，用张油纸盛放，蘸和撒时动作要轻柔，防止将巧克力屑弄碎。

（四）成品要求

（1）色泽色彩高雅，巧克力淋膏细腻光洁，花纹完整、清晰。

（2）内质糕坯组织松软，厚薄一致，油膏细腻。

（3）形态图案简洁明快，装饰具有西欧风味，文字端庄流利。

（4）口味滋润爽滑，口味纯正，巧克力香味浓郁。

实例4　翻糖蛋糕

翻糖蛋糕(fondant cake)是源自英国的艺术蛋糕，由于其精美的造型、绚丽的色彩而受到世界各国人们的喜爱，如图5-35所示。延展性极佳的翻糖可以塑造出各式各样的造型，并将精细特色完美展现出来，造型的艺术性无可比拟，充分体现了个性与艺术的完美结合，因此成为当今蛋糕装饰的主流。翻糖蛋糕凭借其豪华精美以及别具一格的时尚元素，除了被用于婚宴，还被广泛使用于纪念日、生日、庆典，甚至是朋友之间的礼品互赠。红艳罂粟翻糖蛋糕色彩明艳而简单。罂粟花通常有4～6片花瓣，花瓣的颜色也可以多种多样。本任务以罂粟翻糖蛋糕为例进行介绍。

图5-35　翻糖蛋糕

（一）原料、设备与器具

❶ **原料及配方**　翻糖蛋糕的原料及配方如表5-29所示。

表5-29　翻糖蛋糕的原料及配方

原料	烘焙百分比/(%)	实际用量/g
凉水	6	40 mL
吉利丁粉	2	7
糖浆	2	40 mL
甘油	12.5	40 mL
糖粉	100	400 g
色素	适量	适量

❷ **设备**　烤箱、搅拌机。

❸ **工具**　黑色可食用墨水笔、切模、糖艺冲压器、裱花嘴(MPE1号)、裱花袋，画笔与天然海绵、球形工具与泡沫垫、切割轮刀、镊子等。

（二）制作方法

❶ **翻糖的制作** 吉利丁粉放凉水浸泡 5 min，隔热水熔化，加入糖浆、甘油。将糖粉放入搅拌机，把糖浆材料冷却至室温，倒入糖粉中，用搅拌机打匀。面板撒糖粉，手上抹黄油，把 3 种材料取出揉至不太粘手即可。注意不要因为感觉软而放太多糖粉，因为还需要进一步醒制，这时的手感并不一定是最后成品的手感，如果放太多糖粉，最后会变得太干太硬。其需要用保鲜膜包好，放冰箱冷藏一夜。冷藏后会有点硬，使用时拿出揉一下就好了，注意随时用保鲜膜盖起来，防止变干。

❷ **花瓣的制作** 将糖花膏擀成很薄，为每朵花切出 4 片花瓣。将花瓣放在泡沫垫上，用球形工具一半按在花瓣上，一半按在泡沫垫上，将切边整理柔和。把它放到双面脉纹器的一半的上面，然后用另一半盖住，确保这两半对准确。用力往下压，使花瓣形成纹路。

❸ **装饰** 红色罂粟花上会有些黑色的点点，可以用黑色的可食用色粉涂在花瓣的底部，以体现这种效果。然后剪一些小条的纸巾，处理后插在花瓣之间，以使它们形成空隙，看起来更逼真。

❹ **制作花蕊** 用糖花膏做一个绿色的小锥形，然后用镊子在小锥顶面夹出 8 个小脊。用一个刻纹工具沿着侧面往下轻轻地划出一些条纹。

❺ **制作花的雄蕊** 擀一条很薄的黑色糖花膏，然后用切割轮刀快速地来回切出一些扁平的 Z 字形。在切好的 Z 字形两边各切一条直线，以形成单独的两条，然后将其围绕在雌蕊旁边。

（三）工艺操作要点

（1）蛋糕体做好后最好放入冰箱，便于切割。

（2）注意干燥之后的糖花膏易碎。

（3）压花时要在新鲜的糖花膏上进行。

（4）如果奶油温度太高，可放入冰箱内冷藏几分钟。

（四）成品要求

造型美观，观赏性强，香甜可口，奶香浓郁，色泽鲜艳。

推荐阅读
文献 5

项目小结

本项目主要讲解了各类蛋糕的特点、制作原理、选料要求和制作工艺，并重点介绍各类蛋糕的代表品种的配方、制作方法、工艺操作要点以及成品要求。通过本项目的学习，使学生掌握各类蛋糕的制作工艺和方法，熟悉各类蛋糕的原料选用要求，学会使用相关设备和器具，具备一定的蛋糕制作及装饰技能，能解决实际生产中遇到的一些问题；能熟练开展配方的计算，并能根据生产实际需要设计和开发蛋糕的配方及生产工艺，能根据食材装饰和美化蛋糕。

同步测试 5

项目六

西式点心制作工艺

项目描述

西式点心在西式面点中占有较大的比重，且种类较多。制作西式点心的主要原料是面粉、糖、黄油、牛奶、香草粉、椰子丝等。西式点心由于的脂肪、蛋白质含量较高，味道香甜而不腻口，且式样美观，因而近年来销售量逐年上升。

项目目标

通过本项目的学习，掌握派、塔、起酥点心、泡芙、冷冻甜点及其他西式点心的制作方法，熟悉各类点心原料的选用要求，了解各类原料在西式点心中的作用。熟悉各种西式点心的制作工艺流程，能独立进行操作。能发现和处理解决生产过程中出现的相应问题。

任务一 油酥点心的制作

任务描述

油酥点心是以面粉、奶油、糖等为主要原料，调制成面团，经擀制、包裹馅料、成型、再烤制而成的一类酥松而无层次的点心。油酥点心是西式面点中最基础的一类点心，通常包括派和塔等。在学习油酥点心制作工艺相关理论知识的基础上，学习派和塔的制作工艺流程，熟悉派和塔的原料构成及选用要求，掌握派和塔的面团调制、馅心制作、装模填馅成型以及烘烤成熟的方法与工艺要点。

任务目标

了解油酥点心的分类及特点，熟悉油酥点心的用料要求，掌握各类油酥点心的制作工艺及操作要点，学会相关设备及器具的使用方法，能独立制作各类油酥点心成品。

一、油酥点心的分类及特点

油酥点心的分类方法很多，按口味来分可分为甜酥点心和咸酥点心两种。甜酥点心主要作为点心，而咸酥点心多作为正餐前肴食用。甜酥点心大多选用各种水果、巧克力、椰子、打发的鲜奶油、蛋黄糖等作为馅心和配料；咸酥点心则用猪肉、火腿、家禽肉、鸡肝泥、海鲜、奶酪以及蔬菜等作为馅心。按照形状不同可把油酥点心分为塔、派。

❶ 派 派(pie)又称馅饼，是油酥类点心的代表。它是以面粉、奶油、糖等为主要原料调制面团，

Note

经擀制、成型、填馅、成熟、装饰等工艺制成的一类酥松而有层次的点心。派是西餐宴会、自助餐、零点餐厅和欧美人家庭中常用的甜点。一般每个可供八人或十人食用。按形状分可把派分为单皮派和双皮派。单皮派由派皮和派馅两部分组成。双皮派以水果派为主，往往在馅料上面盖一层派皮，或者使用格子状派皮。按烘烤方法将派分为烘烤派类和非烘烤派类。烘烤派是将生派皮填入馅料后烘烤而成的派，非烘烤派的派是把馅料填入事先烤好的派皮中，经冷藏后，馅料变成固态后食用。另外派还有酥皮派，以起酥面团做派皮，夹馅烘烤后食用。

❷ **塔** 塔(tart)又称挞，它是以油酥面团作皮，借助模具成型，经烘烤、填馅、装饰等工艺制作而成的一种小点心。塔的形状因使用的模具不同而异，多为小型模具，有圆形、船形、梅花形等。如蛋挞、椰子挞、鲜果塔。口感滑嫩，奶香味十足。

派和塔都是以油酥面团作皮，借助模具成型。从口味来看，派有咸、甜两种，塔大多为甜馅。从外形来看，派多为圆形的馅饼，一般每只可供8～10人食用，有单皮派和双皮派；塔多为小型模具，有圆形、船形、梅花形等，且都为敞盖形。从使用的模具来看，塔模一般比派模深，边缘和底部的角度比派模垂直。派与塔的品种风味，很大程度上是通过馅心来变化的。派和塔常用的馅料有各种水果咸、果仁馅、卡仕达馅、蛋糕面糊馅、蛋白膏、奶油霜、慕斯等。

二、油酥面团的制作原理

油酥面团调制原理是靠油脂对面粉的吸附作用成团。当面粉中混入油脂后，面粉颗粒被油脂包围，阻碍了面粉的吸水。面团中加油量越多，面粉的吸水率和面筋生成量就越低。糖具有很强的吸水性，在调制面团时，糖会迅速夺取面团中的水分，从而限制面筋蛋白的吸水和面筋的形成。而蛋、乳中含有的磷脂又是良好的乳化剂，可以促进油、水乳化，提高面粉与油、水等的结合。因此，油酥面团在调制时，在和面阶段应将油、糖、水及蛋、乳先充分搅拌乳化，这样呈小微粒的油脂分散在水中，或水微粒均匀分散在油脂中，使之形成乳浊液。油、水乳化的好坏直接影响面团质量，乳化越充分，油微粒或水微粒越细小，拌入面粉后能够更均匀地分散在面团中，限制了面筋生成，形成细腻柔软的面团，制成的成品也就越酥松。

油酥面团中的油、糖含量较高，利用油、糖的特性一方面限制面筋的生成，另一方面在面团调制中结合空气，使制品达到松、酥的口感要求。

限制面筋生成是油酥面团起酥的基本条件。若面团生筋就会影响制品的起酥效果，使制品僵硬、不酥松。油酥面团的起酥与油脂性质有着密切关系。面粉与油脂混合后，油脂以球状或条状、薄膜状存在于面团中，在这些球状或条状的油脂内，结合大量的空气。油脂中空气结合量因油脂的搅拌程度和加入糖的颗粒状态而不同。油脂在加入面粉前搅拌越充分，加入糖的颗粒越小，则油脂中空气结合量越高。油脂结合空气的能力还与油脂中脂肪的饱和度有关。含饱和脂肪酸越高的油脂，结合空气的能力越强，起酥性越好。不同的油脂在面团中分布的状态不同，含饱和脂肪酸高的氢化油和动物油脂以条状或薄膜状存在于面团中，而植物油大多以球状存在于面团中。条状或薄膜状的油脂比球状油脂润滑的面积大，具有更好的起酥性。当成型的生坯被烘烤、油炸时，油脂遇热流散，气体膨胀，并向两相界面聚结，使制品内部结构碎裂成很多空隙而成片状或椭圆状的多孔结构，使制品体积膨大，食用时酥松。

油酥面团中常常添加一定量的化学疏松剂，如小苏打、臭粉或发酵粉，利用化学疏松剂分解产生的二氧化碳气体、氨气等来补充面团中气体含量的不足，增大疏松性。当油酥面团中油脂用量充足时，依靠油脂结合的空气量即可使制品达到疏松，且组织结构细腻，孔眼均匀细小。当油脂用量减少或者为了增大制品疏松性，可通过添加化学疏松剂补充面团气体含量，化学疏松剂用量越大，制品的内部结构粗糙，孔眼大小无规则。

三、油酥点心的原料选用原则

油酥点心的原料主要有面粉、油脂、糖、鸡蛋、水、化学疏松剂、盐等，有时为了增加派皮的酥松口感，可添加一些杏仁粉、饼干碎等原料。

❶ **面粉**　在制作油酥点心时，为了保证产品酥松的口感，通常选择面筋含量较低的面粉，蛋白质含量在9.5%以下。面粉的筋力越低，制作出的油酥点心出现失误的可能性也就越低。

❷ **油脂**　油脂的起酥性使油酥点心变得酥松适口，其松软度对油酥点心的成败起关键作用。用于制作油酥点心的油脂可以用任何一种固态油脂，常用的有猪油、黄油、人造黄油和氢化油，可视成本要求，选择不同的油脂。传统油酥点心制作选择无盐黄油，其制品口味香浓，烘焙效果好，但胆固醇含量高，也可以选用植物性黄油或人造黄油。

❸ **糖**　糖不仅赋予油酥点心的甜味，而且加强了油酥点心的风味，糖具有的反水化作用限制面筋生成，促进了制品酥松质感的形成。制作油酥点心时，通常用糖粉和细砂糖，不用粗砂糖，因为糖粉和细砂糖更容易溶化，而粗砂糖溶解较缓慢，加之油酥面团中水分较少，就会使粗砂糖保持糖粒形态留存在面团中，使烘烤出来的产品有白色的斑点，影响制品的美感及质感。

❹ **水**　水作为湿性原料，促进面团形成。面团中水的用量与面团配料中油脂种类及用量、糖量有关。水太少派皮易碎，水太多则会产生过多的面筋。也可以用牛奶或鸡蛋代替水，除使油酥点心更为酥松外，还能够改善油酥点心的口感。

❺ **鸡蛋**　鸡蛋在油酥面团中主要作为水分供应原料，促进面粉成团，同时蛋黄的乳化作用有利于油水均匀乳化，使面团性质保持一致。故有时在制作时只用蛋黄，而不用蛋白，蛋白易使面团发硬。

❻ **化学疏松剂**　添加化学疏松剂的目的是增加产品的酥松度，尤其是在油脂偏少的面团中。一般产品中大多使用泡打粉，对产品膨松程度要求较高的产品可使用小苏打、臭粉。

四、塔和派的制作工艺

（一）工艺流程

❶ **烘烤型塔、派**　烘烤型塔、派制作工艺流程如图6-1所示。

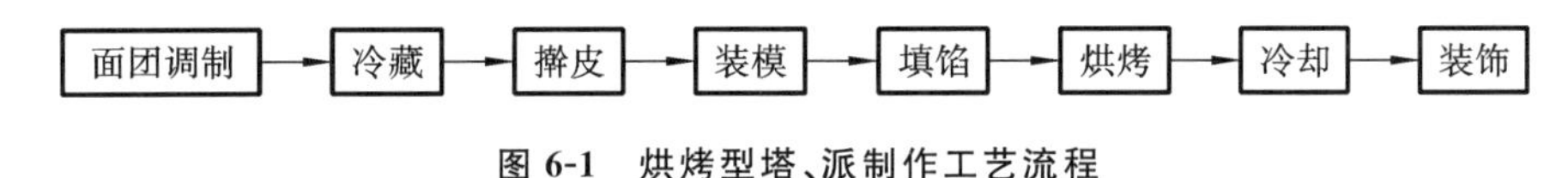

图6-1　烘烤型塔、派制作工艺流程

❷ **非烘烤型塔、派**　非烘烤型塔、派制作工艺流程如图6-2所示。

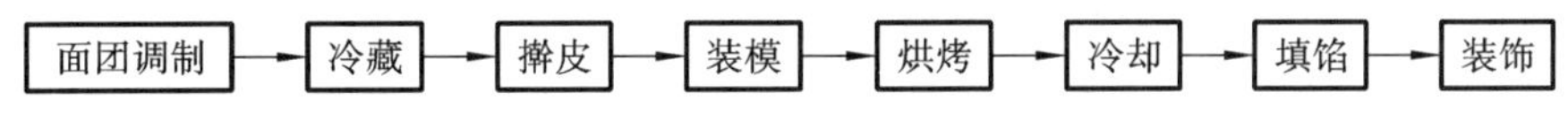

图6-2　非烘烤型塔、派制作工艺流程

（二）派（塔）皮的基本配方

派（塔）皮的基本配方见表6-1。

表6-1　派（塔）皮基本配方

原　　料	烘焙百分比/（%）（甜酥派皮）	烘焙百分比/（%）（咸酥派皮）
面粉	100	100
糖粉	20～40	—
盐	1	2

续表

原　料	烘焙百分比/(%)(甜酥派皮)	烘焙百分比/(%)(咸酥派皮)
奶粉	4	—
鸡蛋	20～30	0～30
黄油	40～70	40～80
冰水	—	25～45

(三) 主要工艺环节

❶ 面团调制

(1) 甜酥派面团的调制。黄油加糖粉拌匀至呈乳白色油膏状，加入蛋液混合乳化均匀。低筋粉过筛，加入油膏中轻轻拌和成团。用于大量生产时，用保鲜膜将面团包好，存于冰箱中冷冻保存，需要用时取出。

(2) 咸酥派面团的调制。将低筋粉过筛，冷藏黄油切成小块，加入粉中，在黄油的表面均匀粘裹一层面粉，再将黄油切成黄豆粒大小的颗粒，然后将蛋液、冰水与盐缓缓加入粉中，拌成面团，用保鲜膜包裹入冰箱冷藏备用。

将切成小块的黄油与面粉混合，加蛋液、冰水与盐拌和成团，装入塑料袋中，用擀面棍轻轻拍打成四方形，放入冰箱冷藏 40 min 后取出，将面团放在已撒粉的工作台上，擀成 0.7～0.8 cm 厚，三折，入冰箱冷藏松弛 15 min，重复操作三次后冷藏备用。咸酥派皮的调制秘诀就是要保持面团的温度够低，黄油颗粒的大小要合适。面团温度太高，奶油会熔化而被粉类吸收，而致使层次不够，也可能变成饼干状。和面一定要用冰水，擀平面团折三折后要放回冰箱冷藏一下，派皮才会酥松有层次。

❷ 成型

(1) 派皮及派的制作过程。

①擀制派皮：取出放入冰箱的面团，擀成厚约 0.3 cm 比派盘略大的圆形薄片。在擀之前面团揉成圆形，面板上撒少许面粉，防止粘连。

②装模：将擀好的派皮用擀面杖卷起放入派盘中，轻轻挤出盘底的空气，用刮板去掉多余的派皮或用滚筒在派盘表面碾压去掉多余面皮。根据需要用手或花夹子、刀叉勺等辅助用具做出需要的花边。

③熟派皮：面团装模后用叉子或刀在派底扎些小孔，使派皮和模具之间的空气得以释放，并在派皮上覆盖一层铝箔，压上一个相同的派盘，或覆盖黄豆、大米等重物，以免派皮烘焙时凸起，派皮松弛 15 min 后烘烤或冷藏备用。

④填馅：根据馅心的软硬程度掌握好填馅分量。

⑤覆盖上层派皮：上层派皮覆盖在派馅上后，上层派皮与下层结合处要捏紧，以免烘烤后分离影响外观效果。整张的上层派皮覆盖后，表面需划些刀口，便于烘烤过程馅心内的水分挥发。上层派皮覆盖及边缘捏合的方式有多种方法。

(2) 塔皮装模，塔的成型过程。

①擀制法：将塔皮面团擀成 0.3 cm 厚的薄片，根据塔模大小选择相应的圆形切模，将面片切割成大小适中的圆片，然后放入塔模中。

②装模：将擀好的大块面片覆盖在多个塔模上，用擀面杖按压去掉多余面团即可；或者先将塔皮面团分成小块，用小擀面棍擀成圆形皮坯，放入塔模中，用刮刀修整塔模边缘，去掉多余面团。

③捏皮法：首先将塔皮面团分成小块面剂，放入塔模中，用大拇指配合中指、食指挤捏面剂，使之铺满塔模。

④若制作熟塔皮，则塔底需扎孔，并在塔皮上放一个空的塔模，以免底部隆起。

⑤填馅：注意馅心填入量，尤其是含糖较多、较稀软的馅心，以免烘烤过程中馅心膨胀，糖汁溢出，影响产品的色泽、形态，还不易脱模。

③ 烘烤

（1）单皮派的烘烤要求：把擀好的派皮放入刷上油的派盘里，要求派皮放入派盘时要宽松。如果派皮在盘底拉伸过紧，烤后派皮收缩大，使得派底皮太小，而且派皮可能会没有边缘，不能保持其形状，影响成品质量。派皮的烘烤温度一般在 210 ℃左右，烤 15～18 min 即可，派皮的颜色应呈浅棕色，派皮不能过厚，厚度应为 3 mm。温度过高派皮上色很快，颜色达到要求而派皮没有熟，补救的办法是在派盘底垫上一只烤盘，上面用牛皮纸盖好，烤至成熟为止。若温度过低，烘烤时间要长些，而且不容易上色，低温烤制出来的派皮僵硬而表皮不酥脆。单独烘烤派皮的时候常用绿豆等垫着锡纸放在派皮上入烤箱烤制，目的是靠绿豆的重力使派皮的表面平整，烤时派皮不会鼓起，等其定型后，去掉绿豆，将派皮烤至成熟。

另外，派皮和浆状馅心一起烤制时，若将炉温调至适宜浆状馅心烘烤的温度时，则派皮成熟很慢，易吸入浆状馅心中的水分而变得湿润。反之，若温度高到利于派皮烘烤时，就易使浆状馅心很快变稠而水分溢出。为了解决这一问题，常用的方法是在倒入浆状馅心之前把派皮放在温度 230 ℃烤炉中烤 10 min，然后灌入馅心，再在 160 ℃温度下烤至熟透为止。

（2）双皮派的烘烤要求：双皮派的馅心大都是水果，因为水果的水分多，而且含糖量高，双皮派的烘烤要求与单层派的烘烤基本相同，不同的是双皮派要放入很热的烤箱中（220 ℃），大约烤 10 min，以使派皮在来不及吸入水分、变湿以前就烤好底部派皮，然后在 120 ℃烤箱中烤熟，使水果有足够的时间来软化。另外，水果馅心往往会使面团中成层散布的起酥油熔化，被面团吸收，这种情况会使派皮呈粉状而不是层片状，热的馅也可使饼皮变得湿润，如用冷馅烘烤时间长，结果易导致外面皮已烤至焦黄而里派皮还未烤好，因此，馅心一定要晾凉使用。

双皮派制作比较困难，经常会出现果馅的沸溢，防止果馅流出的方法是避免用过低的炉温长时间烘烤。果馅溢出的原因主要有：糖或水果形成的固形物含量不足。馅可能在烤好之前溢出。溢出来的另一个原因是增稠物料用量不足，馅心中糖太多可使淀粉凝胶体分解而使稀馅流出，为了避免这种情况的发生应减少派的用糖量。还有一种果馅溢出的原因是操作面团时手法不对，如果将面皮在派盘底上拉扯，则烤时派收缩，于是馅就会流出来，为了防止这种情况发生，应当用足够面团做底部派皮，可超出烤盘边一些，多出来的部分翻到上面派皮处，将两面捏合，防止果汁溢出。

④ 装饰　派常被用作西餐里的最后一道菜点，因此，派的装饰新奇美观会给人留下很深的印象。双皮派的装饰特别简单，除了派皮表面用刀叉等工具做一些花纹、边缘捏一些花边等，装盘时用奶油花或樱桃装饰，也可以撒一些糖粉作为装饰，还可以用沙司的颜色来装饰双皮派。单皮派的装饰比较多，表面可以用水果装饰，水果的颜色非常鲜艳，在水果表面刷一层吉利丁冻，会使水果的颜色具有光泽，而且使水果粘接在一起，非常诱人，也可以用打发的鲜奶油或蛋白糖抹成各种花纹，再配相应的水果和装饰叶进行装饰等。

五、制作实例

实例 1　蛋塔

蛋塔又称蛋挞（egg tart），是以油酥面团或清酥面团为坯料，借助模具，通过制坯、注入蛋塔液、烘烤、装饰等工艺制成的内盛蛋奶布丁馅的一类小型点心。蛋塔是将擀好的饼皮放进小圆盆状的塔模中，倒入由鸡蛋、牛奶、淡奶油和砂糖混合而成的蛋塔液浆，然后放入烤炉，烤成外皮松脆、内馅香甜细腻的一种油酥点心。早在中世纪，英国人已利用奶品、糖、蛋及不同香料，制作类似蛋塔的食品。蛋塔如图 6-3 所示。

（一）原料及配方

蛋塔的原料及配方如表 6-2 所示。

图 6-3　蛋塔

表 6-2　蛋塔的原料及配方

塔皮原料	烘焙百分比/(%)	实际用量/g	馅　料	实际用量/g
低筋粉	100	300	细砂糖	65
黄油	50	150	沸水	175
糖粉	35	105	全蛋液	150
奶粉	15	45	蛋黄	45
鸡蛋	20	60	奶水	150
香草粉	0.5	1.5		
合计	220.5	661.5	合计	585

（二）制作方法

❶ **塔皮面团的调制**　将黄油和糖粉充分搅拌乳化，然后分次加入蛋液搅拌均匀，加入过筛的低筋粉和香草粉等原料混合均匀，翻叠成团。

❷ **制馅**　将沸水、奶水、细砂糖放入容器中搅拌至糖完全溶化，全蛋液、蛋黄搅拌混合后，加入热糖水中搅拌均匀，然后将蛋塔水过筛并去掉泡沫。

❸ **成型**　蛋塔模内涂抹一层熔化的黄油。用滚筒将面团擀成 0.3 cm 厚的薄片，用圆形套膜卡成圆形面片，放入蛋塔模内，用手捏合使塔皮紧贴塔模。将调制好的蛋塔水灌入蛋塔皮内，七八分满即可。

❹ **烘烤**　面火 170 ℃、底火 180 ℃，烘烤 25 min。

（三）工艺操作要点

(1) 控制好黄油、糖粉的搅拌程度，使其充分乳化。

(2) 装模时面片要与塔模贴紧，防止空隙。

(3) 控制好烤制的温度和时间。

（四）成品要求

色泽棕黄色，形态美观，口感皮酥脆，瓤心柔软。

实例 2　水果奶油塔

水果奶油塔是加拿大最具代表性的甜点，最早可追溯到 17 世纪。将奶油、枫糖、鸡蛋及各种坚果放至油酥皮中烘烤，现在还流行加上葡萄干和坚果点缀的吃法，在咖啡厅相当受欢迎。水果奶油塔如图 6-4 所示。

（一）原料及配方

水果奶油塔塔皮的原料及配方如表 6-3 所示。

图 6-4　水果奶油塔

表 6-3　水果奶油塔塔皮的原料及配方

原　料	烘焙百分比/(%)	实际用量/g
中筋粉	100	250
黄油	64	160
糖粉	20	50
奶粉	20	50
鸡蛋	20	50
食盐	1	2.5
香草粉	0.6	1.5
合计	225.6	564

（二）制作方法

制作过程：面皮调制→成型→烘烤→成品装饰。

❶ **面皮调制**　首先将黄油、糖粉充分搅拌乳化，然后分次加入蛋液搅拌均匀，加入过筛中筋粉、食盐、香草粉等原料混合均匀，翻叠成团。

❷ **成型**　蛋塔模内涂抹一层熔化的黄油，将面团擀成 0.3 cm 厚的薄片，放入蛋塔模内，用手捏合使塔皮紧贴塔模，用叉子在塔皮上扎眼，上面再放一个空塔模。

❸ **烘烤**　面火 170 ℃、底火 180 ℃，烘烤 15 min。

❹ **成品装饰**　塔皮冷却后，挤上泡沫鲜奶油，摆上各色新鲜水果。

（三）工艺操作要点

(1) 控制好黄油、糖粉的搅拌程度，使其充分乳化。

(2) 面片要与塔模要贴紧，防止空隙。

(3) 控制好烤制的温度和时间

（四）成品要求

色泽棕黄色，形态美观，口感皮酥脆，水果清香。

实例 3　椰子塔

椰子塔是一种水果塔，主要以椰子为原料，酥软的塔皮，再配上淡淡的椰子清香、浓浓的牛奶香味，令人回味无穷。与蛋塔相比，椰子塔香味更清新。椰子塔如图 6-5 所示。

（一）原料及配方

椰子塔皮的原料及配方如表 6-4 所示。

图 6-5 椰子塔

表 6-4 椰子塔皮的原料及配方

塔皮原料	烘焙百分比/(%)	实际用量/g	椰子馅原料	实际用量/g
低筋粉	100	300	椰子粉	150
黄油	50	150	鸡蛋	120
糖粉	36.6	110	砂糖	81
奶粉	16.6	50	泡打粉	10
鸡蛋	16.6	50	奶粉	24
香草粉	0.7	2	黄油	90
			水	165
合计	220.5	662	合计	640

（二）制作方法

❶ **面团调制** 将黄油、糖粉放在案板上进行充分搅拌，分次加入蛋液乳化均匀，然后加入过筛低筋粉、香草粉等原料拌和成团。

❷ **制作塔皮** 将蛋塔模内涂抹一层熔化的黄油，面团下剂后擀成圆面片，放入蛋塔模内，用手捏合，使塔皮紧贴蛋塔模。

❸ **制作椰子馅** 将椰子粉、砂糖、奶粉、泡打粉混合均匀，加入蛋液与熔化的黄油混合均匀，再加入水拌匀。

❹ **成型** 将调制好的椰子馅装入塔皮内，约八分满即可。

❺ **烘烤** 面火 200 ℃、底火 180 ℃，烘烤 25 min 左右。

（三）工艺操作要点

(1) 控制好黄油、糖粉的搅拌程度，使其充分乳化。

(2) 面片要与塔模要贴紧，防止空隙。

(3) 控制好烘烤的温度和时间。

（四）成品要求

色泽棕黄色，形态美观，口感皮酥脆，椰香清新。

实例 4 苹果派

苹果派(apple pie)是一种最早起源于欧洲东部的西式点心，如今在北美非常流行。苹果派有很多种不同的形状、大小和口味。形状包括自由式、标准两层式等。口味包括焦糖苹果派、法国苹果派、面包屑苹果派、酸奶油苹果派等。苹果派制作简单方便，所需的原料价格便宜，营养丰富，是美国人生活中常见的一种甜点。苹果派常被当作一种主食，深受许多青少年喜爱。苹果派如图 6-6 所示。

图 6-6　苹果派

（一）原料及配方

苹果派的原料及配方如表 6-5 所示。

表 6-5　苹果派的原料及配方

派皮原料	烘焙百分比/(%)	实际用量/g	苹果馅原料	实际用量/g
高筋粉	200	400	细砂糖	25
低筋粉	300	600	果汁或清水	100
黄油	325	650	玉米淀粉	4
细砂糖	15	30	苹果	100
冰水	150	300	肉桂粉	0.5
盐	10	20		
合计	1000	2000	合计	229.5

注：表中仅列主要原料。

（二）制作方法

❶ **面团调制**　将高筋粉、低筋粉一起过筛，然后与黄油一起放入搅拌器内，慢速搅拌至油的颗粒如黄豆般大小。将细砂糖和盐溶于冰水中，加入面粉中搅拌均匀即可，且不可搅拌过久。

❷ **面团冷藏**　将搅拌好的面团用手按压成直径为 10 cm 的圆饼后，用保鲜膜包好，放入冰箱冷藏 2 h 后使用。

❸ **苹果馅制作**　将苹果洗净去皮，切成苹果丁，加适量细砂糖拌匀。葡萄干洗净，用适量温水泡 10 min。锅烧热后，放入少量的黄油后，倒入腌渍的苹果丁，加少量水熬煮至苹果变软后，倒入葡萄干，一起煮沸。将玉米淀粉溶于少量水中，慢慢加入煮沸的苹果馅中，不断搅动，煮至苹果馅黏稠，加入肉桂粉拌匀后，停止加热并冷却。

❹ **派的成型制法**　把派皮面团从冰箱取出，擀成 0.5 cm 厚的面皮，划一个比派模稍大的圆形面皮，铺在派模内，边缘用手捏紧。把苹果馅倒入生派皮上，边缘刷蛋液。将多余的派皮切成小长条，在派表面交叉编成网格，再沿着派皮的外圈围上一条派皮，首尾接好，刷上一层全蛋液即可。

❺ **烘烤**　上火 180 ℃、下火 180 ℃烤约 40 min。

（三）工艺操作要点

(1) 面粉与黄油搅拌时速度要慢。

(2) 面团要入冰箱冷藏 2 h。

(3) 掌握好各种配料的比例。

(4) 注意派皮的烤制方式和时间。

(四) 成品要求

色泽金黄色，口感酥脆。

实例 5 柠檬派

柠檬派是利用柠檬、鸡蛋、黄油、吉利丁等原料制成的酸甜适口的健康糕点，如图 6-7 所示。

图 6-7 柠檬派

(一) 原料及配方

柠檬派的原料及配方如表 6-6 所示。

表 6-6 柠檬派的原料及配方

派皮原料	烘焙百分比/(%)	实际用量/g	柠檬馅原料	实际用量/g	蛋白糖霜原料	实际用量/g
中筋粉	100	200	柠檬	200	蛋白	100
起酥油	45	90	鸡蛋	40	砂糖	100
砂糖	12.5	25	砂糖	50	水	75
冰水	45	90	蛋黄	15		
			黄油	41		
合计	202.5	405	合计	346	合计	275

注：表中仅列主要原料。

(二) 制作方法

❶ **派皮制作** 将中筋粉与起酥油混合，用刮板辅助将油脂切成绿豆大小颗粒。缓慢加砂糖、冰水轻轻拌和，即轻揉成团，用塑料膜包上，冷藏 1 h。派盘均匀涂抹一层熔化的黄油。取出面团擀成比派盘直径稍大的圆饼，用手轻轻提起面皮放入派盘内，去掉多余的边。用叉子均匀地在派底打孔，铺上一层锡箔纸，倒入干豆或米至半满。用 200 ℃炉温烘烤 15 min，使饼壳固定，呈金黄色。

❷ **派馅制作** 取两个柠檬用磨刨将皮磨成细蓉，然后将柠檬榨汁过滤。用打蛋器把鸡蛋和蛋黄打匀。黄油切成小块与砂糖、柠檬皮一起放入锅中，加入柠檬汁慢火煮 2～3 min 至糖溶化，离火加入打好的蛋液搅拌混合均匀。再用慢火温和加热(使乳糕变稠而不凝结)，用木勺搅拌 4～6 min 至混合成浆状，能附着在勺背，过滤后备用。

❸ **成型** 将柠檬馅加入烤好的派皮中，入烤箱烘烤 10～12 min，至馅开始凝结。取出放在金属网上冷却，然后放入冰箱冷藏。

❹ **打蛋白糖霜** 砂糖放入水中加热至沸，继续煮至冒大圆泡，糖浆温度 120 ℃。与此同时搅打

蛋白,蛋白应在糖浆熬好时同时打好。蛋白搅打至干性发泡,逐渐冲入热糖浆,继续搅拌约 5 min,直至蛋白糖霜冷却至有一定可塑性。

❺ **装饰** 取 1/2 的蛋白糖霜涂抹在派馅面上,另一半装入裱花袋,装饰在表面。

❻ **烘烤** 入炉烘烤 1～2 min,至蛋白霜呈金黄色。

(三) 工艺操作要点

(1) 柠檬派具有酸甜清香的柠檬味,最具特色的是它的派皮。操作的时候也比一般的派皮更易碎,可塑性较低。擀的时候,可以用保鲜膜垫着两面,否则不容易擀开,而且也无法用手直接拿起来。

(2) 派皮需要先烤到金黄色,再倒入派馅烘烤,口感才会酥松。应在派皮上面压一些重物,防止派皮鼓起来。

(3) 配方里的柠檬汁,是指用新鲜柠檬挤出的汁。将柠檬挤汁的时候,先将柠檬切开,放入微波炉加热半分钟,待柠檬摸着比较热的时候,挤汁会更容易。而削柠檬皮屑的时候,只取柠檬皮的黄色部位,舍去白色的部分,因为白色部分口感比较苦涩。

(四) 成品要求

色泽金黄色,形态美观,皮酥馅嫩,酸甜适口。

实例 6 南瓜派

南瓜派(pumpkin pie)是万圣节的节庆食品,特别是在美国,南瓜派是美国南方深秋到初冬的传统家常点心,特别在万圣夜的前后,成为一种应景的食物。南瓜派如图 6-8 所示。

图 6-8 南瓜派

(一) 原料及配方

南瓜派的原料及配方如表 6-7 所示。

表 6-7 南瓜派的原料及配方

派皮原料	烘焙百分比/(%)	实际用量/g	馅料	烘焙百分比/(%)	实际用量/g
面粉	375	750	南瓜	400	800
鸡蛋	37.5	75	黄糖	150	300
黄油	250	500	牛奶	85	170
细砂糖	125	250	蛋黄	85	170
			香料	2.5	5
			吉利丁片	7.5	15
			糖粉	100	200
			鲜奶油	125	250
			蛋白	85	170

续表

派皮原料	烘焙百分比/(%)	实际用量/g	馅料	烘焙百分比/(%)	实际用量/g
			盐	2.5	5
合计	787.5	1575	合计	1042.5	2085

（二）制作方法

❶ **制派底** 将细砂糖、黄油搓匀后，逐个放入鸡蛋调匀。最后加入面粉叠成面团，用保鲜膜包好放入冷藏箱冷却；然后取出冷却的面团，根据模具大小，擀成 0.5 cm 厚的面片铺入模中，整形后入 200 ℃烤箱烤熟备用。

❷ **制派馅** 将南瓜洗净去皮，上火蒸熟，搅成南瓜泥，然后加入黄糖、牛奶、蛋黄、盐、香料等搅均匀。然后放入煮锅内烧煮至稠糊状离火。加入泡软的吉利丁片搅拌熔化，凉后入冰箱备用。同时，打发蛋清至发泡时，加入糖粉继续搅打起发，然后与调匀的南瓜糊拌匀。再将打起鲜奶油再与之混合，调匀，成南瓜馅。

❸ **成型及装饰** 将南瓜馅铺入冷却后的派模中抹平，表面挤打发的奶油装饰，即为成品。

（三）工艺操作要点

(1) 制作派皮的面团揉和好后在擀压过程中面团很容易开裂并且与擀面杖粘连，可以在面团上下各垫一张烘焙用的牛油纸然后再用擀面杖擀压，这样会容易一些。

(2) 派底需要进行预烤，这样做可以让派底预先成型，避免最终成品变形。预烤派底时在派盘中压上大米或黄豆等重物，目的也是防止派底变形。

(3) 用过的大米或黄豆可以留待下次烤派时再用，避免浪费。

(4) 如果没有时间预烤派底，也可以直接将南瓜馅填入派盘后放入烤箱烘烤，这时需要延长高温烘烤的时间，使派皮先定型再调低温度进行烘烤。

（四）成品要求

色泽浅黄，甜度适中，内质细腻。

实例 7　核桃派

核桃营养价值丰富，有“万岁子”“长寿果”“养生之宝”的美誉。核桃中有 86%的脂肪为不饱和脂肪酸，核桃富含铜、镁、钾、维生素 B_6、叶酸和维生素 B_1，也含有纤维、磷、烟酸、铁、维生素 B_2 和泛酸。每 50 g 核桃中，水分占 3.6%，另含蛋白质 7.2 g、脂肪 31 g 和碳水化合物 9.2 g。核桃派是以低筋粉、糖粉等食材制成的一道美食，如图 6-9 所示。

图 6-9　核桃派

（一）原料及配方

核桃派的原料及配方如表 6-8 所示。

表 6-8　核桃派的原料及配方

派皮原料	烘焙百分比/(%)	实际用量/g	馅　料	烘焙百分比/(%)	实际用量/g
低筋粉	100	300	核桃仁	100	250
黄油	50	150	鸡蛋	100	250
糖粉	36.6	110	细砂糖	75	187.5
奶粉	16.6	50	清水	75	187.5
鸡蛋	16.6	50	蜂蜜	20	50
香草粉	0.7	2			
合计	220.5	662	合计	370	925

（二）制作方法

❶ **面团调制**　将黄油、糖粉放在案板上进行充分搅拌，分次加入蛋液乳化均匀，加入低筋粉、香草粉拌和成团。

❷ **制作派皮**　将面团擀成 0.5 cm 厚的片放入模具内。

❸ **制馅**　核桃用烤箱烘烤至熟。细砂糖和清水煮至起细糖丝，冷后加入鸡蛋、蜂蜜拌和均匀，最后加入核桃仁拌匀。

❹ **成型**　将调制好的核桃馅装入派皮内，装满即可。

❺ **烘烤**　面火 200 ℃、底火 180 ℃，烘烤 20 min。

（三）工艺操作要点

(1) 制作派皮的蛋液乳化均匀。

(2) 派底需要进行预烤，这样做可以让派底预先成型，避免最终成品变形。预烤派底时在派盘中压上大米或黄豆等重物，目的也是防止派底变形。

(3) 注意细砂糖煮制的火候。

(4) 掌握好烘烤的时间和炉温。

（四）成品要求

色泽浅黄，甜度适中，营养丰富。

实例 8　松子派

松子派(pine nut pie)是一种精致的甜味点心，主要使用甜派皮、松子仁、麦芽、鸡蛋黄、牛奶、奶油、白砂糖、朗姆酒、香草精等制作而成，如图 6-10 所示。

图 6-10　松子派

（一）原料及配方

松子派的原料及配方如表 6-9 所示。

表 6-9　松子派的原料及配方

原　料	烘焙百分比/(%)	实际用量/g
甜酥面	55	550
松子仁	25	250
麦芽糖	3	30
蛋黄	10	100
牛奶	2.5	250
淡奶油	20	200
白砂糖	38	380
朗姆酒	1.5	15
香草精	0.5	5
防潮糖粉	2.5	25
水	25	250
合计	183	1830

（二）制作方法

❶ **制作派皮**　将甜酥面擀成 0.4 cm 厚，一一压入小型派模中，整形好松弛约 15 min。

❷ **烤制派皮**　放入烤箱 200/200 ℃烘烤约 10 min 备用。

❸ **制馅**　将水、白砂糖（300 g）、麦芽糖一起放入锅中煮至沸腾。加入松子仁不断地搅拌至再次沸腾后，再以小火煮约 1 min 即熄火。取出松子仁沥干水分，再放入 180 ℃/180 ℃的烤箱中烘烤至上色即取出放凉，即为蜜松子。先将蛋黄、白砂糖（80 g）拌匀，再将牛奶、淡奶油、香草精、朗姆酒依序加入拌匀即为填馅。

❹ **成型及烤制**　将填馅倒入派皮中，再放入预热的 200/200 ℃烤箱中烤约 15 min。

❺ **装饰**　待凉后放入冰箱冷藏至凝固时，表面摆满蜜松子，再洒上些许防潮糖粉即可。

（三）工艺操作要点

（1）甜酥面皮擀好后需放置松弛一段时间，以防烘烤时收缩变形。

（2）派底需要进行预烤，这样做可以让派底预先成型，避免最终成品变形。

（3）掌握好烘烤的时间和温度。

（四）成品要求

色泽和谐，外酥里糯。

任务二　起酥点心的制作

任务描述

起酥点心的制作难点在于起酥皮的制作。通过起酥点心制作工艺相关知识的学习，了解起酥点心制作的工艺流程与工艺原理，熟悉起酥点心原料构成及选用要求，掌握起酥点心皮面团调制、包油、折叠的方法与工艺要点。

任务目标

熟悉起酥点心的用料要求，掌握起酥点心的制作原理、工艺及操作要点，学会相关设备及器具的使用方法，能独立制作各类起酥点心成品。

起酥点心又称清酥点心、帕夫点心，是一类具有独特的酥层结构，通过用水调面团包裹油脂，经反复擀制折叠，形成的层次丰富的一类点心。它以其独特的酥层结构别具特色，在西式点心中占有重要地位。

一、起酥点心的制作原理

其制作原理在于物理疏松，一是利用湿面筋的烘焙特性，它像气球一样，可以保存空气并能承受烘焙中水蒸气所产生的张力，而随着空气的张力来膨胀；二是由于面团中的面皮与油脂有规律的相互隔绝所产生的层次，在进炉受热后，水调面团产生水蒸气，这种水蒸气滚动形成的压力使各层次膨胀。在烘烤时，随着温度的升高，时间加长，水调面团中的水分不断蒸发并逐渐形成一层一层熟化变脆的面坯结构。油面层熔化渗入面皮中，使每层的面皮变成又酥又松的酥皮，加上本身面皮面筋质的存在，所以能保持完整的形态和酥松的层次。

二、起酥点心的选料要求

❶ **面粉**　制作起酥点心宜采用蛋白质含量为10%～12%的次高筋粉或中筋粉。因为筋力较强的面粉调制成面团后不仅能经受住擀制过程的反复拉伸，而且面团中的蛋白质具有较高的水合能力，吸水后的蛋白质在烘烤时能产生足够的蒸汽，在蒸汽的压力迫使下层与层之间分开。此外，呈扩展状态的面筋网络是起酥点心多层薄层结构的基础。但是，运用筋力太强的面粉来调制面层面团制作起酥点心可能导致由于筋力过强，在擀制过程中使面层回缩，制品成型后易回缩变形。如无合适的中强筋粉，可在强筋粉中加入部分中筋粉或部分低筋粉，以达到制品对面粉筋度的要求。

❷ **油脂**　皮面（即面层）中加入适量的油脂可以改善面团的操作性能以及增加成品的酥性。皮面油脂的选用可选择熔点较低的黄油、人造黄油（麦淇淋）、起酥油或其他固体动物油脂。油层选用的油脂则要求既要有一定的硬度，又要有一定的可塑性，熔点也不能太低。这样，油脂在操作中才能经受住反复的擀制、折叠，又不至于使油脂熔化。

❸ **水**　水是构成面团的基本原料，水多的面团容易促使面筋扩展，同时促进产品膨大。面团的加水量是根据面粉的吸水能力来定的，一般面粉筋度越高调制面团需水量增大。如果面团中添加了鸡蛋则应扣除鸡蛋含水量。面团的软硬程度控制需考虑包裹油脂的软硬度，面团与油脂硬度应保持一致才能保证开酥操作顺利进行。调制面团时所用水最好是冰水，因为起酥的面团需要包入大量的油脂，面团温度若高于油脂熔点时，容易在开酥操作过程中造成油脂软化而导致穿破面皮。若以冰水和面，使面团保持较低温度，有利于油脂保持原有状态，便于操作的顺利进行。

❹ **鸡蛋**　起酥面团内加鸡蛋主要是增进产品香味，增强质感酥松的效果。鸡蛋对产品烘烤过程中上色起到一定的促进作用，尤其是烘烤前在制品生坯表面刷蛋液，使烘烤后的产品色泽金黄发亮。但需注意鸡蛋加多了对起酥面团反而有害，因为鸡蛋添加过多会使面筋不易扩展，面团膨胀力受损。起酥面团加蛋量一般以不超过20%为宜。

❺ **糖**　糖有促进产品烘烤上色的作用，但在起酥面团中以不超过5%为好。因为糖的反水化作用会削弱面筋，同时糖的吸湿性易使产品软化失去酥、松、脆的特质。因此，一般制作起酥产品多数不加糖。

⑥ **盐** 盐在起酥制品中有增强味感的作用，使产品风味更加突出。盐还有增强面筋的作用，也能使搅拌后的面团不易粘手。盐的用量以面粉用量的 1%～1.5%为宜，但需注意裹入油脂若含盐则可不加或少加。

三、起酥点心的制作工艺

❶ **工艺流程** 起酥点心制作工艺流程如图 6-11 所示。

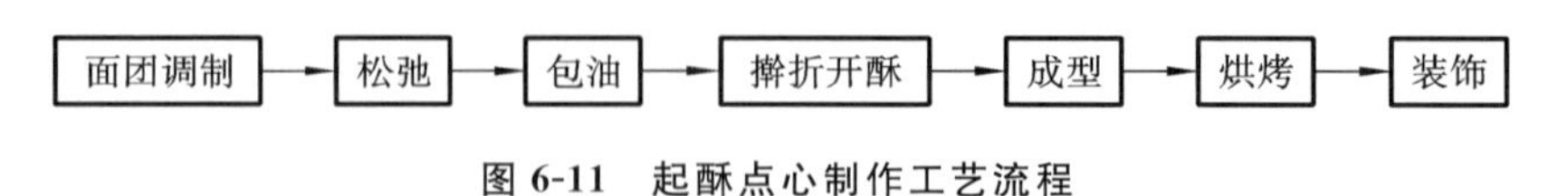

图 6-11 起酥点心制作工艺流程

❷ **面团调制** 将过筛的面粉与盐、水放在搅拌机中搅拌至面坯光滑，加入油脂继续搅拌至面团扩展即可。取出面坯，放在工作台上饧制 15 min。

❸ **包油**

①英式对折包油法。面皮是油脂大小的 2 倍，用面皮将油脂包住后擀开折叠，是最常用的包油方法。

②英式三折包油法。油脂是面皮大小的 2/3，将油脂放在面皮上，将长处的 1/3 面皮折叠过来后，再将另一边的 1/3 折叠起来，将边角处捏紧即可开酥。

③法式包油法。面团向四角擀开，中间厚一点，四个角薄一些，向中心折起包裹住油脂即可。

❹ **起酥** 将包酥好的面坯用走槌或起酥机从面坯中间部分向前、后擀成厚度约为 1 cm 厚的面带，长宽比为 3∶2，从面坯两边折，可以采用两折法、三折法和四折法，然后将折叠后的面团横过来，进行第二次擀制，方法同第一次，擀叠完成后用保鲜袋装起来，放入冰箱冷藏松弛 20 min。然后进行第三次和第四次擀制，折叠。

❺ **成型** 将面团擀至 3 mm 左右，然后按制品的需要进行成型、包馅等。

❻ **熟制** 起酥点心大多采用烘烤的方法成熟，也有根据需要采用油炸成熟。起酥点心的烘烤温度一般在 220～230 ℃。

四、起酥点心的制作要点

(1) 制作起酥点心的面团与裹入的油脂应软硬一致，油脂过软过硬，都会出现油脂分布不均匀或跑油现象，降低成品的质量。

(2) 擀制面坯时厚薄要均匀，每擀制 2 次之后应在冰箱内放置 20 min，以利于面层之间拉伸后的放松。

(3) 清酥面坯不可冷冻得太硬，如过硬，应放在室温下使其恢复到适宜的硬度，再进行操作。

(4) 操作间的温度应适宜，应避免过高。

(5) 成型操作的动作要快、干净利索，整个动作一气呵成。面坯在工作台上放置时间不宜太长，防止面坯变得柔软，增加成型的困难，影响产品的膨大和形状的完整。

(6) 用于成型切割使用的刀具应锋利，切割后的面坯应整齐、平滑，间隔分明。

(7) 在烘烤过程中，尤其是在制品受热膨胀阶段，不要时时将炉门打开，这是因为清酥制品完全是靠蒸汽胀大体积的。当炉门打开后，蒸汽会大量逸出炉外，使清酥制品的胀大受到影响。

五、起酥点心的质量要求

(1) 色泽金黄，上色均匀，有光泽。

(2) 形态饱满，外形美观，大小一致，层次清晰，不歪不斜。

(3) 制品的卫生状况良好，底部不煳，无杂质粘连。

(4) 具有该产品特有的香味,口感酥松,符合质量标准。

六、制作实例

实例 1 千层酥

千层酥,是烘焙类点心,因烤好后侧面可见许多分层得名,口感酥酥脆脆、香浓甜美。根据不同口味做法种类繁多。千层酥如图 6-12 所示。

图 6-12 千层酥

(一) 原料及配方

千层酥的原料及配方如表 6-10 所示。

表 6-10 千层酥的原料及配方

原　　料	烘焙百分比/(%)	实际用量/g
中筋粉	100	500
黄油	5	25
砂糖	5	25
食盐	2	10
鸡蛋	8	40
水	42	210
片状起酥油	50	250
合计	212	1060

(二) 制作方法

❶ **面团调制** 中筋粉加鸡蛋、水、砂糖、食盐、黄油调制成团,揉制光滑有弹性,整理成圆形,顶部开十字刀口,盖上塑料膜松弛 30 min。

❷ **油脂整形** 将片状起酥油用塑料膜包裹整理成正方形。

❸ **包油** 采用法式包酥法。将松弛好的皮面团四角擀薄,呈边缘薄中间厚的正方形面坯,然后将起酥油放在面团中间,分别把面团四角的面皮拉起盖在油脂上,面坯上下的厚度保持一致。

❹ **擀折** 三折 3 次。

❺ **整形** 将折叠完毕的面团放在撒有面粉的工作台上擀薄擀平,面皮厚度约为 1 cm。表面刷蛋液,均匀撒上砂糖作装饰,然后用轮刀切割成长条形,放入烤盘中,静置 30 min 即可入炉成熟。

❻ **烘烤** 面火 220 ℃、底火 200 ℃,烘烤 25 min。

(三) 工艺操作要点

(1) 面团的硬度应与片状起酥油的硬度保持一致。

(2) 每擀折 2 次面团应放入冰箱冷藏松弛,使面团舒展,变得容易擀开,不回缩。

(3) 开酥过程中为防止酥皮粘连到压辊上,可撒上些面粉。

(4) 注意烘烤的温度和时间。

(5) 千层酥皮制作的点心,在烤的过程中,稍微有少量油脂溢出是正常的,但如果有大量油脂溢出则说明酥皮的制作失败,分层未能达到极薄且层层分明,或者擀制的时候油脂层分布不均。

(四) 成品要求

色泽金黄,形态完整,酥层清晰均匀,口感酥松,香味浓郁。

实例 2 果酱酥

果酱酥是传统糕点的一种基本制作方法,是许多国家和地区如捷克、丹麦等常食用的品种。其中的填充物可以多样化。果酱酥如图 6-13 所示。

图 6-13 果酱酥

(一) 原料及配方

果酱酥的原料及配方如表 6-11 所示。

表 6-11 果酱酥的原料及配方

原料	烘焙百分比/(%)	实际用量/g	装饰料	实际用量/g
中筋粉	100	750	草莓酱	适量
黄油	6.7	50		
鸡蛋	8	60		
食盐	2	15		
水	40	300		
片状起酥油	67	500		
合计	223.7	1675		

(二) 制作方法

❶ **面团调制** 中筋粉加鸡蛋、水、食盐、黄油调制成软硬适度的面团,揉搓光滑,盖上塑料膜松弛 30 min。

❷ **包油** 采用法式包油法或英式包油法。

❸ **擀折** 三折 3 次。

❹ **成型** 将松弛好的起酥面团用滚筒擀成厚薄均匀的面片,厚度约为 3 mm,切割成 7 cm×7 cm 的方形面坯。取方形面坯对折成三角形,用刀在面片三角直角边各切一刀,离尖端约 1.5 cm 保持相连,然后翻开三角,表面刷蛋液,将切割边交叉拉至对角边,中间挤上草莓酱,稍做松弛,表面刷蛋液。

❺ **烘烤**　面火 200 ℃、底火 200 ℃，烘烤 18 min。

（三）工艺操作要点

(1) 含水量较高的果酱可以在烘烤之前涂上，含水量较低的可以在烤制完成后再涂上。

(2) 千层酥做好后需要静置 30 min 后再入烤箱，否则烤的时候容易回缩。

(3) 千层酥烤好后能保持工整的外形，千层酥皮擀制是关键，一定要做到厚薄均匀。

(4) 果酱不宜抹太多，以免外溢。

（四）成品要求

色泽美观，层次清晰，酥香可口。

实例 3　风车酥

风车酥是芬兰圣诞节的传统美食，如图 6-14 所示。

图 6-14　风车酥

（一）原料及配方

风车酥的原料及配方如表 6-12 所示。

表 6-12　风车酥的原料及配方

原　　料	烘焙百分比/(%)	实际用量/g
中筋粉	100	375
黄油	6.7	25
鸡蛋	8	30
食盐	2	7.5
冰水	40	150
片状起酥油	67	250
总计	223.7	837.5

（二）制作方法

❶ **皮面团调制**　中筋粉加鸡蛋、冰水、食盐、黄油调制成面团，揉至光滑有弹性，松弛 30 min。

❷ **油脂整形**　将片状起酥油用塑料膜包裹后，擀成长方形薄片。

❸ **包油**　采用法式包油法或英式包油法。将松弛好的皮面团擀成长方形面片，将压薄的起酥油放在 1/2 面团上，另将 1/2 面团拉起盖在油脂上，四周捏紧。

❹ **擀折**　三折 3 次。

❺ **整形**　将折叠好的面团用滚筒擀成厚薄均匀的面片，厚度约为 0.5 cm，切割成 7 cm×7 cm

正方形面坯。表面刷上蛋液，然后取一个面坯将每一个划一刀，刀口划过的角向中间折叠成风车形，表面再刷上蛋液，中间放半粒红樱桃即成生坯，摆入烤盘松弛 20～30 min 待烤。

⑥ **烘烤** 面火 220 ℃、底火 200 ℃，烘烤 25 min。

（三）工艺操作要点

（1）使用冰水来调制面团可以降低面团的韧性，便于后期的开酥操作。

（2）每次折叠后要松弛 20 min 以降低面团的韧性。

（3）制作时要保证裹入起酥油的软硬度和面团的软硬度一致，这样才能达到较好的开酥效果。

（4）最后的烘烤先高温使其快速膨胀，再调转为低温使其内部成熟，这样才能达到较好的成品效果。

（5）烘烤中出油是正常现象，但如果出油较多表示擀制时油层保留较厚，不出油表示混酥。

（四）成品要求

形似风车，甜酥适口。

实例 4 咖喱酥角

源自印度，风靡于新加坡、马来西亚和泰国等东南亚地区的风味小吃咖喱酥角是用薄面皮卷上洋葱、肉末及咖喱等香料做的馅料包成三角形，再经油炸而成的食品。其以金黄酥脆的外皮，香气浓郁的咖喱内馅吸引着食客。这是一款咸味的点心，它是餐桌上随着各种菜肴一起端上来的小吃，也可以是搭配各类饮品的休闲小点。咖喱酥角如图 6-15 所示。

图 6-15 咖喱酥角

（一）原料及配方

咖喱酥角的原料及配方如表 6-13 所示。

表 6-13 咖喱酥角的原料及配方

面团原料	烘焙百分比/(%)	实际用量/g	馅心原料	实际用量/g
中筋粉	100	750	牛肉	250
黄油	6.7	50	洋葱	100
鸡蛋	8	60	咖喱粉	100
食盐	2	15	食盐	3
水	40	300	黄油	100
片状起酥油	67	500	胡椒粉	1
			味精	2

续表

面团原料	烘焙百分比/(%)	实际用量/g	馅心原料	实际用量/g
			鲜汤	100
			水淀粉	适量
合计	223.7	1675	合计	约 656

(二) 制作方法

❶ 面团调制　中筋粉加水、鸡蛋、食盐和黄油等原料调制成软硬适度的面团，揉搓光滑，表面覆盖塑料膜松弛 30 min。

❷ 包油　采用法式包油法或英式包油法。

❸ 擀叠　四折 4 次。

❹ 馅心制作

(1) 先将牛肉去筋剁成细颗粒，洋葱切成颗粒待用。

(2) 煎锅放中火上，放入咖喱粉进行炒制，将咖喱粉炒熟、炒香后起锅待用。

(3) 将炒锅注入黄油烧热，放入牛肉颗粒炒散，炒干水气后加入炒熟的咖喱粉，炒出香味上色后，放入洋葱粒炒香，掺入鲜汤加入食盐、胡椒粉、味精煮沸后，用水淀粉勾芡倒入盆内晾凉即成馅心。

❺ 成型　将松弛好的面团用滚筒擀成厚约 0.3 cm 薄的面片，切成 10 cm×10 cm 的正方形面坯，表面刷上蛋液，中间放入咖喱牛肉馅后，对折成三角形，摆入烤盘内松弛 20 min 左右，表面刷蛋液待烤。

❻ 烘烤　面火 220 ℃、底火 200 ℃，烘烤 20 min。

(三) 工艺操作要点

(1) 制作酥皮派时，包入的馅心不宜过湿。

(2) 派皮操作时尽量保持派皮低温，若面皮变软，黄油出现熔化迹象，须立即将面团送入冰箱。

(3) 注意烘烤温度和时间。

(四) 成品要求

派皮酥层均匀，成品大小一致，香味浓郁，色泽金黄，口感酥软。

任务三　饼干的制作

任务描述

饼干是以小麦粉为主要原料，加入油脂及其他辅料，经调粉、成型、烘烤等工序制成的松脆食品。饼干按其加工工艺的不同可分为酥性饼干、韧性饼干、发酵饼干、压缩饼干、曲奇饼干、夹心饼干、威化饼干、蛋圆饼干、蛋卷及煎饼、装饰饼干、水泡饼干及其他共十二类。通过饼干制作工艺相关知识的学习，了解饼干制作的工艺流程，熟悉饼干原料构成及选用要求，掌握饼干面团调制、成型的方法与工艺要点。

任务目标

了解饼干的分类及特点，熟悉饼干的用料要求，掌握各类饼干的制作工艺及操作要点，学会相关设备及器具的使用方法，能独立制作各类饼干成品。

饼干(biscuit)是销量仅次于面包的西式点心，可作为零食、茶点和餐后甜点。最早的饼干是在4000年前左右的古埃及坟墓中发现的，其构成较简单，由面粉和水混合制成。而真正成型的饼干，则要追溯到公元7世纪的波斯。当时制糖技术刚刚开发出来，并因为饼干而被广泛使用。一直到了公元10世纪左右，随着穆斯林对西班牙的征服，饼干传到了欧洲，并从此在各个基督教国家中流传。到了公元14世纪，饼干已经成了全欧洲人喜欢的点心，从皇室的厨房到平民居住的大街，都弥漫着饼干的香味。现代饼干产业是从19世纪开始发展起来的。当时，英国凭借发达的航海技术开始进出于世界各国，在长期的航海过程中，由于面包含有较高的水分而不适合作为储备粮食，所以饼干因为水分含量低，而成为航海储备粮食，从而得到快速的发展。

一、饼干的分类及特点

饼干的种类很多，它的主要原料是小麦面粉，再添加糖、油脂、蛋品、乳品等辅料。根据口味不同饼干可以分为甜饼干、咸饼干和风味饼干等；根据配方和生产工艺不同，饼干又可以分为酥性饼干、韧性饼干和发酵饼干等。

❶ 酥性饼干　酥性饼干是以小麦粉、糖、油脂为主要原料，加入疏松剂和其他辅料，经冷粉工艺调粉、辊压、辊印或者冲印成型，经烘烤制成的造型多为凸花的，断面结构呈现多孔状组织，口感疏松的烘焙食品，如奶油饼干、葱香饼干、芝麻饼干、蛋酥饼干等。酥性饼干的特点是印模造型多为凸花，花纹明显，结构细密，糖的用量为面粉量的14%～30%，油脂用量可高达50%左右。

❷ 韧性饼干　韧性饼干是以小麦粉、糖、油脂为主要原料，加入疏松剂、改良剂与其他辅料，经热粉工艺调粉、辊压、辊切或冲印成型，经烘烤制成的图形多为凹花，外观光滑，表面平整，有针眼，断面有层次，口感松脆的焙烤食品，如牛奶饼、香草饼、蛋味饼、玛丽饼、波士顿饼等。韧性饼干的特点是印模造型多为凹花，表面有针眼。制品表面光滑平整，断面结构有层次，口嚼有松脆感，耐嚼。韧性饼干的糖和油脂的配比较酥性饼低。一般用糖量在30%以下，用油量为20%以下。

❸ 发酵饼干　发酵饼干又称苏打饼干，是以小麦粉、糖、油脂为主要原料，酵母为疏松剂，加入各种辅料，经发酵、调粉、辊压、叠层、烘烤制成的松脆、具有发酵制品特有香味的焙烤食品。苏打饼干按其配方可分为咸苏打饼干和甜苏打饼干。

❹ 其他类饼干

(1) 薄脆饼干：以小麦粉、糖、油脂为主要原料，加入调味品等辅料，经调粉、成型、烘烤制成的薄脆焙烤食品。

(2) 夹心饼干：在两块饼干之间添加糖、油脂或果酱为主要原料的各种夹心料的夹心焙烤食品。

(3) 威化饼干：以小麦粉(糯米粉)、淀粉为主要原料，加入乳化剂、疏松剂等辅料，以调粉、浇注、烘烤而制成的松脆型焙烤食品。

(4) 蛋圆饼干：以小麦粉、糖、鸡蛋为主要原料，加入疏松剂、香精等辅料，以搅打、调浆、浇注、烘烤而制成的松脆焙烤食品，俗称蛋基饼干。

(5) 蛋卷：以小麦粉、糖、鸡蛋为主要原料，加入疏松剂、香精等辅料，以搅打、调浆(发酵或不发酵)、浇注或挂浆、烘烤卷制而成的松脆焙烤食品。

(6) 粘花饼干：以小麦粉、糖、油脂为主要原料，加入乳制品、蛋制品、疏松剂、香料等辅料经和面、成型、烘烤、冷却、表面裱花粘糖花、干燥制成的疏松焙烤食品。

(7) 水泡饼干：以小麦粉、糖、鸡蛋为主要原料，加入疏松剂，经调粉、多次辊压、成型、沸水烫漂、

冷水浸泡、烘烤制成的具有浓郁香味的疏松焙烤食品。

(8) 比萨饼干：在酥性饼干制作的基础上，添加水果颗粒(佛手果、蓝莓、蔓越莓等)、红豆、玉米、紫薯、黑豆、黑米等材料，增加健康元素。

二、饼干的用料要求

饼干的用料相对比较简单，其主要原料包括油脂、面粉、鸡蛋和糖等。

❶ 油脂　制作饼干时应选用起酥性较好、稳定性好、熔点较高的固体油脂，一般选择奶油、人造奶油和植物性起酥油等。奶油是制作饼干最常用的油脂。油脂在使用前应放置于室温软化，至用手指按压很容易变形即可。油脂软化温度不宜过高，否则容易熔化，会破坏油脂的乳状结构，降低成品质量，而且会造成饼干"走油"。

❷ 面粉　制作不同类型的饼干所选用的面粉略有差异，一般酥性饼干宜使用面筋含量较低的低筋粉，韧性饼干和苏打饼干宜选用中筋粉。面粉使用前需过筛，过筛的目的除了使面粉形成微小粒和清除杂质以外，还能使面粉中混入一定量的空气，制成的饼干较为酥松。在过筛装置中需要增设磁铁，以便去除磁性杂质。

❸ 鸡蛋　烘焙中鸡蛋的用途非常广泛，制作酥性饼干时虽要用鸡蛋，但一般都是少量的。

❹ 糖　糖是制作甜饼干的主要原料，增加了饼干的甜味，同时让饼干具有金黄的色泽，含糖量高的饼干保质期也会更长一点。制作饼干的糖种类较多，细砂糖属于白砂糖的一种，颗粒较小，十分细腻，可以很好地与其他原料融合，因而在饼干中使用较多。糖粉是将白砂糖粉碎过筛的产品，颗粒细小，在制作酥性饼干时使用较多。用普通砂糖做出来的饼干会有糖颗粒感的，所以一般溶化为糖浆使用，加水量一般为砂糖量的30%～40%。加热溶化糖时要控制好温度并经常搅拌，防止焦煳，使砂糖充分溶化，煮沸溶化后需过滤，冷却后使用。

三、常见饼干的制作工艺流程及操作要点

(一) 韧性饼干

韧性饼干的制作过程包括原料混合、调制面团、滚轧整形、烘烤、冷却、包装。

❶ 原料混合　一般先将油、糖、乳、蛋等辅料或热糖浆在和面机中搅匀，再加面粉进行面团的调制。如使用改良剂，则应在面团初步形成时(调制 10 min 后)加入。然后在调制过程中分别先后加入膨松剂与香精，继续调制。前后 40 min 以上，即可调制成韧性面团。搅拌时，冬季室温 25 ℃左右，可控制在 32～36 ℃；夏季室温 30～35 ℃时，可控制在 35～38 ℃。

❷ 调制面团　面团捏合至适当程度(面团的软硬因饼干种类不同而异，但大体上以人的耳垂的硬度为适度)。韧性面团调制好后，必须静置 10 min 以上，以保持面团性能稳定，方能进行滚轧整形操作。

❸ 滚轧整形　韧性饼干面团在滚轧以前，面团需要静置一段时间，目的是消除面团在搅拌期间因拉伸所形成的内部张力，降低面团的黏度与弹性，提高制品质量与面片工艺性能，静置时间的长短，与面团温度有密切的关系，面团温度高，需要静置时间短，温度低时，静置时间长。当面团温度达到 40 ℃，大致静置 10～20 min。韧性面团辊轧次数一般需要 9～13 次，滚轧时多次折叠并旋转 90°角，通过滚轧工序以后，面团被压制成一定厚薄的面片。在滚轧过程中假定不进行折叠与旋转，则面片的纵向张力超过横向张力，成型后的饼干坯会发生纵向收缩变形。因此，当面片经数次滚轧并旋转，使纵横两向的张力尽可能趋于一致，以便使成型后的饼干坯能维持不收缩，不变形状态。

经滚轧工序轧成的面片，经各种型号的成型机制成各种形状的饼干坯，如鸡形、鱼形、兔形、马形和各种花纹图案。

❹ 烘烤　烤盘中应预先涂上生油，使盘内饼干不致互相粘连。烤前在表面喷以雾水，则制品表

面可得较好的光泽，但喷水不宜太多，如不用水而代以牛奶、蛋黄、糖色液则效果更佳。用于烘烤的设备一般有固定式烤炉和连续式带式烤炉。带式烤炉炉内温度前部为 180～200 ℃，中央部分为 220～250 ℃，后部为 120～150 ℃，烘烤时间约为 15 min。烘烤时，通常在烘炉入口处喷以蒸汽，然后入炉由辐射加热。热量逐渐传至饼干内部，由于饼干内部温度升高而发生气体逸出，以致内部膨胀而使制品质地疏松，烘至最后淀粉全部糊化，渐至干燥并产生均匀的棕色反应。

❺ 冷却 烘烤完毕的饼干，出炉温度一般在 100 ℃以上，质地较软，须经冷却后再进行包装。在冷却过程中，随着饼干内部的温度不断下降，饼干内水分也继续蒸发。最初冷却时温差不宜过大，以免骤冷产生破裂。冷却适宜的温度为 30～40 ℃，室内相对湿度 70%～80%。

❻ 包装 冷却后的饼干需进行妥善包装，防止运输过程中发生破碎、吸湿、发霉、腐败、“走油”等，常用蜡纸、塑料袋或马口铁罐头等严密包装。

（二）酥性饼干

酥性饼干的制作过程包括原料混合、调制面团、滚轧整形、烘烤、冷却、包装。

❶ 原料混合 先将糖、油、乳品、蛋品、膨松剂等辅料与适量的水倒入和面机内均匀搅拌形成乳浊液，然后将面粉、淀粉倒入和面机内调制 6～12 min。香精要在调成乳浊液的后期加入，或在投入面粉时加入，以便控制香味过量挥发。

❷ 调制面团 夏季因气温较高，搅拌时间缩短 2～3 min。

面团温度要控制在 22～28 ℃。油脂含量高的面团，温度控制在 22～25 ℃。夏季气温高，可以用冰水调制面团，以降低面团温度。如面粉中湿面筋含量高于 40%时，可将油脂与面粉调成油酥式面团，然后再加入其他辅料，或者在配方中抽调部分面粉，换入同量的淀粉。

❸ 滚轧成型 酥性面团可采用辊印成型、挤压成型、挤条成型及钢丝切割成型等多种机械生产，但一般不大使用冲印成型的方法。

酥性饼干面团滚轧的目的是要得到平整的面片，但长时间滚轧，会形成面片的韧缩。由于酥性面团中油、糖含量多，轧成的面片质地较软，易于断裂，所以不应多次滚轧，更不要进行 90°转向，一般以 3～7 次单向往复滚轧即可，也有采用单向一次滚轧的。酥性面团在滚轧前不必长时间静置，酥性面团轧好的面片厚度约为 2 cm，较韧性面团的面片为厚，这是由于酥性面团易于断裂，另外酥性面团比较软，通过成型机的滚轧后即能达到成型要求的厚度。

❹ 烘烤 入烘炉后，在高温作用下，饼干内部所含的水分蒸发，淀粉受热后糊化，膨松剂分解而使饼干体积增大。面筋蛋白质受热变质而凝固，最后形成多孔性酥松的饼干制品。

酥性饼干炉温为 240～260 ℃，烘烤 3.5～5 min，成品含水率为 2%～4%。

❺ 冷却 酥性饼干糖、油含量高，高温情况下即使水分很少也很软。刚出炉时，表面温度可达 180 ℃左右，所以特别要防止弯曲变形。烘烤完毕时，饼干含水量约为 8%，在冷却过程中随着温度逐渐下降，水分继续挥发，在接近室温时，水分达到最低值，稳定一段时间后，又逐渐吸收空间的水分。当室温 25 ℃，相对湿度 85%时，从出炉到水分到最低值的冷却时间大约 6 min，水分相对稳定时间为 6～10 min，因此，饼干的包装最好选择在稳定阶段进行。

❻ 包装 冷却后的饼干须进行妥善包装，防止运输过程中发生破碎、吸湿、发霉、腐败、“走油”等，常用蜡纸、塑料袋或马口铁罐头等严密包装。

（三）发酵饼干

❶ 面团调制和发酵 第一次调粉时首先用温水溶化鲜酵母或用温开水活化干酵母，然后加入过筛后的面粉中，最后加入用以调节面团温度的温水，在卧式调粉机中调制 4～6 min。冬季使面团的温度达到 28～32 ℃，夏季 25～28 ℃。调粉完毕的面团送入发酵室进行第一次发酵。第一次调粉时使用的面粉，应尽量选择高筋粉。

第二次调粉是在第一次发酵好的面团中加入其余的面粉和油脂、精盐、糖、鸡蛋、乳粉等除疏松

剂以外的原辅料，在调粉机中调制 5～7 min，搅拌开始后，慢慢撒入小苏打使面团的酸碱度达中性或略呈碱性。小苏打也可在搅拌一段时间后加入，这样有助于面团光滑。第二次调粉时使用的面粉，应尽量选择低筋粉，这样有利于产品口味酥松，形态完美。调粉结束，冬季面团温度应保持在 30～33 ℃，夏季 28～30 ℃。

第二次发酵又称为延续发酵，要求面团在温度 29 ℃，相对湿度 75%的发酵室中发酵 3～4 h。

❷ **滚轧整形**　第二次调粉是决定产品质量的关键，要求面团柔软，便于滚轧操作。发酵饼干的面团弹性较大，成型后的花纹保持能力差，一般只使用带有针孔的模具即可。

❸ **烘烤**　当炉内饼坯温度升高到 40～50 ℃时，碳酸氢铵和碳酸铵开始分解，饼坯温度升到 60～70 ℃时，碳酸氢钠也开始分解。当饼坯温度达到 55～80 ℃时，饼坯表面淀粉发生糊化，使饼坯表面产生光泽。同时，在烘烤中蛋白质失去其胶体特性而凝固，它对饼干的定型具有重要意义。在饼干烘烤的最后阶段，当饼坯温度在 150 ℃，含水量在 13%左右、pH 为 6.3 时，非常适于美拉德反应的进行，使饼干表面形成棕黄色。

❹ **冷却**　发酵饼干烘烤完毕必须冷却至 38～40 ℃才能包装。

❺ **包装**　冷却后的饼干须进行妥善包装，防止运输过程中发生破碎、吸湿、发霉、腐败、“走油”等，常用蜡纸、塑料袋或马口铁罐头等严密包装。

四、影响饼干质量的因素

饼干的质量对消费者的影响很大，了解影响饼干质量的因素，对工作人员有着非常重要的意义。一般来讲，其主要存在以下几个方面的因素。

❶ **表面颜色太深**　原因可能是配方内糖的用量过多或水用量太少；烤炉上火温度太高。

❷ **表面有斑点**　原因可能是面糊调制不均匀；面糊内水分不足；糖的颗粒太粗，未能及时溶解。

❸ **内部粗糙、质地不均匀**　原因可能是面糊调制不均匀；配方内糖、油等用量太多；水分用量不足，面糊太干；烤炉温度太低，导致烤制时间延长；糖的颗粒太粗，未能及时溶解。

❹ **口感韧性太艮**　原因可能是面粉中油脂使用太少；面粉面筋筋性过强；面糊搅拌过度；烤炉温度太高，水分挥发太快。

❺ **味道不正**　原因可能是原料选用不当或不够新鲜；原料配方不平衡；烤盘不清洁，烤箱有味道；存放制品的架子、案板等不清洁。

❻ **煳边煳底**　原因可能是配方中糖的用量过大；配方中油脂的用量过大；烘烤的温度过高。

❼ **形状不整**　原因可能是配方中油脂的用量过大；挤注不均匀；模具花纹不清晰；码盘时走形。

五、制作实例

实例 1　曲奇饼干

曲奇饼干(cookie)在美国与加拿大被解释为细小而扁平的蛋糕式饼干。它的名字是由荷兰语“koekie”来的，意为“细小的蛋糕”。这个词在英式英语中主要用作区分美式饼干，如“朱古力饼干”。第一次制造的曲奇是由数片细小的蛋糕组合而成的，据考证，是由伊朗人发明的。曲奇饼干如图 6-16 所示。

（一）原料及配方

曲奇饼干的原料及配方如表 6-14 所示。

图 6-16　曲奇饼干

表 6-14　曲奇饼干的原料及配方

原　　料	烘焙百分比/(%)	实际用量/g
低筋粉	100	500
糖粉	35	175
黄油	35	175
液态酥油	30	150
食盐	1	5
香草粉	0.5	2.5
鸡蛋	25	125
合计	226.5	1132.5

（二）制作方法

❶ **调制面浆**　将糖粉、黄油、液态酥油放入打蛋缸内进行充分搅拌使之乳化均匀，分次加鸡蛋液搅拌均匀，再将食盐、香草粉加入搅拌均匀，最后加入过筛低筋粉拌和均匀。

❷ **成型**　将搅拌好的曲奇面糊装入裱花袋中，在烤盘上挤注成型。

❸ **烘烤**　烘烤温度。面火 200 ℃、底火 160 ℃，烘烤时间为约 12 min。

（三）工艺操作要点

(1) 掌握好原料的使用量。

(2) 原料要搅拌均匀，乳化充分。

(3) 掌握好烘烤温度和时间。

（四）成品要求

形状美观，奶香味浓。

实例 2　巧克力曲奇

巧克力曲奇是在曲奇饼干的配方中加入可可粉或熔化的巧克力制成的具有浓郁巧克力风味的饼干，如图 6-17 所示。

（一）原料及配方

巧克力曲奇的原料及配方如表 6-15 所示。

图 6-17 巧克力曲奇

表 6-15 巧克力曲奇的原料及配方

原　料	烘焙百分比/(%)	实际用量/g
低筋粉	65	325
高筋粉	35	175
精盐	0.6	3
黄奶油	60	300
糖粉	40	200
奶粉	10	50
鸡蛋	35	175
巧克力	80	400
合计	325.6	1628

(二) 制作方法

❶ **调制面浆** 将低筋粉、高筋粉混合过筛备用。将黄奶油、糖粉、精盐混合,搅拌起发至黄奶油变成奶白色,分次加入鸡蛋搅拌至完全混合,然后加入低筋粉、高筋粉、奶粉充分搅拌均匀成甜曲奇面糊。

❷ **成型** 将搅拌好的甜曲奇面糊装入裱花袋中,在烤盘上挤注成型。

❸ **烘烤** 面火 170 ℃、底火 150 ℃,烘烤时间约 30 min,熟透取出。

❹ **装饰** 巧克力隔水加热熔化,把巧克力酱淋在晾凉的曲奇饼上。

(三) 工艺操作要点

(1) 掌握好原料的使用量。

(2) 原料要搅拌均匀,乳化充分。

(3) 掌握好烘烤温度和时间。

(4) 溶解巧克力时温度不要太高。

(四) 成品要求

酥中带脆,巧克力味浓厚。

实例 3 葱香曲奇

葱香曲奇是添加了香葱、盐等进行调味的咸味曲奇,如图 6-18 所示。

(一) 原料及配方

葱香曲奇的原料及配方如表 6-16 所示。

图 6-18 葱香曲奇

表 6-16 葱香曲奇的原料及配方

原料	烘焙百分比/(%)	实际用量/g
低筋粉	55	275
高筋粉	45	225
精盐	0.8	4
黄奶油	35	175
糖粉	25	125
液态酥油	30	150
鲜牛奶	20	100
鸡粉	1	5
五香粉	0.6	3
南乳	7	35
合计	219.4	1097

（二）制作方法

❶ **调制面浆** 将低筋粉、高筋粉混合过筛备用。将黄奶油、糖粉混合搅拌起发至奶白色，分次加入鲜牛奶和液态酥油，边加边搅拌至完全混合，然后加入精盐、鸡粉、五香粉、南乳拌匀，再加入低筋粉、高筋粉充分搅拌均匀成咸曲奇面糊。

❷ **成型** 将搅拌好的咸曲奇面糊装入中号有牙圆花嘴裱花袋中，逐一均匀地挤在烤盘内，约30个。

❸ **烘烤** 面火 160 ℃、底火 140 ℃，烘烤时间约 25 min，熟呈金黄色取出。

（三）工艺操作要点

(1) 黄奶油搅发后，慢慢加入鲜牛奶，待完全混合后，再加其余原料。

(2) 掌握好烘烤温度和时间。

（四）成品要求

色泽金黄，鲜香可口，乳香味浓。

实例 4 蔓越莓饼干

蔓越莓饼干是在酥性饼干面团中加入蔓越莓干，将面团放入冰箱中冻硬后，切割成均匀的薄片烘烤而成的松脆饼干，如图 6-19 所示。

图 6-19　蔓越莓饼干

（一）原料及配方

蔓越莓饼干的原料及配方如表 6-17 所示。

表 6-17　蔓越莓饼干的原料及配方

原　　料	烘焙百分比/（%）	实际用量/g
黄油	65	150
糖粉	52	120
鸡蛋	10	25
低筋粉	100	230
蔓越莓干	32	75
合计	259	600

（二）制作方法

❶ **计量**　按上述配方将所需原料计量称重。

❷ **搅拌**　将室温软化的黄油倒入搅拌缸中，低速搅拌，加入糖粉混合均匀（用压、刮的方式）。分次加入鸡蛋，混合均匀。完全加入过筛低筋粉，混合均匀。加入蔓越莓干（如果颗粒较大，可以先切碎），混合均匀。

❸ **成型**　放入模具塑形，然后把塑形好的面团放进冰箱冷藏 2 h（可冷冻半小时左右）。取出，切成 0.5 cm 厚度。

❹ **成熟**　200 ℃/180 ℃，时间 15 min。

（三）工艺操作要点

（1）黄油搅发后，分次加入鸡蛋，待完全混合后，再加其余原料。

（2）面团放入冰箱冷冻不易过硬，否则切割时比较难切，且易破碎。

（3）掌握好烘烤温度和时间。

（四）成品要求

色泽棕黄色，形态美观，口感松脆。

实例 5　杏仁饼干

杏仁是一种健康食品，适量食用不仅可以有效控制人体内胆固醇的含量，还能显著降低心脏病和多种慢性病的发病危险。素食者食用杏仁可以及时补充蛋白质、微量元素和维生素，例如铁、锌及维生素 E。杏仁中所含的脂肪是健康人士所必需的，是一种对心脏有益的高不饱和脂肪。杏仁饼干如图 6-20 所示。

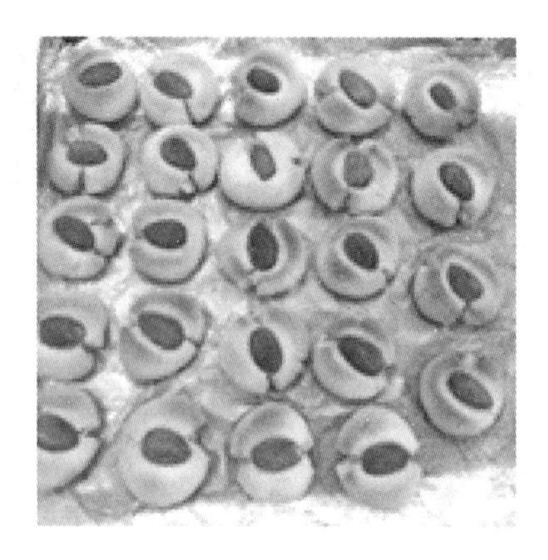

图 6-20　杏仁饼干

（一）原料及配方

杏仁饼干的原料及配方如表 6-18 所示。

表 6-18　杏仁饼干的原料及配方

原　料	烘焙百分比/(%)	实际用量/g
低筋粉	100	220
黄油	54.5	120
白糖	22.7	50
鸡蛋	22.7	50
泡打粉	1.4	3
小苏打	0.9	2
杏仁	适量	适量
合计	约 202.2	约 445

（二）制作方法

❶ **调制面团**　将低筋粉、小苏打和泡打粉混合过筛备用。黄油和白糖放入盆中，用打蛋器打成奶油状，再加入打散的鸡蛋拌匀。搓成不粘手的面团。如果觉得面团粘手，可再补些面粉。

❷ **成型**　把面团分别揉成小圆球，间隔 2 cm 摆在烤盘上，按扁，表面刷鸡蛋液，装饰杏仁。

❸ **烘烤**　烤箱预热至 180 ℃，放入预热好的烤箱烤 20 min 至饼干底变成浅棕色即可。

（三）工艺操作要点

（1）掌握好原料用量，防止面团过干或过湿。

（2）掌握好烘烤温度和时间。

（四）成品要求

色泽浅棕，造型美观，营养丰富。

实例 6　葱香苏打饼干

香葱苏打饼干中香葱是一种主要的辅料，这款饼干比平时用很多黄油和白糖的饼干相比是低热量的，非常适合减肥人士食用。另外苏打饼干有养胃助消化的作用。葱香苏打饼干如图 6-21 所示。

（一）原料及配方

葱香苏打饼干的原料及配方如表 6-19 所示。

图 6-21　葱香苏打饼干

表 6-19　葱香苏打饼干的原料及配方

原　　料	烘焙百分比/(%)	实际用量/g
低筋粉	100	150
脱脂牛奶	60	90
干酵母	2	3
葱姜蒜粉	2	3
盐	2	3
苏打粉	1	1
香葱叶	3	5
无盐黄油	20	30
合计	190	285

（二）制作方法

❶ **调制面团**　将脱脂牛奶放入小汤锅中烧至微热，随后加入干酵母混合均匀。把香葱叶洗净，剁成碎末，用厨房纸巾吸干水分待用。在低筋粉中加入盐、苏打粉、干香葱碎和葱姜蒜粉混合均匀，接着将混合好的酵母牛奶慢慢地加入其中并不断搅拌，和成一个完整的面团。将无盐黄油加入面团中不断揉搓，直至面团变得光洁而细腻。

❷ **成型**　将和好的面团放在案板上，用擀面杖擀成约 0.5 cm 厚的均匀面片，用饼干模具将面片压出各种形状，直至把面全部制成饼干坯。再用叉子在饼干坯的表面插出小孔。

❸ **烘烤**　最后将饼干坯整齐地放入烤盘中，相互之间留有间隔，烤盘再放入预热至 190 ℃的烤箱中部，烘烤时间约 10 min。

（三）工艺操作要点

(1) 香葱碎一定要沥干水分或者先用烤箱烤干再加入面团中，否则会造成面团过于湿黏。

(2) 整形好的边角料可以重新揉和成团，松弛后再擀成饼干。

(3) 饼干擀得越薄就越脆，但烘烤的时间相对也要减少。

(4) 在烤盘中刷上色拉油，不但可以防粘，也可以使饼干更酥脆。

（四）成品要求

色泽金黄、口感爽脆、葱香浓郁。

实例 7　杏仁薄脆

杏仁薄脆是一款常食用的西点，深受消费者的欢迎。杏仁香脆可口，性热，具有活血补气，增加热量的作用，富含蛋白质、钙、磷、铁、维生素 C 等成分。杏仁薄脆如图 6-22 所示。

图 6-22　杏仁薄脆

（一）原料及配方

杏仁薄脆的原料及配方如表 6-20 所示。

表 6-20　杏仁薄脆的原料及配方

原　料	烘焙百分比/(%)	实际用量/g
低筋粉	85	51
玉米淀粉	15	9
糖粉	333	200
蛋白	133	80
全蛋	200	120
黄油	67	40
杏仁片	500	300
合计	1333	800

（二）制作方法

❶ **调制面浆**　将低筋粉、糖粉和玉米淀粉混合加入蛋液搅拌均匀。黄油加热熔化，倒入上述混合物中搅拌均匀。隔水加热至 70 ℃，然后将面糊过筛。

❷ **成型**　倒入杏仁片，轻轻搅拌几下，使杏仁片上粘满面糊。用勺将杏仁片舀入烤盘内，用叉子整理成圆形薄片状。

❸ **烘烤**　面火 170 ℃、底火 150 ℃，烤约 30 min 即可。

（三）工艺操作要点

（1）制作杏仁薄脆前，建议先将其烤香。

（2）面糊一定要摊得够薄，才容易将薄脆烤得够脆。

（3）烘焙力度和时间要到位。

（4）室温较低的时候，黄油容易凝固，会导致面糊变硬，不容易摊开。因此要保证面糊有一定的温度，可以隔水加热。

（四）成品要求

色泽微黄，口感酥脆，营养丰富。

实例 8　手指饼干

手指饼干是一种源自意大利的著名饼干，它的外形细长，类似于手指的形状，质地很干燥，非常香甜。手指饼干是一种用途十分广泛的小饼干，可以作为饼干食用，也可以用作各类蛋糕的装饰，是制作提拉米苏不可缺少的部分，口感松脆香甜。手指饼干如图 6-23 所示。

图 6-23　手指饼干

（一）原料及配方

手指饼干的原料及配方如表 6-21 所示。

表 6-21　手指饼干的原料及配方

原　　料	烘焙百分比/(%)	实际用量/g
低筋粉	75	300
玉米淀粉	25	100
蛋黄	50	200
细砂糖	50	200
蛋清	100	400
合计	300	1200

（二）制作方法

❶ **调制面糊**　将蛋黄与细砂糖搅打至乳黄色。蛋清放搅拌缸内稍打发后，加入细砂糖快速搅打至湿性发泡。将蛋黄糊加入蛋白糊中拌匀，加入过筛低筋粉和玉米淀粉拌匀。

❷ **成型**　烤盘刷油撒粉或垫上不粘烤布；将圆口裱花嘴放进裱花袋装入面糊，在烤盘上挤长条手指状。

❸ **烘烤**　面火 200 ℃、底火 170 ℃，烤约 10 min 即可。

（三）工艺操作要点

(1) 面糊拌好以后，尽快挤好并放入烤箱烤焙，否则会导致消泡，影响饼干的口感。

(2) 手指饼干的吸水性强，在空气里的时候很容易吸收空气里的水分变得潮软，要注意密封保存。

(3) 混合蛋白蛋黄，以及混合面粉与鸡蛋糊的时候，都要注意轻轻搅拌，用橡皮刮勺（如果没有

的话就尽量用扁平的勺子)从底部向上翻拌,不要划圈以免消泡。

(4) 烤到饼干表面呈微金黄色即可,以免烤煳。

(四) 成品要求

色泽金黄,口感酥松。

实例9　马卡龙

马卡龙(又称玛卡龙、杏仁小圆饼)是一种用蛋白、杏仁粉、白砂糖和糖霜制成的意大利甜品,通常在两块饼干之间夹有水果酱或奶油等内馅,因而又名“蛋白杏仁姐妹”。马卡龙如图6-24所示。

图6-24　马卡龙

(一) 原料及配方

马卡龙的原料及配方如表6-22所示

表6-22　马卡龙的原料及配方

原　料	烘焙百分比/(%)	实际用量/g
蛋清	100	200
细砂糖	100	200
糖粉	170	340
杏仁粉	100	200
可可粉	3.3	6.7
柠檬汁	10	20
红色素	—	适量
合计	483.3	约966.7

注:上表仅列主要原料。

(二) 制作方法

❶ **盛器处理**　将用于盛装蛋清的容器及搅拌机清洗干净,不能沾有油污。

❷ **粉料初处理**　将糖粉、杏仁粉一起过筛备用。

❸ **蛋清打发**　将蛋清放入搅拌缸内,加入柠檬汁快速搅拌至湿性发泡,然后将细砂糖缓缓加入,边加边搅拌,直至蛋清呈硬性发泡,最后将搅拌机改为慢速,缓缓加入过筛后的杏仁粉、糖粉拌匀形成蛋白糖霜。

❹ **形成面糊**　将蛋白糖霜分为三部分,其中一份加入可可粉、一份加入少许红色素轻轻拌匀,余下一份保持原色。

❺ **裱挤成型**　烤盘垫不粘烤盘布,分别将3种颜色的面糊用带圆口裱花嘴的裱花袋挤成硬币

大小的圆饼，放置风干 30 min。

❻ **烘烤**　将烤箱预热面火 160 ℃，底火 160 ℃，将蛋白饼放入烤箱烘烤，时间约 10 min，然后将温度调整为面火 150 ℃，底火 150 ℃继续烘烤约 60 min。出炉后放在冷却架上冷却。

❼ **装饰**　将冷却后的蛋白饼按颜色分类，取出相同颜色的两块组合在一起，根据颜色分别抹上鲜奶油、卡仕达酱、巧克力馅、草莓果酱作为夹馅。

（三）工艺操作要点

（1）糖粉和杏仁粉要纯，且要够细。

（2）注意蛋白糊的稀稠度。

（3）风干表面至不粘手时再烘烤，掌握好烘烤温度和时间。

（四）成品要求

外皮酥脆，里面柔软。

任务四　泡芙的制作

任务描述

泡芙是一种空心的填馅西点。本任务通过泡芙制作工艺相关知识的学习，了解泡芙制作的工艺流程，熟悉泡芙原料构成及选用要求，掌握泡芙面糊调制、成型的方法与工艺要点。

任务目标

掌握泡芙的制作原理、工艺及操作要点，熟悉泡芙的用料要求；掌握相关设备、器具的正确使用；能独立制作各类泡芙成品。

泡芙是一种常用的甜点。泡芙类制品主要有两类，一类是圆形的，英文叫“cream puff”，中文称之为奶油气鼓，此类制品还可根据需要组合成象形质品，如鸭形、鹅形等。另一类是长形的，英文叫“eclair”，中文称之为气鼓条。但二者所用的泡芙面糊是完全相同，只是在成型时所用的裱花嘴及手法上有差异，因此产生形状上的变化。

一、泡芙的制作原理

泡芙面团起发的原因，是由面团中各种原料性质和特殊的工艺方法决定的。泡芙面团的基本用料是面粉、黄油、盐和液体原料（水或牛奶）。当液体原料与黄油、盐煮沸烫面粉时，面粉中的淀粉吸水膨胀、糊化、蛋白质变性，形成柔软、无筋力、韧性差的面团。但面团晾凉后，不断搅打加入的鸡蛋，使面团充入大量的气体。当面团成熟时，面团中蛋白质、淀粉凝固，逐渐形成泡芙制品的“外壳”，而内部，随着温度的升高，气体膨胀，并逐渐充满正在起发的面团内，使制品膨大，同时又由于此面团属于无筋性面团，因此，成熟的制品具有中空、外酥脆的特点。

二、泡芙的用料要求

❶ **面粉**　面粉是泡芙膨胀变形不可缺少的原料。面粉中的淀粉在水以及温度的作用下发生膨胀和糊化，蛋白质变性凝固，形成胶黏性很强的面团，当面糊烘焙膨胀时，能够包裹住气体并随之膨胀。制作泡芙所使用的面粉可根据需要选择高、中、低筋粉。面粉筋性不同所制作的泡芙品质及外观均存在一些差异，产品配方中其他原料如水、蛋等用量也有不同变化。高筋粉有很强的筋力和韧

性，可以增加面糊吸收水或蛋的量。当蛋量充足，可使泡芙有更强的膨胀能力。若蛋量不足则会使泡芙膨大能力受阻。因面糊过硬而使面筋无法拓展，造成泡芙体积更小。在正常情况下，使用高筋粉制作的泡芙外表爆裂颗粒较小，容易向膨高发展，形态直立，但缺乏向四周膨大的丰满外观。使用高筋粉制作的泡芙有特有的皮薄空心类似球体的特点。中筋粉因筋力适中最适合制作泡芙。其制成品无论在体型、表面爆裂颗粒、中间空心部分都具有高筋粉和低筋粉所不及的优点。低筋粉因筋力较弱，在烘烤时容易爆裂，因此泡芙的表面爆裂的颗粒较大，向四周膨胀范围较宽，体型显得较大，空心较狭窄，壳壁较厚。

❷ **油脂**　油脂是泡芙面糊中必需的原料，除了能满足泡芙的口感需求外，也是促进泡芙膨胀的必需原料之一。油脂的润滑作用可促进面糊性质柔软，易于延伸；油脂的起酥性可使烘烤后的泡芙外表具有松脆的特点，油脂分散在含有大量水分的面糊中，当烘烤受热达到水的沸腾阶段，面糊内的油脂和水不断产生相互冲击，发生油气分离，并快速产生大量气泡和气体，大量聚集的水蒸气形成强蒸气压是促进泡芙膨胀的重要因素之一。

油脂种类很多，其性质不同，对泡芙品质亦有一些影响。制作泡芙宜选用油性大、熔点低的油脂，如猪油、无水奶油（酥油），其制作的泡芙品质及风味俱佳。但由于猪油、无水奶油不易与水融合，操作中容易造成失误，而使其运用的广泛程度受到影响。一般制作泡芙最常用的是色拉油，因其油性小、熔点低，容易与其他材料混合均匀，操作简单，不易失败，缺点是没有味道，产品老化较快。

❸ **水**　水是烫煮面粉的必需原料，充足的水分是淀粉糊化所必需的条件之一。烘烤过程中，水分的蒸发是泡芙体积膨大的重要原因。

❹ **鸡蛋**　鸡蛋中的蛋白是胶体蛋白，具有起泡性，与烫制的面坯一起搅打，使面坯具有延伸性，能增强面糊在气体膨胀时的承受力。蛋白质的热凝固性，能使增大的体积固定。此外，蛋黄的乳化性，能使制品变得柔软、光滑。

❺ **食盐**　食盐在泡芙中不仅具有调节突出风味的作用，亦有增强面糊韧性的作用，是泡芙的辅助原料，添加少许可使泡芙品质更佳。

三、泡芙的制作工艺流程及操作要点

（一）泡芙的工艺流程

泡芙的工艺流程如图 6-25 所示。

图 6-25　泡芙的制作工艺流程

（二）泡芙面糊的调制

泡芙面糊的调制一般包括烫面和搅拌两个过程。

❶ **烫面**　将水、油、盐等原料放入锅中煮开后，改小火加入过筛的面粉，用木勺快速搅拌，直至面团烫熟、烫透即可。

❷ **搅拌**　将烫好的面糊放入打蛋缸中冷却到 60 ℃以下时，边搅拌边将鸡蛋分次加入烫好的面团内，搅拌至面糊用木勺将面糊挑起，面糊能均匀缓慢地向下滴落，即达到质量要求。若流得过快说明面糊太稀，相反说明鸡蛋量不够。

（三）泡芙的成型

泡芙面糊的成型一般用挤制法，具体工艺过程如下。

（1）准备好干净的烤盘，上面刷上一层薄薄的油脂，撒上薄薄一层面粉。

（2）将调制好的泡芙面糊装入带有裱花嘴的裱花袋中，根据需要的形状和大小，将泡芙面糊挤在烤盘上，形成花样。一般形状有圆形、长方形、椭圆形等。

(四) 泡芙的成熟

泡芙的成熟方法有两种，一是烘烤成熟，另一种为油炸成熟。

❶ **烘烤成熟**　泡芙成型后，即可放入 200 ℃左右烘烤箱内烘烤，直至金黄色、内部成熟为止。

❷ **油炸成熟**　油炸成熟的一般方法是将调好的泡芙面糊用餐勺或挤袋加工成圆形或长条形，加入五六成热的油锅里，慢慢地炸制，待制品炸成金黄色后捞出，沥干油分，趁热撒上或沾上所需调味、装饰料，如撒糖粉、玉挂粉等。

(五) 操作要点

(1) 面粉一定要过筛，以免出现面疙瘩。

(2) 烫制面团时要烫熟、烫透，不要出现煳底现象。

(3) 加入鸡蛋时，要待面糊冷却后放入鸡蛋，而且每次加入时必须搅拌至鸡蛋全部融于面糊后，再加下一次的鸡蛋。

(4) 制品成型时，要规格一致，且制品间要留有一定距离，以防烘烤胀发后粘连在一起。

(5) 掌握好炉温和烘烤时间，在烘烤过程中中途不要打开烤箱门或过早出炉，以免制品塌陷、回缩。

(6) 控制好油炸泡芙的油温，油温低起发不好；油温高色深而内部不熟。

(7) 若使用巧克力等作为装饰料时，要严格掌握溶解方法和温度，以保持制品表面的光亮度。

四、制作实例

实例 1　奶油泡芙

奶油泡芙是用奶油、鸡蛋、低筋粉等材料制作的一道甜品。奶油的脂肪含量比牛奶增加了 20～25 倍，而其余的成分如非脂乳固体(蛋白质、乳糖)及水分都大大降低，维生素 A 和维生素 D 含量很高。奶油泡芙如图 6-26 所示。

图 6-26　奶油泡芙

(一) 原料及配方

奶油泡芙的原料及配方如表 6-23 所示。

表 6-23　奶油泡芙的原料及配方

原　　料	烘焙百分比/(%)	实际用量/g
中筋粉	100	250
水	180	450
黄油	80	200

续表

原　料	烘焙百分比/(%)	实际用量/g
食盐	1	2.5
鸡蛋	200	500
合计	561	1402.5

（二）制作方法

❶ **烫面**　将黄油、水煮至黄油熔化、水沸腾后，加入过筛后的粉料烫熟，边烫边搅拌，注意要烫熟、烫透。

❷ **面糊搅拌**　将烫熟后的面糊放入搅拌机中快速搅拌至冷却，分次加入鸡蛋搅拌至面糊黏稠、光滑。

❸ **裱挤成型**　烤盘刷上一层薄薄的油脂，撒上一层薄薄的面粉，将面糊装入裱花袋按照形状要求挤在撒了面粉的烤盘内。

❹ **烘烤**　面火 220 ℃、底火 180 ℃，烘烤至金黄色，取出冷却。

❺ **填馅**　将打发的鲜奶油挤入冷却后的泡芙中即可。

（三）工艺操作要点

(1) 在制作泡芙的时候，一定要将面粉烫熟。烫熟的淀粉发生糊化作用，能吸收更多的水分。同时糊化的淀粉具有包裹住空气的特性，在烘烤的时候，面团里的水分成为水蒸气，形成较强的蒸汽压力，将面皮撑开来，形成一个个鼓鼓的泡芙。

(2) 在制作泡芙面团的时候，一定不能将鸡蛋一次性加入面糊。常常会因为面粉的吸水性和糊化程度不一样，需要的蛋量也不同。蛋液要分次加入，直到泡芙面团达到完好的干湿程度。

(3) 烘烤之前喷一点水，可以让面糊较好膨胀。因为放入烤箱之后，表面最早开始变干，后来里面温度升高开始膨胀，如果外面的皮太干变硬的话就不好膨起来，所以先把表面弄湿可以让它不会太快变干，涂蛋液也是一样的效果。

(4) 泡芙烤制的温度和时间也非常关键。一开始用 200～220 ℃的高温烤焙，使泡芙内部的水蒸气迅速爆发出来，让泡芙面团膨胀。等到膨胀定型之后，可以改用 180 ℃，将泡芙的水分烤干，这样泡芙出炉后才不会塌下去。

(5) 烤制过程中，泡芙膨胀还没有定型之前一定不能打开烤箱，因为膨胀中的泡芙如果温度骤降，会塌下去。

(6) 泡芙的内馅最好是现吃现填，不然会影响外皮酥脆的口感。

(7) 泡芙要冷却了再吃，冷却后才能往里面涂奶油，不然会软化。

（四）成品要求

色泽浅黄，松中微带脆，营养丰富。

实例 2　天鹅泡芙

天鹅泡芙是一种西式甜点泡芙。蓬松的奶油面皮中包裹着奶油、巧克力或冰淇淋。天鹅泡芙如图 6-27 所示。

（一）原料及配方

天鹅泡芙的原料及配方如表 6-24 所示。

图 6-27　天鹅泡芙

表 6-24　天鹅泡芙的原料及配方

原　　料	烘焙百分比/(%)	实际用量/g
中筋粉	100	200
水	180	360
黄油	80	160
食盐	1	2
鸡蛋	200	400
合计	561	1122

（二）制作方法

❶ **原料初处理**　将中筋粉混合后过筛。

❷ **烫制面团**　将黄油、食盐、水煮至沸腾后，加入过筛后的粉料烫熟。

❸ **面糊搅拌**　将烫熟后的面糊放入搅拌机中快速搅拌至冷却，分次加入鸡蛋搅拌至面糊黏稠、光滑。

❹ **裱挤成型**　烤盘刷上一层薄薄的油脂，撒上一层薄薄的面粉，将面糊装入裱花袋在撒了面粉的烤盘内挤成半圆形状。另取一烤盘，将面煳挤成较细的“2”字形状。

❺ **烘烤**　将半圆形的泡芙生坯入炉以面火 270 ℃、底火 270 ℃，烘烤 5 min 后关火利用烤炉余温继续烘烤 20～25 min；将“2”字形的泡芙生坯放入面火 200 ℃，底火 180 ℃烘烤大约 5 min 至金黄色，取出冷却。

❻ **填馅、造型**　取烤好的泡芙用西点锯齿刀切成上下两半，下半部分摆上水果，挤入奶油作为天鹅身体；上半部分对半剖开，分开插在奶油上即成天鹅的翅膀，最后插上“2”字形的泡芙作为天鹅的头和脖子，头上用红色果酱点上鹅冠，用巧克力点上眼睛。

❼ **表面装饰**　表面撒上糖粉即可。

（三）工艺操作要点

(1) 在制作泡芙的时候，一定要将面粉烫熟。烫熟的淀粉发生糊化作用，能吸收更多的水分。

(2) 泡芙烤制的温度和时间也非常关键。

(3) 泡芙在烘烤过程中尽量不要打开烤箱门，否则很容易出现塌陷状态。

（四）成品要求

色泽浅黄，形态活灵活现，香甜润滑。

实例3　酥皮泡芙

酥皮泡芙是在原泡芙的基本上外表加一层酥皮，使其品质更上一层楼，外酥内软滑，口味独特，如图6-28所示。

图6-28　酥皮泡芙

（一）原料及配方

酥皮泡芙的原料及配方如表6-25所示。

表6-25　酥皮泡芙的原料及配方

酥皮原料	烘焙百分比/(%)	实际用量/g	泡芙原料	烘焙百分比/(%)	实际用量/g
中筋粉	100	650	中筋粉	50	250
精盐	5	10	黄奶油	25	125
细砂糖	15	50	精盐	0.5	2.5
黄奶油	24	100	鲜牛奶	15	75
鸡蛋	20	150	鸡蛋	75	375
合计	164	960	合计	165.5	827.5

（二）制作方法

❶ **制作酥皮**　黄奶油与细砂糖、精盐一起加入蛋液乳化均匀，再加入过筛的中筋粉拌匀成团，将面团搓成与泡芙大小相当的圆条，放入冰箱冷冻至硬备用。

❷ **烫制面团**　将黄奶油、水煮至沸腾后加入过筛后的中筋粉烫熟。

❸ **泡芙面糊搅拌**　将烫熟后的面糊放入搅拌机中快速搅拌至冷却，分次加入鸡蛋搅拌至面糊黏稠、光滑。

❹ **裱挤成型**　烤盘刷油，撒上一层薄薄的面粉，面糊装入裱花袋，用平口裱花嘴挤在烤盘上，表面喷上水，然后将冻硬的脆皮面团取出切薄片盖在已成型的泡芙面糊上。

❺ **烘烤**　入炉面火220 ℃、底火200 ℃，烘烤10 min待制品膨胀上色后，将炉温调至面火和底火均180 ℃继续烘烤至金黄色，出炉冷却。

❻ **填馅**　将冷却好的泡芙由底部填入鲜奶油即可。

（三）工艺操作要点

（1）酥皮面团要冷藏静置再取出造型。

（2）泡芙晾凉后再填馅。

（四）成品要求

色泽金黄，外酥内软，别具一格。

任务五　布丁的制作

任务描述

布丁是由浆状的材料凝固成的冻状西点。通过布丁制作工艺相关知识的学习，了解布丁制作的工艺流程，熟悉布丁原料构成及选用要求，掌握布丁调制、装模成型的方法与工艺要点。

任务目标

了解布丁的分类及特点，掌握布丁制作各工艺环节的操作方法与操作技能；掌握相关设备、器具的正确使用；能独立制作成品。

布丁（pudding）又称奶冻，是一种英国的传统食品。它是从古代用来表示掺有血肠的“布段”所演变而来的，现在主要以蛋、面粉与牛奶为材料制作而成。中世纪的修道院，则把“水果和燕麦粥的混合物”称为“布丁”。这种布丁的正式出现，是在16世纪伊丽莎白一世时代，它与肉汁、果汁、水果干及面粉一起调配制造。17世纪和18世纪的布丁是用蛋、牛奶以及面粉为材料来制作的。广义的布丁泛指由浆状的材料凝固成固体状的食品，如圣诞布丁、面包布丁、约克郡布丁等，常见制法包括焗、蒸、烤等。狭义的布丁是指一种半凝固状的冷冻的甜品，主要材料为鸡蛋和奶黄，类似果冻。在英国，“布丁”一词可以代指任何甜点。

一、布丁的分类及特点

布丁的品种有很多，分类方式有几种。根据制作布丁的原料可分为黄油布丁和格司布丁两种；按照食用时的温度可分为热布丁和冻布丁两大类；按照成熟的方法不同分为蒸制布丁、烤制布丁以及同时蒸烤的布丁等。其中黄油布丁还可以根据添加辅料的不同又可以分为很多种，其命名方法可根据添加的主料、口味或色彩等来进行命名。例如双色布丁、香蕉布丁、焦糖格司布丁等。

布丁的最大特点就是柔软适口，嫩滑香浓。以焦糖布丁为例：当用牙签把布丁轻轻从模具中分离时，有一种“晃动”的触感，晃动盘子，布丁随之抖动；食用时嫩滑的布丁入口即化、似乎要顺喉而下，再配上焦糖略苦的独特气息，让布丁的甜味变得丰富醇厚。布丁一般用于午、晚餐点心。热布丁常用于冬季，冻布丁多用于夏季。

二、布丁的制作工艺

布丁的制作主要通过将鲜奶油、牛奶、鸡蛋或者面粉等原料经过一定的工艺手段搅拌均匀，然后装入模具，或蒸或烤；在加热的过程中，鸡蛋发生凝固作用（同时淀粉发生糊化作用），使布丁形成一个质地均匀的糕体，成熟后脱模，热食冷食皆可，也可配上调味汁佐味。

三、制作实例

实例1　焦糖布丁

焦糖布丁，是布丁的一种，也是一道西餐食品，是用面粉、牛奶、鸡蛋、水果等材料制成的。千百年来，世界各地的人们对它的喜爱带给了它不一样的形态，如香甜如蜜的西班牙芙朗、浪漫的法国烤

布蕾等。焦糖布丁如图 6-29 所示。

图 6-29　焦糖布丁

（一）原料及配方

焦糖布丁的原料及配方如表 6-26 所示。

表 6-26　焦糖布丁的原料及配方

	原　料	实际用量/g
焦糖部分	白砂糖	200
	热水	50
布丁部分	牛奶	450
	淡奶油	250
	鸡蛋	250
	蛋黄	68
	白砂糖	140
装饰料	碎豆蔻肉	10
合计		1418

（二）制作方法

❶ **熬糖液**　将 200 g 白砂糖放入锅中，不断搅拌煮至完全溶化，其间不停搅拌，直至熬成黄褐色，趁热平均装入内壁抹好黄油的布丁模中。

❷ **原料混合**　在碗里把鸡蛋、蛋黄、白砂糖、牛奶、淡奶油一起搅打均匀，过滤。

❸ **装模**　取布丁模，将布丁液倒入至八分满，表面撒上碎豆蔻肉。

❹ **烘烤**　将布丁模边缘擦干净后放入盛有一半热水的烤盘中，以面火 170 ℃、底火 180 ℃烘烤 45 min。

❺ **出炉**　成熟后的布丁出炉后不需要装饰，趁热上席供客食用。

（三）工艺操作要点

(1) 注意用料比例，正常使用原料。

(2) 掌握好牛奶温度。

(3) 掌握好烘烤温度和时间。

（四）成品要求

松软可口，嫩滑香甜

实例 2　香芒布丁

香芒布丁制作工艺简单，操作方便，是比较适合布丁初学者实践的制品之一，有利于掌握制作布丁的基础技术，香芒布丁如图 6-30 所示。

图 6-30　香芒布丁

（一）原料及配方

香芒布丁的原料及配方如表 6-27 所示。

表 6-27　香芒布丁的原料及配方

原　　料	烘焙百分比/(%)	实际重量/g
啫喱粉	4	20
细砂糖	30	150
开水	200	1000
鲜芒果肉	10	50
芒果色香油	1.6	8
合计	245.6	1228

（二）制作方法

❶ **加工糖粉**　将啫喱粉、细砂糖放入干净的盆中，搅拌均匀成啫喱糖粉。

❷ **调制啫喱糖水**　将开水冲入啫喱糖粉中，搅拌至溶解成啫喱糖水，调入芒果色香油。

❸ **成型**　将调好色的啫喱糖水倒入 10 个模具杯中，待其冷却后，将鲜芒果肉切成粒，均匀地撒在杯子上面，放入冰箱至凝结即成。

（三）工艺操作要点

啫喱糖水要搅拌均匀，防止颗粒存在。鲜芒果清洗干净，切粒大小均匀。

（四）成品要求

口感爽滑酸甜，芒果味浓郁。

实例 3　黄油布丁

黄油布丁是一款美味食物，主要原料是土司、黄油等，其制作方法简单易学，操作方便，口感舒适，是一道美味的点心。黄油布丁如图 6-31 所示。

（一）原料及配方

黄油布丁的原料及配方如表 6-28 所示。

图 6-31　黄油布丁

表 6-28　黄油布丁的原料及配方

原　　料	烘焙百分比/(%)	实际用量/g
黄油	75	150
砂糖	75	150
鸡蛋	45	90
面粉	100	200
牛奶	37.5	75
合计	332.5	665

（二）制作方法

❶ **调制面糊**　将黄油在室温下软化，加入砂糖搅打膨松。加入鸡蛋搅打均匀。分次加入过筛后的面粉，切拌均匀，最后加入牛奶拌匀。

❷ **成型**　将面糊装入抹上黄油的布丁模具中，装六成满。

❸ **蒸制成熟**　将布丁模具排入蒸笼，旺火蒸 20 min。

（三）工艺操作要点

面粉过筛，防止有疙瘩。面糊搅拌均匀。

（四）成品要求

色泽浅黄，口感松软，口味香甜。

实例 4　鸡蛋果冻布丁

鸡蛋果冻布丁，主要食材是鸡蛋、牛奶等，调料为白糖、明胶、新鲜橙汁等。其主要是通过将食材放入锅中小火煮后放冰箱冷藏而制成，如图 6-32 所示。

图 6-32　鸡蛋果冻布丁

(一) 原料及配方

鸡蛋果冻布丁的原料及配方如表 6-29 所示。

表 6-29　鸡蛋果冻布丁的原料及配方

原　　料	烘焙百分比/(%)	实际用量/g
明胶	100	15
水	267	40
牛奶	1333	200
砂糖	400	60
蛋黄	267	40
罐装杂果	适量	适量
鲜奶油	667	100
合计	约 3034	约 455

(二) 制作方法

❶ **原料初处理**　将明胶与水混合均匀,隔水加热化开。杂果罐头滤干果汁,鲜奶油打发备用。

❷ **蛋黄搅打**　将蛋黄加入 30 g 砂糖搅打至砂糖溶化。

❸ **调制果冻布丁浆料**　将牛奶加入化开的明胶搅拌均匀,待明胶完全混合均匀后关火冷却,待稍冷却后将牛奶缓缓加入蛋黄中,搅拌均匀,过滤后放在冰水中轻轻搅拌至黏稠,加入水果混匀,最后加入打发的牛奶轻轻拌匀即成果冻布丁浆料。

❹ **装模定型**　将果冻布丁浆料装入模具中,放入冷藏箱内冷藏定型。

❺ **脱模**　将定型好的果冻布丁取出。

(三) 工艺操作要点

(1) 明胶搅拌时注意避免搅拌起泡。

(2) 取模时用温水在模具底部及四周稍烫一下即可脱模。

(3) 尽量少用含酸性物质多的水果。

(四) 成品要求

色泽浅黄,嫩滑香甜。

实例 5　西米奶布丁

西米奶布丁属于热布丁系列,是传统品种,具有代表性。与冻布丁靠啫喱粉的凝胶作用凝固而成的特性不同,热布丁靠淀粉的受热糊化定型而成,这类制品的品质很大程度取决于淀粉的质量和水量的多少。西米奶布丁如图 6-33 所示。

(一) 原料及配方

西米奶布丁的原料及配方如表 6-30 所示。

表 6-30　西米奶布丁的原料及配方

原　　料	烘焙百分比/(%)	实际用量/g
西米	100	150
清水	300	450
细砂糖	180	270

续表

原　　料	烘焙百分比/(%)	实际用量/g
粟粉	35	52.5
炼乳	25	37.5
淡奶油	10	15
鸡蛋	60	90
合计	710	1065

图 6-33　西米奶布丁

(二) 制作方法

❶ **煮制西米**　西米用清水洗净,浸透滤干;清水放入锅内煮沸,然后放入西米同煮,待其变色(无白粒状即可),加入细砂糖同煮,至细砂糖溶解。

❷ **调制西米糊**　用清水将粟粉调成稀粉浆并加入炼乳拌匀,倒入煮沸的西米糖水中,边煮边倒、边搅拌,后加入鸡蛋、淡奶油,煮至熟透成西米糊备用。

❸ **成型**　将煮熟的西米糊倒入 20 个模具中,待其冷却,放入雪柜中冷藏后脱模。

(三) 工艺操作要点

(1) 煮西米时如未变色,不可放入细砂糖,以免西米被糖质浸蚀,形成生骨。

(2) 将鸡蛋、白奶油加入西米糊时,可把锅拉离火位,推铲匀后再放回火位滚透,防止鸡蛋生粒。

(四) 成品要求

色泽微白,质地香滑,略带弹性。

任务六　糖果的制作

任务描述

糖果是利用糖和糖浆为主料,经熬煮、调味、成型等加工制作而成的形态各异、口味丰富的西式甜点。通过糖果制作工艺相关知识的学习,了解糖果的特点与分类,熟悉其制作工艺流程,了解其原料构成及选用要求,掌握糖果制作的方法与工艺要点。

任务目标

掌握糖果制作各工艺环节的操作方法与操作技能，熟悉相关设备、器具的正确使用，能独立制作成品。

糖果是指以糖类为主要成分制作的甜点。若水果或坚果类食物裹上糖衣，则称为甜食（如糖葫芦）。在广义亚洲文化上，巧克力及口香糖很多时候亦会被视为糖果的一种。在欧美国家，糖果是仅指使用白砂糖或糖浆制作的产品。

一、糖果的分类及特点

糖果是以白砂糖、淀粉糖浆（或其他食糖）或允许使用的甜味剂为主要原料，按一定生产工艺要求加工制成的固态或半固态甜味食品。

糖果分类：糖果可分为硬质糖果、硬质夹心糖果、乳脂糖果、凝胶糖果、抛光糖果、胶基糖果、充气糖果和压片糖果等。其中硬质糖果是以白砂糖、淀粉糖浆为主料的一类口感硬、脆的糖果；硬质夹心糖果是糖果中含有馅心的硬质糖果；乳脂糖果是以白砂糖、淀粉糖浆（或其他食糖）、油脂和乳制品为主料制成的，蛋白质不低于 1.5%，脂肪不低于 3.0%，具有特殊乳脂香味和焦香味的糖果；凝胶糖果是以食用胶（或淀粉）、白砂糖和淀粉糖浆（或其他食糖）为主料制成的质地柔软的糖果；抛光糖果是表面光亮坚实的糖果；胶基糖果是用白砂糖（或甜味剂）和胶基物质为主料制成的可咀嚼或可吹泡的糖果；充气糖果是糖体内部有细密、均匀气泡的糖果；压片糖果是经过造粒、黏合、压制成型的糖果。

二、制作实例

实例 1　牛轧糖的制作

牛轧糖又称鸟结糖（nougat），是一种由牛奶、砂糖、淀粉糖浆、蛋白质、花生和油等混合制成的糖果，一般分为软硬两种。牛轧糖起源于法国，迄今已在世界各地发展为许多新品种，是糖果中最重要的种类之一。牛轧糖风味独特，受到人们的广泛欢迎，如图 6-34 所示。

图 6-34　牛轧糖

（一）原料及配方

牛轧糖的原料及配方如表 6-31 所示。

表 6-31　牛轧糖的原料及配方

原　　料	烘焙百分比/(%)	实际用量/g
奶粉	100	100
原味棉花糖	160	160
花生碎	150	150

续表

原　料	烘焙百分比/(%)	实际用量/g
无盐黄油	35	35
合计	445	445

（二）制作方法

❶ **花生烤香**　花生碎用 150 ℃烤到金黄香脆，要时时翻动，以免火候不均匀，约 15 min。

❷ **炒制**　把无盐黄油放在锅里小火加热至熔化，加入原味棉花糖搅拌使其化开后，加入奶粉拌匀，最后加入烤熟的花生碎搅拌均匀即可。

❸ **成型**　倒入牛轧糖模具或方形的盘中，戴一次性塑料手套按压平整，盖保鲜膜后，再用擀面杖擀平整，放冷藏冰箱冷却半小时。

❹ **包装**　用菜刀切成长方形，用糖果纸包好。

（三）工艺操作要点

(1) 花生一定要选用新鲜的、无异味、无虫蛀的。

(2) 最好使用电动搅拌机搅拌，手动的速度不够快，糖会很快凝结，做起来十分费力。

(3) 熬糖浆的时候如果不到 143 ℃，做好的糖会比较软。

（四）成品要求

色泽乳白，口味甜香。

实例 2　柠檬软糖的制作

柠檬软糖是一种以明胶为基本原料制成的半透明、富有弹性和咀嚼性较强的凝胶状糖块，具有天然浓郁的果汁味道，富含维生素 C，如图 6-35 所示。

图 6-35　柠檬软糖

（一）原料及配方

柠檬软糖的原料及配方如表 6-32 所示。

表 6-32　柠檬软糖的原料及配方

原　料	烘焙百分比/(%)	实际用量/g
明胶	10	100
白砂糖	35	350
麦芽糊精	10	100
浓缩果汁	3.5	35

续表

原　　料	烘焙百分比/(%)	实际用量/g
柠檬酸钠	0.15	1.5
葡萄香精	0.2	2
食用色素	适量	适量
合计	约 58.85	约 588.5

（二）制作方法

❶ **泡胶**　明胶与水的比例为 1∶2，即 100 g 明胶用 200 g 水浸泡 4～8 h。

❷ **熬糖**　将白砂糖加水 30%，置于熬糖锅中加温，再加入麦芽糊精，用木桨搅拌煮沸溶化，过滤于熬糖锅内熬煮。熬糖温度在 105～117 ℃之间（春冬季 105～110 ℃，夏秋季 110～117 ℃），达到最终温度后，离火，使糖浆沸腾状态平定，糖浆温度稍降后，即可将熔化好的明胶液投入糖浆内，并用木桨缓慢搅拌，至明胶完全溶解。

❸ **调配**　糖浆温度降至 90 ℃以下时，便可将葡萄香精及食用色素溶液调入，再将缓冲物柠檬酸钠用等量水溶化后调入，最后加入浓缩果汁（包括果酸）调酸时应控制糖浆温度在 70 ℃以下。

❹ **保温、浇模**　糖浆静置 40～60 min，以除去糖浆中的气泡（或加入分子蒸馏单甘酯来消除泡沫）然后保温（60～65 ℃），由浇注成型机注入预先准备好的木制淀粉模盘内，注模后应在表面覆盖淀粉，送入干燥室，保持温度在 40 ℃以下，进行抽湿定型。干燥至 24 h，使糖粒在粉模内排除水分，才能获得较强韧的硬度。

❺ **筛糖操作**　可用手工或筛糖机将干燥后的糖粒与淀粉分离，分离出来的淀粉要进行热烘，以便下次生产中再做铺粉用。其方法是将筛出来的淀粉，再通过筛粉机（或手工过 60 目筛），将过筛后的淀粉装入铁盘，在烘房中维持温度 80～90 ℃，烘至含水分 6%左右，然后再重复使用。

（三）工艺操作要点

（1）掌握好原料比例。

（2）控制好加工温度。

（四）成品要求

色泽均匀一致、口味酸爽。

实例 3　蛋白糖

蛋白糖是由砂糖、淀粉糖浆加入蛋白或植物蛋白发泡粉等制成的或用沸腾的糖浆烫制打起的膨松蛋白而制成的。这类糖的特点是结构疏松、断面有毛细孔、糖体轻、体积大、细腻、可塑性好、入口软化、口感细腻、耐咀嚼、糖体缺乏弹性和韧性。蛋白糖如图 6-36 所示。

图 6-36　蛋白糖

（一）原料及配方

蛋白糖的原料及配方如表 6-33 所示。

表 6-33　蛋白糖的原料及配方

原　　料	实际用量/g
蛋清	100
细砂糖	150
水	50
柠檬汁	5
食用色素	少许
合计	约 155

（二）制作方法

❶ **调制蛋白糖糊**　准备好材料，将 130 g 细砂糖倒入熬糖锅，加入 50 g 水，中火加热至沸腾。小火继续熬，此时将蛋清打入干净的打蛋盆中，用电动打蛋器将蛋清打至粗泡状态，加入 10 g 的细砂糖打至细腻，再加入 10 g 的细砂糖，高速打发至出现明显的纹路，此时将糖浆加热到 118 ℃徐徐加入，边加边高速搅拌，加完糖浆继续搅拌至有光泽，且有清晰的纹路，可以拉出小尖钩的状态即可。

❷ **调色**　将打好的蛋白糖糊挖一部分在一个小碗中，加入适量的食用色素，用橡皮刮刀翻拌均匀，使颜色均匀。

❸ **成型**　裱花袋剪口，装入裱花嘴，装入调好色的蛋白糖糊，然后挤在铺了烘焙纸或油纸的烤盘上。

❹ **烘烤**　烤箱 120 ℃预热 10 min，上下火、中层，先是 90 ℃烤 60 min 左右，烘烤时间与蛋白糖的大小有关。烤好之后，留在烤箱内，待蛋白糖表面变硬之后再拿出来。

（三）工艺操作要点

(1) 蛋清和蛋黄分离时要彻底，蛋清中不能有蛋黄，否则影响蛋白的颜色，打发时容器要无油无水。

(2) 在蛋清打发时可以适当加入几滴柠檬汁或者白醋，可以掩盖蛋清的腥味。

(3) 熬糖浆时尽量要少搅拌，防止糖浆结晶。

(4) 往蛋清中倒糖浆的时候不要倒在搅拌桨上，否则会凝固形成结块。

(5) 烤箱温度不宜太高，防止变色。

(6) 成品冷却后需要密封保存。

（四）成品要求

蛋白糖细腻、润滑。

实例 4　太妃糖

太妃糖(toffee)是一种用红糖或糖蜜和奶油做成的硬而难嚼的西式糖果。制作方法是将糖蜜(红糖)煮至非常浓稠，然后用手或机器搅拌，直到糖块变得有光泽并能保持固态形状时为止，即成。太妃是由“toffee”音译而来，有时也叫“拖肥”，本义是柔软、有韧性的意思。一般是由炼乳、可可液、奶油、葡萄糖浆、香兰素和榛子经过充分细致搅拌、烘烤而成。其味道香甜，内有软糖心，如图 6-37 所示。

（一）原料及配方

太妃糖的原料及配方如表 6-34 所示。

图 6-37　太妃糖

表 6-34　太妃糖的原料及配方

原　　料	烘焙百分比/(%)	实际用量/g
淡奶油	28	150
细砂糖	9	125.5
葡萄糖	19	105.5
牛奶巧克力	25	100
杏仁碎	8	30
合计	89	511

（二）制作方法

❶ **调制糖液**　将细砂糖、葡萄糖以及淡奶油置于锅中煮至 115 ℃后冲进牛奶巧克力里。大致拌匀时加入烤熟的杏仁碎拌匀即可。

❷ **切制成型**　最好隔夜切割。

（三）工艺操作要点

(1) 可以全部用细砂糖来制作，也可以用饴糖来代替。

(2) 煮制的时候一定要用小火，并且要不断搅拌，避免煳锅。

(3) 一定要注意时间和温度。

（四）成品要求

香甜可口，奶香浓郁。

任务七　巧克力制作

任务描述

巧克力是以可可豆或可可粉为主要原料制成的一种甜点，它不但口感细腻甜美，而且还具有一股浓郁的香气。巧克力可以直接食用，也可被用来制作蛋糕、冰淇淋等。在浪漫的情人节，它更是表达爱情少不了的主角。通过巧克力制作工艺相关知识的学习，了解巧克力制作的工艺流程，熟悉巧克力原料构成及选用要求，掌握巧克力调制、装模成型的方法与工艺要点。

任务目标

掌握巧克力制作各工艺环节的操作方法与操作技能；熟悉相关设备、器具的正确使用；能独立制作成品。

巧克力(chocolate)又名朱古力，是以可可豆或可可粉为主要原料加工而成的产品，原产自中南美洲。巧克力中含有可可碱，对动物有毒害作用，但对人类却是一种健康的反镇静成分，食用巧克力可提升精神，增强神经中枢兴奋功能。巧克力在西点中使用较多，可作原材料，烤制巧克力蛋糕；可作淋面，在蛋糕表面淋一层光滑巧克力；可作装饰，削成碎屑抹在蛋糕表面或是隔水熔化后用于裱花、写字；可作内馅，比如巧克力熔岩蛋糕等。巧克力根据制造过程中使用原料的不同，可分为黑巧克力、白巧克力、牛奶巧克力、彩色巧克力和夹心巧克力等。近年来，巧克力制品在西点行业发展很快，是西点装饰工艺中的重要组成部分，它普遍用于蛋糕点心的装饰、冷冻甜食的配料和艺术造型等。

一、巧克力的调温

巧克力在 45 ℃时即完全熔化，熔化时温度不要超过 50 ℃，否则会变脆，而且巧克力中的油脂将会分离，粗糙而影响光泽。在 40 ℃的温水中隔水熔化并不停地搅拌，使之慢慢升温至 32 ℃，以免巧克力热得太快。然后用刮刀取一点出来，如果在 2 min 内就显现出光泽的话，就可以用来制作各种各样的巧克力制品了。

二、巧克力的塑形

（一）制作巧克力树皮卷

将熔化的巧克力一半倒在大理石案台冷却，用刮刀来回刮刷，直至逐渐变稠，然后倒入另一半热的巧克力中，使其温度逐渐升高。将熔化后的巧克力倒在大理石案台上，动作要快，不能拖泥带水，抢在凝结之前摊成均匀的薄层，尤其是在铲巧克力卷之前，更不能让巧克力凝结。

然后用三角形铲刀刮制树皮巧克力卷。未硬的巧克力很容易被铲起，只需将铲刀微微倾斜，向前推进 1～3 cm 即可。也可用三角形铲刀刮起巧克力薄层，用手指捏住一角，自然会形成扇形。

（二）巧克力花叶

将裱花专用纸平铺于大理石案台上，倒入熔化的巧克力并抹成平整的稍厚片状，待巧克力凝固前用各种各样的花边印模，扣印出想要的形状。也可取一片叶茎清晰的树叶，用刷子将熔化的巧克力刷在叶子茎纹的一面，待巧克力凝固后将叶子揭下即成一片巧克力树叶了。

（三）其他造型

可依据自己的设计，采取以上方法进行各种各样的巧克力装饰造型。

三、制作实例

实例 1　巧克力果仁球

巧克力果仁球是在烤香的果仁和蛋糕碎表面蘸一层巧克力制成的香甜酥脆的巧克力制品，如图 6-38 所示。

（一）原料及配方

巧克力果仁球的原料及配方如表 6-35 所示。

图 6-38　巧克力果仁球

表 6-35　巧克力果仁球的原料及配方

原　　料	烘焙百分比/(%)	实际用量/g
各种果仁	43	86
海绵蛋糕碎料	100	200
朗姆酒或白兰地	13	26
香草黄油	57	114
香草巧克力	143	286
合计	356	711

(二) 制作方法

❶ **原料准备**　将各种果仁放在烤盘内,进烤箱烤制微黄变香时取出,用刀斩碎备用。

❷ **加工成型**　将海绵蛋糕碎料放搅拌桶内,加入碎果仁、酒和香草黄油,搅拌至完全混合,然后用双手仔细地做成一只只大小均匀的蛋型,放置待用。

❸ **蘸巧克力**　将香草巧克力放锅内水浴熔化,并搅拌均匀后,把果仁球放入,蘸满巧克力后捞出,放防油纸上待其凝固即可。

❹ **烘烤**　面火 170 ℃、底火 180 ℃,烘烤 25 min。

(三) 工艺操作要点

(1) 控制好巧克力熔化的温度。

(2) 果仁球大小均匀。

(3) 巧克力熔化均匀。

(四) 成品要求

外酥内松,香浓味甜。

实例 2　巧克力花

巧克力花主要用来装饰作品,如图 6-39 所示。

(一) 原料及配方

巧克力花的原料及配方如表 6-36 所示。

表 6-36　巧克力花的原料及配方

原　　料	烘焙百分比/(%)	实际用量/g
黑巧克力	100	200
白巧克力	50	100
合计	150	300

图 6-39　巧克力花

（二）制作方法

❶ **初加工**　将巧克力切碎，用“双煮法”分别使之熔化。将熔化的巧克力分别装入两个油纸袋中。

❷ **成型加工**　用黑白巧克力挤出所需图案。

（三）工艺操作要点

（1）控制好巧克力熔化的温度。

（2）花的形态造型美观。

（四）成品要求

色泽艳丽，表面光亮，香甜适中。

实例 3　巧克力插件

巧克力插件是在西点制品中常用的装饰材料，具有装饰美化的作用，如图 6-40 所示。

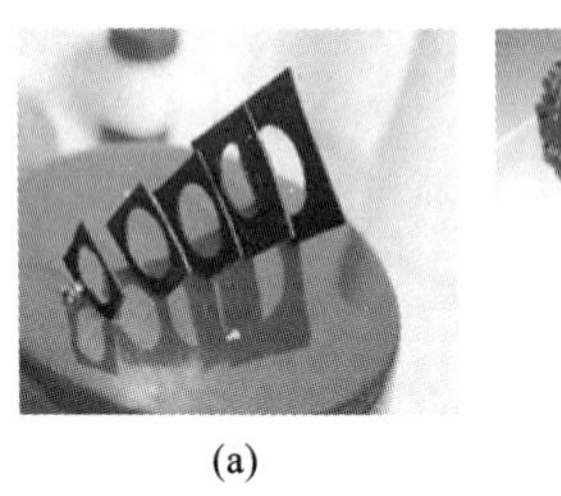

(a)　(b)

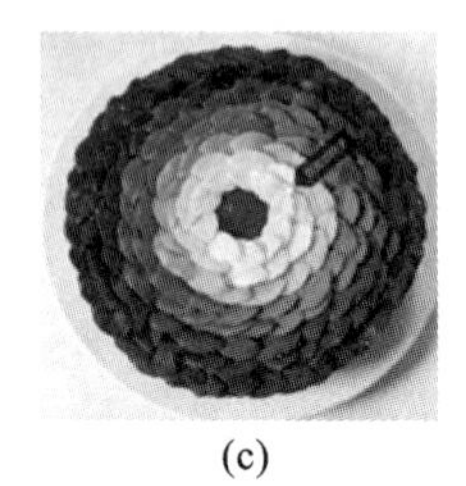

(c)

图 6-40　巧克力插件

（一）原料及配方

巧克力装饰插件主要采用黑巧克力制作。

（二）制作方法

（1）将巧克力切碎，放入不锈钢盆中隔水加热到 50 ℃熔化。

（2）将熔化的巧克力冷却到 28 ℃后，再回温到 30 ℃。

（3）成型加工：将经过调温处理的巧克力倒在大理石台面上，用刀快速将其抹平；待巧克力冷却凝固后取下，用刀具或模具加热后将其切割成规则的方片、圆片等。

（三）工艺操作要点

（1）控制好巧克力熔化、调温和回温的温度。

（2）饰品的形态造型美观完整。

（四）成品要求

造型美观，香甜适中。

实例4　巧克力生日牌

生日牌是生日蛋糕上常用的插件，对作品具有美化和烘托的作用。巧克力生日牌如图6-41所示。

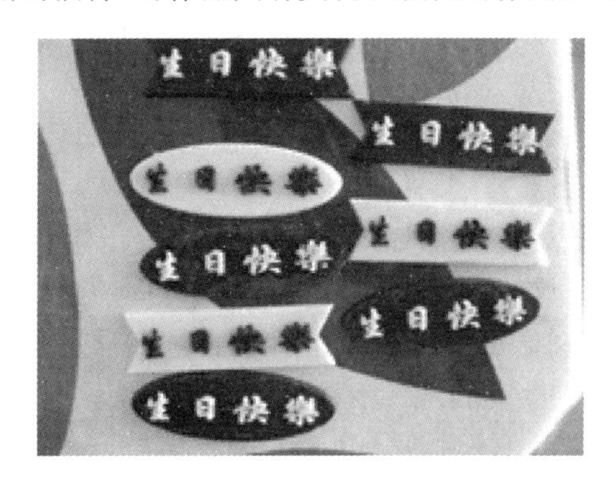

图6-41　巧克力生日牌

（一）原料及配方

巧克力生日牌的原料主要是黑巧克力和白巧克力。

（二）制作方法

（1）将巧克力切碎，放入不锈钢盆中隔水加热到50 ℃熔化。

（2）将熔化的巧克力冷却到28 ℃后，再回温到30 ℃。

（3）成型加工：将经过调温处理的巧克力倒在大理石台面上，用刀快速将其抹平；待巧克力冷却凝固后取下，用模具加热后将其切割成规则的方片（或圆片）。

（4）写字：在巧克力片的表面用小刀或牙签沾着黑巧克力，在"字"中间填入。边缘多出来没有关系，等会还要细琢。把字牌放入冰箱冷藏至巧克力凝固。大概10～15 min。拿出字牌，用小刀的背面（不要用刀刃，会划坏字牌和巧克力）在巧克力字上轻轻地刮，把多余的部分刮掉，小刀可以平放着刮，这样不会刮到中间的字。用纸巾把边缘多余的巧克力擦去。

（三）工艺操作要点

（1）巧克力脱膜时要小心，尽量冻得时间长一点，这样容易脱膜。圆形的字牌比方形的好脱膜。

（2）巧克力熔化时不要熔成稀如水状，至有黏性的液体状就可以。

（3）第二次倒入的底色巧克力不能太热，微温可以，或是凉的也可以。要不会熔化前面的巧克力。

（4）做好的字牌用纸巾隔包好，间隔着放，放入冰箱冷藏，可以随时使用。

（四）成品要求

色泽褐棕，口感细腻，具有相应的"生日快乐"的文字。

任务八　冷冻甜品的制作

任务描述

冷冻甜品包括冰淇淋、雪糕等，通过冷冻甜品制作工艺的学习，了解冷冻甜品的特点与分类，熟

悉其制作工艺流程，熟悉其原料构成及选用要求，掌握冷冻甜品的制作方法与工艺要点。

任务目标

掌握冷冻甜品制作各工艺环节的操作方法与操作技能；掌握相关设备、器具的正确使用；能独立制作成品。

冷冻甜品是以糖、蛋、奶、乳制品、凝胶剂等为主要原料制作的一类需冷冻后使用的甜食总称。

一、冷冻甜品的分类及特点

冷冻甜品的品种很多，是西点中变化比较多的一类点心。由于它们在原料的选择、制作工艺等方面有许多共同之处，在口味和口感等方面差别也不大，而且同一制品有不同配方，可以用不同的器皿盛装，也可以采用不同的造型和装饰方法，所以很难将冷冻甜品进行明确的分类。

目前，国内外对冷冻甜品的分类是沿用西餐传统的分类方法，一般将冷冻甜品分为啫喱冻、奶油冻、慕斯冰淇淋等。

二、冰淇淋的制作原理

冰淇淋(ice cream)是以牛奶、砂糖、蛋黄等为主要原料，经加热、搅拌和持续降温等工艺过程而制成的体积略有膨胀的固态冷冻甜点，可用作午餐、晚餐的餐后甜点，也可以作茶点。冰淇淋品种很多，不同的冰淇淋在制作工艺上大体上是相同的。本任务主要了解各种冰淇淋的原料选用，掌握不同风味冰淇淋的制作工艺、制作方法。

三、制作实例

实例 1　香草冰淇淋

冰淇淋在我国已有上千年的历史，后被马可波罗将中国的这一技艺和古老配方带回到意大利，经过在欧洲的不断改良，发展成为目前风靡世界的各式冰淇淋。香草冰淇淋如图 6-42 所示。

图 6-42　香草冰淇淋

（一）原料及配方

香草冰淇淋的原料及配方如表 6-37 所示。

表 6-37　香草冰淇淋的原料及配方

原　　料	烘焙百分比/(%)	实际用量/g
牛奶	100	1500
蛋黄	16.7	250
明胶	2	30

续表

原　　料	烘焙百分比/(%)	实际用量/g
奶粉	6.7	100
粟粉	3.3	50
砂糖	26.6	400
香草粉	适量	适量
合计	约155.3	约2330

(二) 制作方法

❶ **熔化明胶**　将明胶放入水中浸泡备用。

❷ **搅打蛋黄面糊**　将蛋黄和砂糖一起放入搅拌缸内搅拌膨松，然后加入粟粉拌匀形成蛋黄面糊。

❸ **煮制牛奶**　将牛奶放入锅内，用小火煮沸后离火稍做冷却备用。

❹ **调制牛奶蛋黄液**　将稍冷却后的牛奶缓缓拌入蛋黄面糊中，快速搅拌均匀，制成牛奶蛋黄液。

❺ **调制冰淇淋糊**　将熔化后的明胶和奶粉加入牛奶蛋黄液中搅拌均匀，然后放回锅内以小火加热，边加热边搅拌，至浓稠后冷却，最后拌入香草粉，即制成冰淇淋糊。

❻ **搅拌成型**　将冰淇淋糊放入冰淇淋机中搅拌制冷，待其膨松冷凝时取出，即成成品。食用时将冰淇淋用冰淇淋勺舀出并使之成圆球形，放入盛器中，饰以沙司、鲜奶油或薄荷叶即可上席供客食用。

(三) 工艺操作要点

(1) 加入牛奶的过程一定要慢，要缓。

(2) 蛋黄一定要打发到发白，浓稠。

(3) 加热蛋奶液的时候温度也要控制好。

(四) 成品要求

冰爽利口，味道清新。

实例2　草莓冰淇淋

草莓冰淇淋，因其诱人的外形、难以描述的美味、无法抵挡的魅力风靡全球。因其甜美爽滑的口感、怡人的外观、低糖低脂的口味、营养健康的理念，受到食客的好评。源自风靡欧美的冰淇淋经典之作，传承了美式冰淇淋崇尚天然、注重新鲜、健康的制作传统，以极其丰富的产品品种和独具匠心、别具一格的产品制作工艺，以及营养健康、低脂低糖、天然新鲜的原料而闻名于世。草莓冰淇淋如图6-43所示。

(一) 原料及配方

草莓冰淇淋的原料及配方如表6-38所示。

表6-38　草莓冰淇淋的原料及配方

原　　料	烘焙百分比/(%)	实际用量/g
牛奶	100	500
淡奶油	100	500
砂糖	50	250

续表

原　　料	烘焙百分比/(%)	实际用量/g
葡萄糖	20	100
蛋黄	48	240
草莓汁	100	500
柠檬汁	2	10
红色素	少许	少许

图 6-43　草莓冰淇淋

（二）制作方法

❶ **搅打蛋黄糊**　将蛋黄放入不锈钢盆内，加入葡萄糖和 80 g 砂糖，搅拌至糖化备用。

❷ **煮制牛奶**　将牛奶放入锅中，加入淡奶油及余下的砂糖用小火煮沸后，离火稍做冷却备用。

❸ **调制牛奶蛋黄液**　将稍冷却后的牛奶缓缓拌入蛋黄糊中快速搅拌均匀，然后倒回锅内边加热边搅拌，至浓稠后离火冷却。

❹ **调制冰淇淋糊**　将草莓汁、柠檬汁和红色素加入冷却后的牛奶蛋黄液中拌匀，然后过筛除去杂质，即成冰淇淋糊。

❺ **搅拌成型**　将冰淇淋糊放入冰淇淋机中搅拌，至冷凝、浓稠时取出，即为成品。

（三）工艺操作要点

(1) 清洗草莓的时候，先不要急着去叶头，应先浸泡溶解农药残留，以免农药随着水流进入草莓内部。

(2) 煮糖水的时候温度不能太高，否则会结块。应边煮边搅拌，煮至起小泡即可。

(3) 糖水温度下降后加入蛋黄液时一定要细细地一点点地加入，边倒边搅拌均匀。糖水要倒在蛋液里，不要碰到打蛋器和装蛋的容器。

（四）成品要求

香味浓郁，甜酸适口，营养丰富。

实例 3　酸奶冻芝士蛋糕

酸奶冻芝士蛋糕是一种滑滑软软的甜品，既有热烤的，也有冷藏的。冷藏式的特点是配方中没有蛋，只用酸奶和奶酪相融，结成果冻状后加水果等一起享用。奶酪种类繁多，在西方饮食中占有重要地位。奶酪的起源，最普遍的说法认为它是由游牧民族发明的。我国的奶酪是西北的蒙古族、哈萨克族等游牧民族的传统食品。酸奶冻芝士蛋糕如图 6-44 所示。

（一）原料及配方

酸奶冻芝士蛋糕的原料及配方如表 6-39 所示。

图 6-44　酸奶冻芝士蛋糕

表 6-39　酸奶冻芝士蛋糕的原料及配方

原　　料	烘焙百分比/(%)	实际用量/g
奶油奶酪	100	400
细砂糖	100	200
柠檬汁	50	30 ML
朗姆酒	20	适量
酸奶	48	360
吉利丁片	100	20
牛奶	2	40
淡奶油	60	240

注:仅列主要原料。

(二) 制作方法

❶ **制作饼底料**　黄油熔化成液体后与擀碎的消化饼干混合成饼底材料后倒入模具,压实后放入冰箱冷藏备用。

❷ **制作坯料**　水、细砂糖、火龙果肉这三样原料放入锅内,煮至果肉软烂后放入柠檬汁和泡软的吉利丁片搅拌均匀,倒入 6 寸模具中冷冻至凝固备用。

❸ **成型**　奶油奶酪放在容器内,隔温水打发至光滑无颗粒状。加入糖搅拌均匀,分次加入朗姆酒、柠檬汁、牛奶搅拌均匀。加入酸奶后搅拌成芝士糊。将淡奶油七成打发,分次加入芝士糊内搅拌均匀,将泡软的吉利丁片熔化后,分次加入搅拌均匀。最后将混合物倒入黄油饼干底的蛋糕模具内,中间放冷冻好的果蓉馅,再轻轻震动。

❹ **冷藏装饰**　放入冰箱中冷藏 4 h 以上,芝士糊凝固后即可取出脱模装饰。

(三) 工艺操作要点

(1) 吉利丁片要用冰水泡软。

(2) 淡奶油要冷藏打发或隔冰水打发,不然容易油水分离。

(四) 成品要求

酸甜爽口,芝士味浓郁,口感软滑。

实例 4　芒果冰沙

芒果冰沙是一款甜品,制作原料主要有芒果、冰块、蜂蜜等,味道香甜可口,品色上乘,制作方法

也很简单，口味甜酸，如图 6-45 所示。

图 6-45　芒果冰沙

（一）原料及配方

芒果冰沙的配方如表 6-40 所示。

表 6-40　芒果冰沙的配方

糖水原料	实际用量/g	芒果果泥原料	实际用量/g
水	125	芒果肉	280
细砂糖	125	鲜柠檬	半个
		矿泉水	65
合计	250	合计	345

（二）制作方法

❶ **调制糖水**　125 g 细砂糖和 125 g 水混合倒进锅里，小火加热搅拌，直到糖全部溶解，成为糖水。把糖水倒入碗里，放至冷却。

❷ **制作果泥**　芒果切开，取下果肉。鲜柠檬先切开，取其中一半，再挤出柠檬汁备用。把芒果肉、柠檬汁和矿泉水放进食品料理机（搅拌机），打成芒果泥。

❸ **成品制作**　把芒果泥倒入第一步准备好的糖水里，混合均匀。放进冰箱隔夜冷冻。全部冷冻成冰块以后，用食品料理机打成碎冰即可。

（三）工艺操作要点

（1）冰沙是一类非常适合夏天的消暑冰品。传统的冰沙不含任何的牛奶、奶油等成分，完全由糖水、新鲜水果制成，健康又爽口。

（2）芒果是最适合做冰沙的水果之一。它的果肉绵软细滑，和糖水混合的果泥即使冻成冰以后，也能保持绵软的“冰霜”感，做成的冰沙口感非常棒。

（3）加入带有酸味的柠檬汁，可以显著提升冰沙的口感。在制作冰沙的时候可以先尝一下芒果，如果芒果本身较酸，可以适当减少柠檬汁的用量。

（四）成品要求

酸甜爽口，口味酸甜。

任务九　其他类西式点心的制作

任务描述

西式点心的品种比较多，丰富了人们的饮食。通过舒芙蕾、班戟等西式点心制作工艺和相关知识的学习，了解其制作的工艺流程，熟悉其原料构成及选用要求，掌握其制作方法与操作要点。

任务目标

掌握舒芙蕾和班戟等西式点心制作工艺与操作要点；掌握相关设备、器具的正确使用；能独立制作成品。

一、舒芙蕾及其制作原理

舒芙蕾(soufflé)又称苏夫力和蛋奶酥，是一种以蛋黄加不同配料拌糊后，加入打发的蛋白拌匀，装入陶瓷盅内烘焙而成的质轻而蓬松、入口即化的法式甜点。“soufflé”在法语中是动词“souffler”的过去分词，意思是“使充气”，或简单地指“蓬松地胀起来”。舒芙蕾之所以有经久不衰的魅力，除了它的味道，最重要的是它那昙花一现、转瞬即逝的品尝时间。烤好之后的舒芙蕾，需要在几分钟的时间内吃掉，否则随着热气散去，它就会塌陷，随之失去自身那个独特轻盈的口感。只有把握它最佳的品尝时间，才能有极致的体验。

舒芙蕾的膨胀原理主要是利用了蛋白的气泡性和面粉的糊化特性。蛋白是黏稠性的胶体，具有起泡性。蛋液受到急速而连续的搅拌，能使空气混入蛋液内形成细小的气泡，被均匀地包在蛋白膜内。面粉中的淀粉在水以及温度的作用下发生膨胀和糊化，蛋白质变性凝固，形成胶黏性很强的面团。当面糊和打发的蛋白混合后，在烘焙过程中，蛋白中的气体膨胀，被糊化后的面糊包裹住，舒芙蕾仿佛像气球被吹胀了一般，经过热空气膨胀，使坯料体积疏松膨大。

每个舒芙蕾的烘焙时长是 30～35 min，一旦舒芙蕾烘烤成熟后，应尽快端上桌食用，否则很容易塌陷，这是因为舒芙蕾中的面粉用量很低，且经过烫面后，面筋蛋白变性，其强度不足以支撑热胀冷缩。

二、班戟及其制作工艺

班戟(pancake)是以鸡蛋、牛奶、糖、黄油和面粉等为原料调制成的面糊，在烤盘或平底锅上烹任制成的薄扁状饼，又称薄煎饼、热香饼，大部分称之为法式薄饼。班戟源自法国北部的布列塔尼地区，大多用小麦面粉、鸡蛋、牛奶等原料调制成面糊，然后经过煎制、夹馅等工序制成。根据馅料的不同，形成的口味也各有所异，不过总体来说，主要有咸、甜两种口味。甜味的主要包裹鲜奶油，以及各种水果如苹果、香蕉等。咸味的则以各式奶酪、火腿、培根或蘑菇、蔬菜等为主要馅料。其制作工艺流程如图 6-46 所示。

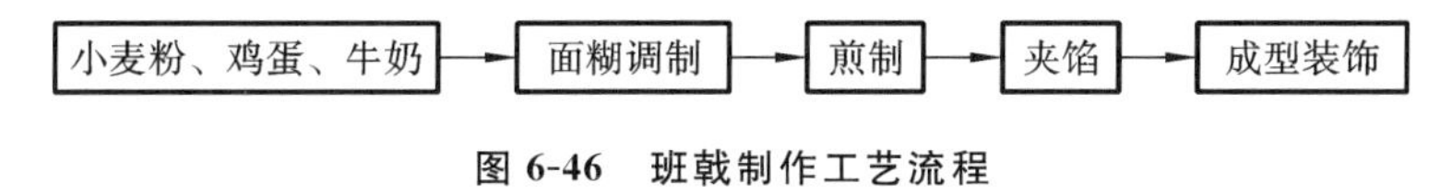

图 6-46　班戟制作工艺流程

三、制作实例

实例 1 舒芙蕾

舒芙蕾主要材料包括蛋黄及不同配料拌入经打匀后的蛋白，经烘焙质轻而蓬松。舒芙蕾不仅可以做甜食，还可以做成前菜或主菜，如图 6-47 所示。

图 6-47 舒芙蕾

（一）原料及配方

舒芙蕾的原料及配方如表 6-41 所示。

表 6-41 舒芙蕾的原料及配方

原　　料	烘焙百分比/(%)	实际用量/g
蛋黄	3	6
低筋粉	9	18
牛奶	30	60
黄油	5	10
砂糖	15	30
蛋白	47.5	95
柠檬汁	适量	5 滴
糖粉	适量	适量
合计	约 109.5	约 219

（二）制作方法

❶ **涂抹黄油**　将黄油涂抹在烤碗内侧。

❷ **调制原料糊**　牛奶中加入蛋黄液，用电动打蛋器打发均匀，筛入低筋粉并搅拌均匀至无颗粒。将黄油隔热水熔化，趁热加入面糊中搅拌均匀。蛋白和砂糖一起打发，加入柠檬汁（稳定蛋白泡芙，调节蛋白的酸碱度）打发至中性发泡，取出与蛋黄糊混合均匀。

❸ **成型**　然后将做好的糊装入裱花袋，挤入舒芙蕾模具中。

❹ **烘烤**　烘烤 185 ℃，20 min 出炉后撒上糖粉趁热食用。

（三）工艺操作要点

（1）注意面粉的规格。

（2）蛋白打发注意程度。

（3）掌握好烘烤时间和温度。

（四）成品要求

水果味浓厚，酸甜适口。

实例2　香橙班戟

香橙班戟是一个很简单的法式甜品，酸酸甜甜，非常开胃，而且做起来也很简单，材料非常简单、易得。香橙班戟是一道以橙子、草莓、猕猴桃为主要食材制作的美食，如图 6-48 所示。

图 6-48　香橙班戟

（一）原料及配方

香橙班戟的原料及配方如表 6-42 所示。

表 6-42　香橙班戟的原料及配方

原　　料	烘焙百分比/(%)	实际用量/g
面粉	100	60
鸡蛋	333	200
牛奶	333	200
黄油	67	40
砂糖	167	100
色拉油	适量	适量
橙皮丝	适量	适量
橙汁	250	150
香橙利口酒	适量	适量
合计	约 1250	约 750

注：仅列主要原料。

（二）制作方法

❶ **面糊搅拌**　将鸡蛋、牛奶、砂糖、色拉油、面粉混合均匀至无颗粒后过滤，加入熔化后的黄油，盖上保鲜膜放冷藏箱内醒发 0.5 h。

❷ **煎制饼皮**　取平底煎锅，抹上少许黄油，舀入面糊摊成厚薄均匀的圆饼，双面煎制呈琥珀纹路，制好的饼皮待稍冷却后折成三角状。

❸ **煮制**　将锅抹上黄油，烧热，放入余下的砂糖炒成焦糖色，加入橙汁、橙皮丝，转小火，放入适量折叠好的饼皮煮制，待部分汁水被吸收后，加入香橙利口酒稍煮即成。

❹ **装盘**　将煮制好的班戟摆放在甜点盘中，淋上汁水，以鲜奶油、橙子瓣、薄荷叶进行装饰，趁

热上桌供客食用。

（三）工艺操作要点

(1) 注意原料处理顺序。

(2) 制作班戟皮的面糊，要掌握好稀稠度。

(3) 注意饼皮不可太厚。煎制时火力不能太强。

（四）成品要求

色泽橙黄，酸甜适口。

实例3 水果薄饼

法式薄饼起源于法国北部一个叫布列塔尼的地方，每到法国的部分节日或是在家庭生活中，祈福时均有制作薄饼的习俗。法式薄饼馅料不同，带来的薄饼口味也不同。水果薄饼如图6-49所示。

图6-49 水果薄饼

（一）原料及配方

水果薄饼的原料及配方如表6-43所示。

表6-43 水果薄饼的原料及配方

原 料	烘焙百分比/(%)	实际用量/g
低筋粉	100	200
鸡蛋	75	150
牛奶	150	300
糖粉	15	45
黄油	25	50
色拉油	15	30
鲜奶油	100	300
香蕉	100	200
草莓	50	100
蓝莓	25	50
草莓酱	10	20
薄荷叶	—	少许
合计	665	约1445

（二）制作方法

❶ **面糊搅拌** 将鸡蛋、牛奶、糖粉、色拉油、低筋粉混合均匀至无颗粒后过滤，加入熔化后的黄

油，盖上保鲜膜放冷藏箱内醒发 0.5 h。

❷ **煎制饼皮**　取平底煎锅，抹上少许黄油，舀入面糊摊成厚薄均匀的圆饼，双面煎制呈琥珀纹路。

❸ **打发奶油**　将鲜奶油解冻后放入搅拌机内充分打发。

❹ **包馅**　取冷却后的饼皮，包入鲜奶油、香蕉粒、草莓粒，卷裹或者折叠成不同形状。

❺ **装盘**　将包馅好的薄饼装入甜点盘，用草莓酱、蓝莓、薄荷叶等进行装饰，供客食用。

（三）工艺操作要点

(1)和面糊时切不可大力搅拌，这样烙出的薄饼才松软，口感才好，吃起来类似蛋糕饼。

(2) 摊薄饼时，火力要均匀，切不可上色，那样颜色才漂亮，口感会有嫩滑感。

(3) 注意饼皮不可太厚。煎制时火力不能太强。

（四）成品要求

水果味浓厚，酸甜适口。

实例 4　糖渍草莓

糖渍的过程是食品原料排水吸糖过程，糖液中糖分依赖扩散作用进入组织细胞间隙，再通过渗透作用进入细胞内，最终达到要求含糖量。糖渍方法有蜜制(冷制)和煮制(热制)两种。蜜制适用于皮薄多汁、质地柔软的原料；煮制适用于质地紧密、耐煮性强的原料。糖渍草莓如图 6-50 所示。

图 6-50　糖渍草莓

（一）原料及配方

糖渍草莓的原料及配方如表 6-44 所示。

表 6-44　糖渍草莓的原料及配方

原　　料	烘焙百分比/(%)	实际用量/g
草莓	100	500
白糖	30	150
柠檬	适量	适量
合计	约 130	约 650

（二）制作方法

将草莓洗净擦干，切片或者切块，然后在干燥的罐子里撒白糖或者冰糖，加一层水果，撒一层糖，直到罐子满，冷藏 2 天拿出来即可用。

（三）工艺操作要点

❶ **糖液宜稀不宜浓** 稀糖液的扩散速度较快，浓糖液的扩散速度较慢。糖液浓度应当渐次增高，使糖液均匀地透入组织中。

❷ **果蔬组织宜疏松** 果蔬组织的紧密程度对透糖效果关系甚大，在室温条件下，紧密的组织是难以透糖的，因此，应当选择组织疏松的果蔬品种。

❸ **在室温下时间宜长不宜短** 物质分子的运动速度较低，糖分子在果蔬组织中的扩散速度很慢，为保证透糖效果，只能延长糖渍时间，其生产周期一般为15～20天。

（四）成品要求

草莓味浓厚，酸甜适口。

推荐阅读文献6

项目小结

西式点心是继蛋糕和面包之后发展起来的另一大类西点，其品种极其丰富，特色各异。本项目主要讲解各类西式点心的制作工艺，分别对油酥类、起酥类、饼干、泡芙、布丁、糖果、巧克力、冷冻甜点及其他类西式点心的制作工艺加以详细阐述。每个任务里列举了该类西式点心的代表品种，并详细介绍了各代表品种的原料及配方、制作过程、操作要点及成品要求，通过实践操作训练，熟悉并掌握各类西式点心的特点、分类、原料构成与选用要求、工艺流程、工艺原理、工艺要求、操作技法、设备器具使用维护、品种变化等。能独立进行各类西式点心的制作，能处理和解决生产过程中出现的问题，具备一定的品种变化和创新思维。

同步测试6

参考文献

[1] 张守文.面包科学与加工工艺[M].北京:中国轻工业出版社,1996.

[2] 钟志惠.西点工艺学[M].成都:四川科学技术出版社,2005.

[3] 吴孟.面包糕点饼干工艺学[M].北京:中国商业出版社,1992.

[4] 韦恩·吉斯伦.专业烘焙[M].大连:大连理工大学出版社,2004.

[5] 李里特,江正强.焙烤食品工艺学[M].北京:中国轻工业出版社,2010.

[6] 肖崇俊.西式糕点制作新技术精选(修订版)[M].北京:中国轻工业出版社,2006.

[7] 钟志惠.西点制作技术[M].北京:科学出版社,2010.

[8] 张守文.中华烘焙食品大辞典[M].北京:中国轻工业出版社,2009.

[9] 马涛.焙烤食品工艺[M].2版.北京:化学工业出版社,2012.

[10] 梁志扬.西式面点技术[M].北京:中国劳动社会保障出版社,2015.

[11] 张家骝.烹饪器械设备使用与保养[M].北京:中国轻工业出版社,2000.

[12] 方淮江.现代厨具知识[M].北京:中国劳动社会保障出版社,2002.

[13] 朱长征.现代厨具及设备[M].北京:中国劳动社会保障出版社,2015.

[14] 薛文通.新版面包配方[M].北京:中国轻工业出版社,2002.

[15] 李文卿.面点工艺学[M].北京:中国轻工业出版社,1999.

[16] E. B. Bennion,G. S. T. Bamford.蛋糕加工工艺[M].金茂国,金屹,译.6版.北京:中国轻工业出版社,2004.

[17] 蔺毅峰,杨萍芳,晁文.焙烤食品加工工艺与配方[M].北京:化学工业出版社,2006.

[18] 薛效贤,薛芹.面包加工及面包添加剂[M].北京:科学技术文献出版社,1998.

[19] 应小青.西点工艺[M].杭州:浙江工商大学出版社,2014.

[20] 黎国雄.蛋糕的美味时光[M].南京:江苏科学技术出版社,2014.